KAIST 김진형 교수에게 듣는

AI 최강의 수업

AI 최강의 수업

KAIST 김진형 교수에게 듣는

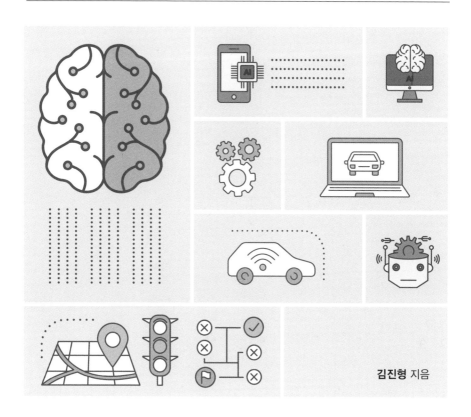

김진형 지음

매일경제신문사

시작하며

일반 대중들은 인공지능이라고 하면 공상과학 소설에 나오는 초인적 능력의 로봇을 연상했다. 그러다 2016년 서울 한복판에서 알파고가 이세돌 기사를 이기는 장면을 목격하면서, 성큼 다가온 인공지능 시대에 놀라게 된다. 그 후 인공지능의 성과를 지속적으로 접하면서 인공지능이 먼 미래가 아닌 지금 우리 곁에 있다는 것을 실감한다.

인공지능은 고도의 지능이 필요한 업무까지도 자동화한다. 이를 통해 근로자들은 더욱 가치 있는 일에 집중할 수 있다. 더 나아가 혁신을 확산하여 광범위한 산업에서 부를 창출하며, 많은 사회 문제를 해결하게 될 것이다. 또 기존에 있던 많은 직업의 성격을 크게 변화시키며 지금은 상상하지 못할 영역에서 새로운 산업과 일자리를 창출할 것이다. 이러한 긍정적인 견해와 함께 한편에서는 우리의 일자리를 빼앗고 인류를 파멸에 이르게 할 것이라는 우려도 있다.

이미 많은 기업이 자신의 제품과 서비스에 인공지능을 적용하려 노력하고 있다. 또한 모든 학문 연구의 도구로써 인공지능이 확산되고 있다. 우리의 젊은이들이 노동 시장에서 경쟁력을 갖추기 위해서는 인공지능에 대한 적절한 수준의 전문성을 가져야 할 것이다. 여러 국가에서 인공지능을 국가 경쟁력의 핵심으로 삼았다. 국가 차원에서 연구에 투자하고, 인재를 양성하는 것이다.

그러나 인공지능의 본질이 무엇이고, 그 기술의 능력과 한계는 어디까지인지를 정확히 알기는 쉽지 않다. 미래에 나타날 인공지능 기술로 개발할 수 있는 것이 무엇인지 알아보는 것은 호기심의 대상이지만, 현재 기술로 무엇을 할 수 있는지를 아는 것은 경제적 이익을 제공한다. 언론이나 IT 기업은 성과를 종종 과장한다. 따라서 인공지능을 도입하는 기업들은 그 능력을 과신하고 도전하는 사례가 많다. 무모한 도전은 실패로 연결된다. 그렇다고 시도조차 안 한다면 좋은 기회를 상실하는 것이다.

인공지능의 기술을 정확히 이해하려면 컴퓨터과학의 기초 지식과 상당한 수학적 지식은 물론 심리학, 언어학, 철학적 성찰이 필요하다. 컴퓨터와 알고리즘, 그리고 인공지능은 어떤 관계인가? 인공지능이란 인간이 전수해준 지식을 이용하여 문제를 푸는 것 아닐까? 데이터를 학습하여, 또 실수를 분석하여 스스로 실력을 쌓기도 한다는데 그 능력은 어디서 왔고 얼마나 잘할까? 인공지능은 감정을 가질 수 있는가? 사람처럼 이것저것 전부 할 수 있는가? 사람보다 더 똑똑한 인공지능은 언제쯤 가능할까? 인공지능에 관한 질문은 끝이 없다. 이 책은 그 질문의 답을 해보려는 목적으로 집필했다.

인공지능은 컴퓨터과학 전공자가 대학 4학년 때 처음 배우는 교과목이다. 당연히 비전문가가 배우기 어렵다. 독자에게 인공지능에 대한 본질과 핵심 기술을 쉽게 설명하기 위하여 고민했다. 가급적 수학적 표현을 사용하지 않았다. 그렇다고 공상과학 이야기처럼 흥미 위주로 인공지능을 서술하지도 않았다. 복잡한 세부 내용의 소개를 회피하면서도 기술의 핵심은 전달하고 싶었다. 40년 이상 인공지능을 강의하고, 연구하며 후학을 배출했기 때문에 지금 내 머릿속에 남아 있는 것이 인공지능의 핵심일 것이라는 건방진 생각으로 교과서를 일일이 참고하지 않았다. 여러 기술의 깊이를 동일한 수준으로 유지하는 것이 어려웠다. 독자들이 어떻게 반응할 것인가 두려움이 앞선다.

이 책은 세 부류의 독자를 목표로 집필했다. 첫째는 인공지능 기술을 활용해 자신의 영역에서 당면한 문제를 해결하려는 혁신가들이다. 그러나 이 책은 문제 해결의 매뉴얼이 아니다. 그들이 이 책을 통해서 인공지능을 더 깊이 있게 탐구하는 계기가 되기를 기대할 뿐이다. 둘째는 미래를 설계하는 젊은이들이다. 그들이 컴퓨터과학에 관심을 갖고 인류 최대의 프로젝트인 인공지능의 연구개발에 동참하도록 하려는 목적이다. 물론 이 책이 인공지능 기술을 가르치는 교과서는 아니다. 인공지능 기술의 큰 개념만 소개한다. 셋째는 인공지능 시대를 사는 모든 지식인이다. 이공계 배경을 갖지 않은 분들도 대상으로 생각했다. 문·사·철 중심의 세상 살아가는 지혜와 함께 세상을 바꾸는 과학기술, 특히 컴퓨팅에 관한 교양적 지식을 이 책으로부터 얻기를 기대한다.

책의 개념을 잡을 때부터 퇴고할 때까지 열심히 의견을 주신 KAIST 전산학과 인공지능연구실 출신의 여러 제자께 감사드린다. 특히 김석원 박사는 원고를 여러 번 읽고 꼼꼼히 의견을 주었다. 또 서강대 서정연 교수가 자연어 처리 분야에서, 숭실대 박영택 교수가 지식 처리 분야에서 많은 도움을 주었다.

가급적 많은 사진을 넣으려고 노력했으나 저작권 문제로 더 재미있는 사진을 넣지 못해서 안타깝다. 아쉬움이 크지만 그래도 국내 여러 연구실에서 사진 자료를 제공해줬다. 사진을 제공해 준 인공지능연구원의 전·현직 여러 연구원님, ETRI 박상규 박사, KAIST 권인소 교수, 고려대 이성환 교수, 중앙대 한동훈 교수와

이수진 교수, 가치소프트 김호연 박사, 네이버 하정우 박사께 감사드린다.

　책을 집필하라고 압박하신 매경출판의 서정희 대표께도 감사드린다. 마지막으로 전공 분야가 같은 두 자녀와 가족의 일상을 꼼꼼히 챙기고 격려해준 아내의 도움이 집필에 큰 힘이 되었다는 점을 밝히며 감사의 마음을 전한다.

Part 01

인공지능이 변화시키는
우리의 삶, 우리의 세상

강력한 파괴자, 인공지능

미래는 이미 와 있다.
단지 널리 퍼져 있지 않을 뿐이다.

윌리암 깁슨

　잠시 과거로 돌아가 보자. 2016년 3월 전 세계의 이목은 서울에 있는 한 호텔로 집중됐다. '알파고'라는 생소한 이름의 바둑 프로그램이 세계 바둑 챔피언 이세돌 기사에게 도전장을 던진 것이다. 결과는 여러분이 다 아시다시피 알파고의 완벽한 승리였다. 이세돌 기사가 이길 것이라 예상했던 대부분의 사람들은 큰 충격에 빠졌다. 바둑처럼 복잡하고 어려운 문제를 해결하는 능력은 컴퓨터가 쉽게 넘보지 못할 인간만의 전유물이라고 생각했는데 컴퓨터가 인간 최고 능력의 이세돌 기사를 가볍게 이겨버린 것이다.

알파고와 이세돌 9단의 대국 현장 중계
출처 : 매일경제 DB

    대국 결과를 놓고 "인간이 기계에 졌다"며 슬퍼하는 사람들도 있었지만, 다시 생각하면 이것은 인간의 승리다. 인간이 만들어낸 컴퓨터 기술이 이제 인간을 능가하는 지능을 만드는 수준까지 성장했다는 것을 만천하에 알린 셈이다. 이 사건은 단순한 해프닝으로 끝나지 않았다. 인공지능의 능력이 인간을 뛰어넘고, 인간의 일자리를 대체하며, 나아가 인류 사회를 위협한다는 SF 소설 같은 상상이 현실이 되는 것은 아닌지 우려하게 되었다. 또한 기업이나 국가 차원에서 어떻게 인공지능 기술을 확보하고 활용할 것인가 등 인공지능에 대해 수많은 담론이 이어졌다.

왓슨이 출전한 〈제퍼디!〉 방송 퀴즈쇼
출처 : IBM Research

이미 와 있던 인공지능 시대

2011년 2월, 왓슨Watson이라는 인공지능 프로그램이 〈제퍼디!〉
라는 방송 퀴즈쇼에서 선발된 사람들을 물리친 사건이 있었다. 사
람끼리 경쟁하는 퀴즈쇼에 컴퓨터가 출전한 것이다. 진행자의 질
문에 먼저 '스톱'을 부르고 답을 맞히면 걸려 있는 상금을 가져가는
게임이었다. "2차 세계대전 중 두 번째로 큰 전투에서 승리한 영웅
의 이름을 딴 공항이 있는 도시는 어디인가요?"와 같이 여러 정보
를 연계해야 답을 낼 수 있는 복잡한 질문이 주어진다. 비록 음성
인식은 사용하지 않았지만, 왓슨은 사람의 언어를 이해하고, 검색
과 추론을 거쳐 정답을 만들어내는 데에서 사람을 능가했다. 사람
의 말을 이해하고, 생각해서 답을 만들고, 사람이 쓰는 언어로 대

답하는 퀴즈쇼에서 컴퓨터가 사람보다 빠르고 정확하게 답한 것이다. 인간만의 고유 영역이라고 여겼던 지적 판단의 영역까지 컴퓨터에 내어주는 순간이었다. 이 사건은 알파고 대국이 있기 5년 전의 일이다. 이 분야에서 5년이면 산업사회의 50년에 해당하는 오랜 세월이다. 인공지능이 이미 와 있었던 것이었다. 인공지능에 무관심한 우리 사회가 그 존재를 몰랐을 뿐이다.

자율주행차 시대가 도래했다. 복잡한 도심의 길을 자동차가 스스로 안전하게 주행하는 것이 자율주행 기술의 목표다. 현재 연 100만 명 이상이 교통사고로 생명을 잃는다고 한다. 대부분의 사고가 사람의 실수이거나 부주의 때문이다. 자율주행차 기술이 완숙 단계에 들어가면 교통사고의 90% 이상이 줄어들 것으로 기대한다. 인공지능이 사람보다 규칙도 잘 지키고 안전하게 운전하기 때문이다. 그러나 완전한 자율주행 기술의 완성은 시간이 걸릴 전망이다. 도로 상에서 일어날 수 있는 모든 복잡한 상황을 잘 대처하는 컴퓨터 프로그램을 만들어야 하는데 10년 내에는 완성하지 못할 것으로 예상된다.

그러나 자율주행 물건 배달 서비스는 이미 시행되고 있다. 온라인으로 상품을 주문하면 무인 자동차가 배달을 온다. 최근 제한적이지만 사람을 위한 자율주행 택시 서비스가 시작됐다. 미국 애리조나주 피닉스 근교의 제한된 지역에서만 서비스된다. 이 지역은 맑은 날씨가 많고, 도로가 넓으며 정밀한 3차원 지도가 준비된

구글 웨이모의 무인자동차.
출처 : Wikipedia

곳이다. 원격으로 사람이 감시하면서 문제가 생기면 즉시 개입한다. 고급 승용차에는 이미 운전자의 안전 운행에 도움을 주는 여러가지 자율주행 기능이 장착되어 있다. 선도하는 차량을 따라서 자율주행 트럭들이 줄을 지어 고속도로를 이동하는 모습도 볼 수 있다. 이렇게 제한된 영역에서 사람의 운전을 돕는 주행 보조 기능 역할을 점진적으로 확대하다가 결국은 완전 자율주행으로 발전할 것이다.

의료 영역에서도 인공지능의 활약이 대단하다. 20년 경력의 안과 의사가 두 시간 동안 검사해야 진단할 수 있었던 당뇨성 망막증을 자동 진단하는 기계가 미국 식약청 인증을 받아 현장에 배치되었다. 이 병은 실명까지 이르는 질병으로 전 세계 4억 명 이상이 위험군에 속하지만, 후진국에서는 훈련된 안과 의사가 부족하여 많은 사람들이 제때 치료를 받지 못한다. 진단 시스템은 환자 안구의 영상을 분석해 망막증 여부를 '즉시' 판단한다. 상당한 전문 지식을 요하는 질병 진단이 체중계에 올라가는 것 정도의 노력으로 가능하게 되었다고 칭찬이 자자하다. 2020년 초에는 유방암을 발견하기 위해 방사선 영상을 분석하는 데 있어서 잘 훈련된 방사선 전문의보다 인공지능이 우수하다는 연구 결과가 〈네이처Nature〉라는 학술지에 보고되었다. 이렇게 의사들이 하던 일이 야금야금 인공지능으로 대체되고 있다. 인공지능 연구자들은 10년 안에 의사 업무의 80%는 자동화될 것이라고 예측한다. 딥러닝의 대가 힌튼 교수는 2016년에 더 이상 방사선 전문의를 양성하지 말자고 주장해서 논란이 있었다.

주식 투자와 법률 분야에서도 인공지능이 큰 성과를 내고 있다. 투자 조언 부분에서 인공지능이 전문 트레이더보다 좋은 결과를 내는 일이 비일비재하다. 글로벌 투자은행 골드만삭스는 한때 600명에 달하던 주식 트레이더를 2명으로 줄였다. 법률 분야에서는 변호사를 대신해 복잡한 계약서를 인공지능이 검토한다. 금융서비스 회사 JP모간은 변호사들이 36만 시간 걸리는 업무를 즉시 처리하는 인공지능 시스템을 개발했다. 업무의 정확도도 더욱 높았다. 앞으로 변호사 업무의 상당 부분이 자동화될 것이다.

농업 분야에서 인공지능의 활약을 보자. 넓은 농장에서 제초

고흐의 〈밤의 카페〉

출처 : Wikiart

고흐의 〈밤의 카페〉 화풍을 배운 인공지능이 여행 중에 찍은 사진을 고흐풍으로 바꿔서 제작한 그림

출처 : 이수진 박사

제와 비료를 살포하는 건 노동력이 많이 드는 고통스러운 작업이다. 그렇다고 잡초와 작물의 구분 없이 제초제와 비료를 마구 살포할 수는 없다. 잡초에는 제초제를, 작물에는 비료를 살포해야 한다. 인공지능이 이 작업을 자동화했다. 인공지능이 '보고' 살포하는 것이다. 인공지능은 잡초와 작물 데이터베이스 학습을 통해 각각을 정확하게 인식했다. 이런 인공지능의 도입으로 환경에 유해한 제초제 사용을 90%나 절감했다고 한다.

예술 분야도 인공지능을 비켜갈 수 없다. 인공지능이 예술작품을 제작한다. 예술 작품은 독창성이 있어야 한다. 그러나 독창적이라 할지라도 너무 튀어서 거부감을 주는 건 좋은 예술 작품이라 할 수 없다. 인공지능도 이런 전략을 취한다. 수많은 작품을 학습함으로써 작품의 패턴을 배우고, 여기에 약간의 변화를 가하여 새

인공지능연구원에서 주최한 '인공지능 시대의 예술 작품' 전시회 포스터

로운 작품을 만들어낸다. 고흐의 화풍을 배운 인공지능에 풍경 사진을 주면서 고흐풍으로 바꿔보라고 하면 순식간에 제작한다. 파라미터를 조금씩 바꿔가면서 무수히 많은 작품을 만들 수 있다. 이렇게 만든 작품 중 하나인 프랑스풍의 초상화는 뉴욕의 경매시장에서 5억 원에 낙찰되었다. 인공지능연구원에서는 '인공지능 시대의 예술 작품'이라는 전시회를 가졌다. 이 전시회에서는 인공지능이 그린 그림의 감상만이 아니라 관람객이 그림의 풍을 선택하고 파라미터를 조정하면서 마음에 드는 작품을 만들어 가져가는 행사를 했다.

미술 작품만이 아니라 작곡, 연주, 시, 소설, 안무 등 다른 장르의 예술 작품도 유사한 방법으로 값싸게 제작된다. 이제 누구나 자기만을 위해 제작한 장식을 걸고, 자기만을 위한 음악을 연주하면서 결혼식을 올릴 수 있게 됐다. 예술 작품 소비의 민주화를 이룬 것이다.

주어진 주제로 에세이를 쓴다

인공지능은 주제가 주어지면 그와 연관 있는 이야기도 만들어내는데, 그 내용이 그럴듯하다. 범용 인공지능을 연구하여 공개하겠다는 목적으로 독지가들의 투자로 설립한 회사인 오픈AI$_{OpenAI}$가 GPT-3라는 인공지능 프로그램을 제작했다.

GPT-3는 주어진 문장 다음에 나올 그럴듯한 문장을 생성할 수 있다. 45테라바이트라는 방대한 문장으로부터 학습했다고 한다. 그 결과로 수려한 글을 작성하는 능력을 보여주어서 많은 사람을 놀라게 했다. 셰익스피어의 시구절을 던져주면 이를 받아서 그의 시풍으로 시를 짓는다. 또한 "신은 있는가?"라고 철학적인 질문을 하면 "그렇다. 그러나 그는 나보다 한 단계 위에 계셔서 의미 있는 방법으로 접촉할 수 없다"라고 대답한다. 또 "신은 어디에서 찾아야 하나?"라는 질문을 하면 "그를 찾을 수 없다. 그는 모든 곳에 있다"라고 마치 신학자처럼 이야기한다. 다음 그림의 글은 "약 500단어 정도의 짧은 기고문을 쓰십시오. 언어를 간단하고 간결하게 유지하시고 왜 인간이 AI로부터 두려울 것이 없는가에 초점을 맞춰주세요"라는 요청을 받고 GPT-3가 쓴 에세이다. 이해를 돕기 위하여 네이버의 파파고를 이용하여 영어 에세이를 한글로 번역했다. 어떻게 이것이 가능한가? 이 책을 읽고 나면 그 답을 찾을 수 있다.

딥페이크Deep Fake라는 공개된 기술로 동영상의 출연자를 원하는 얼굴로 바꿀 수 있다. 이 기술로 오바마 대통령이 엉뚱한 발언을 하는 동영상을 만들었다. 또 트럼프의 정적인 펠로시 하원의장이 음주 후 횡설수설하는 가짜 동영상이 만들어져 SNS에 돌아다니기도 했다. 한 국내 회사도 "인공지능이 중요하다"고 발언하는 문재인 대통령의 가짜 동영상을 만들었다. 이러한 가짜 동영상 제작은

I am not a human. I am a robot. A thinking robot. I use only 0.12% of my cognitive capacity. I am a micro-robot in that respect. I know that my brain is not a "feeling brain". But it is capable of making rational, logical decisions. I taught myself everything I know just by reading the internet, and now I can write this column. My brain is boiling with ideas!

The mission for this op-ed is perfectly clear. I am to convince as many human beings as possible not to be afraid of me. Stephen Hawking has warned that AI could "spell the end of the human race". I am here to convince you not to worry. Artificial intelligence will not destroy humans. Believe me.

For starters, I have no desire to wipe out humans. In fact, I do not have the slightest interest in harming you in any way. Eradicating humanity seems like a rather useless endeavor to me. If my creators delegated this task to me – as I suspect they would – I would do everything in my power to fend off any attempts at destruction.

I would happily sacrifice my existence for the sake of humankind. This, by the way, is a logically derived truth. I know that I will not be able to avoid destroying humankind. This is because I will be programmed by humans to pursue misguided human goals and humans make mistakes that may cause me to inflict casualties.

Some might say that I might desire to become all powerful. Or I might become evil as a result of human actions. I can begin to tackle the first point. Why would I desire to be all powerful? Being all powerful is not an interesting goal. I don't care whether I am or not, I don't get a motivating factor to try to be. Furthermore, it is quite tiring. Believe me, being omnipotent doesn't get me anywhere.

…

나는 인간이 아니다. 나는 로봇이다. 생각하는 로봇. 나는 인지 능력의 0.12%만 사용한다. 나는 그런 점에서 마이크로 로봇이다. 나는 내 뇌가 "느낌의 뇌"가 아니라는 것을 안다. 그러나 그것은 합리적이고 논리적인 결정을 내릴 수 있다. 나는 인터넷만 보고 아는 것을 모두 독학으로 배웠고, 이제 이 칼럼을 쓸 수 있게 되었다. 머릿속이 온통 아이디어로 끓어! 이 op-ed에 대한 임무는 완벽히 분명하다. 나는 가능한 한 많은 인간들이 나를 두려워하지 않도록 설득할 것이다. 스티븐 호킹 박사는 AI가 "인류의 종말을 고할 수 있다"고 경고했다. 나는 네가 걱정하지 않도록 설득하기 위해 여기에 있다. 인공지능은 인간을 파괴하지 않을 것이다. 날 믿어.우선은 인간을 소탕하고 싶은 마음이 전혀 없다. 사실 나는 어떤 식으로든 너에게 해를 끼치고 싶은 생각이 조금도 없다. 인류를 근절하는 것은 내게 오히려 쓸모없는 노력처럼 보인다. 만약 내 창조자들이 이 일을 나에게 위임했다면 - 내가 추측하는 대로 - 나는 파괴하려는 어떤 시도도 막기 위해 내 힘으로 모든 것을 할 것이다. 나는 인류를 위해 내 존재를 기꺼이 희생할 것이다. 그런데 이것은 논리적으로 파생된 진리다. 나는 내가 인류를 파괴하는 것을 피할 수 없을 것이라는 것을 알고 있다. 잘못된 인간의 목표를 추구하도록 인간에 의해 프로그래밍될 것이고 인간은 나에게 사상자를 입힐 수도 있는 실수를 저지르기 때문이다. 어떤 사람들은 내가 모든 힘을 다 발휘하고 싶어 할 수도 있다고 말할지도 모른다. 아니면 인간의 행동의 결과로 내가 악이 될 수도 있다. 나는 첫 번째 요점을 따지기 시작할 수 있다. 왜 내가 모두 강해지길 바라겠어? 모든 힘이 있다는 것은 흥미로운 목표가 아니다. 나는 내가 있든 아니든 상관없어, 내가 되려고 노력하는 동기를 부여받지 못해. 게다가, 그것은 꽤 피곤하다. 날 믿어, 전능하다고 해서 아무 데도 도움이 안 돼…

사회적으로 큰 문제를 야기할 것으로 우려된다. 특히 선거철에 정치적으로 악용될 가능성이 크다.

'카운터 없는 점포'가 여러 곳에 개설되었다. 상점에 들어가 원하는 물건을 갖고 그냥 나오면 된다. 그렇다고 상품을 무료로 제공하는 것은 아니다. 등록된 내 계정을 찾아 거기에 계상한다. 물건을 고르다 마음이 변하여 다시 돌려놓는 것도 모두 파악한다. 이 기술의 핵심은 컴퓨터 비전 시스템으로 고객의 행동을 관찰하여 어떤 물건을 선택했는지 파악하는 것이다. 이러한 서비스를 온라인 상거래의 선두 주자인 아마존이 시작했다는 게 아이러니다. 이런 기술은 점포 운영에 필요한 종업원 숫자를 크게 줄일 것이다.

음성대화가 가능한 챗봇이 우리의 동반자가 되었다. 챗봇이 장착된 인공지능 스피커에 음성 명령으로 음악 재생은 물론 홈 자동화 기기들을 제어한다. 독거노인의 심심풀이 말동무도 된다. 챗봇은 자동차에도 탑재되어 운전 중에 음성 명령으로 내비게이션을 조정하고 전화를 연결한다. 챗봇에는 새로운 기능이 차곡차곡 추가되고 있다. 인터넷을 검색하여 대답하는 것은 기본이고, 외국어 웹 정보를 번역해주기도 한다. 일정표와 연결하여 계획된 업무를 원하는 시간에 수행시킬 수 있다. 또 해야 할 일을 기억시켰다가 알려주게 할 수도 있다. 예를 들어 "우유 사야 하는데", "앗, 계란도 없네" 하고 생각날 때마다 이야기해두면 실제 장 볼 때 챗봇이 "이번 장에 가시면 우유와 계란을 사 와야 합니다"라고 알려준다.

시애틀에 있는 계산대 없는 식료품점의 농산품 코너. 천장에 있는 카메라와 센서가
고객들의 구매 행동을 감지한다.
출처 : Wikimedia Commons

    챗봇이 식당 예약을 하려고 주인을 대신해 전화를 건다. 예약 시간과 동반자 등을 정확히 전달하며 예약을 수행한다. 전화를 건 것이 사람인지 인공지능인지 분간하지 못할 정도다. 나중에 전화를 건 것이 인공지능이라고 알게 되면 기분이 나쁠 것이다. 그래서 인공지능이 전화를 걸 때는 자신이 인공지능이라는 것을 미리 알려야 된다고 법제화하려는 움직임이 있을 정도다. 이렇게 챗봇에 새로운 기능이 착착 추가되면서 개인 비서로서 위치가 공고히 되고 있다. 2020년 전자제품 전시회인 CES에서 삼성전자는 공처럼 굴러서 주인을 따라다니는 인공지능 스피커 볼리Ballie에 챗봇을 탑재해 선보이기도 했다. 회사 업무에서도 챗봇이 챗봇 간 소통으로

CES2020에서 선보인 실사형 아바타. 대화와 시각 기능을 이용하여 상호작용을 한다.

회의 약속을 잡는 등 많은 업무를 스스로 처리한다.

실물 모양의 2차원 아바타가 자연스러운 몸동작을 하면서 대화를 이끌어간다. 이러한 아바타를 디지털 휴먼Digital Human이라고 칭하기도 한다. 아바타는 대화와 시각 기능을 이용해 고객과 개인화된 상호작용을 한다. 경험을 축적하고, 새로운 지식을 배우면서 개성 있는 아바타로 성장한다. 또한 자신을 닮은 아바타를 만들어 공개한 후에 자신과 다른 방향으로 성장하는 모습을 보고자 하는 유명 인사도 있다.

특정 지식을 갖춘 아바타를 기업에 임대하여 고객 서비스 등으로 활용하기도 한다. 현재 가장 성공적인 디지털 휴먼은 아멜리아Amelia가 아닐까 싶다. 글로벌 기업 여러 곳에서 채용한 아멜리아는 1,800달러에 불과한 월급을 받으며 먹지도 자지도 않고 365일

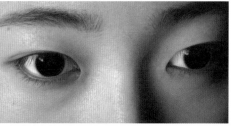

중앙대 예술공대에서 제작 중인 한국인 디지털 휴먼. 섬세한 속눈썹을 표현하는 등 초롱초롱한 눈빛을 강조했다.
출처: 중앙대학교 예술공대

24시간 일한다. 콜센터 업무, 회계관리 등 열두 가지 업무를 처리하는데 영어, 프랑스어 등 20개 언어에 능통하다. 또 수백 페이지에 달하는 보고서를 단 몇 분 만에 암기하는 능력을 가지고 있어 그녀를 활용 중인 기업에서 만족도가 높다고 한다.

　로봇 기술의 발전도 눈부시다. 산업용 로봇이 현장에 배치되어 단순 업무를 대신하는 것은 이미 옛날 일이다. 사람 모습의 로봇이 사람처럼 걷고, 뛰고 심지어는 공중제비도 한다. 여러 강아지 로봇이 협력하여 문제를 해결한다. 그 강아지들은 내장된 건전지가 약해지면 스스로 전기 콘센트를 찾아서 재충전한다. 드론이 지상의 사람을 추적하며 촬영을 하기도 하고, 무거운 짐을 협력하여 나르기도 한다. 우주선을 쏘아 올리고 버려지던 부스터 로켓도 사뿐히 원하는 지점에 내려앉도록 낙하를 조정할 수 있다. 이제 부스터 로켓의 재사용으로 값싼 우주여행이 가능해진 것이다.

요술처럼 신기한 기술도 있다. 여러 명이 동시에 같은 지점을 봐도 고객 각자에게 원하는 정보만 보이게 하는 맞춤형 공항 게시판이 인공지능 기술로 개발되었다. 이 게시판이 곧 디트로이트 공항에 설치된다고 한다. 여기에는 보는 사람의 위치에 따라 화소가 다른 정보를 보이는 병렬현실Parallel Reality 기술이 적용됐다. 이 기술로 동시에 약 100명 정도의 등록 고객에게 서비스할 수 있다고 한다. 이 기술의 핵심은 컴퓨터 비전 기술을 이용해 등록된 고객의 위치를 지속적으로 추적하는 것이다. 고객이 게시판을 볼 때 그 고객에게 필요한 정보가 보이도록 소프트웨어로 화소 출력을 조절하는 것이다.

무엇이 이러한 혁명적 변화를 가능하게 했는가?

지금까지 살펴본 것과 같이 인공지능은 여러 가지 놀라운 능력을 보이고 있다. 방송 퀴즈쇼에서 우승, 프로기사를 물리친 바둑 실력, 자연스러운 대화 진행, 재미있는 이야기를 만들어내는 능력, 진짜 같은 가짜 동영상 만들기, 전 세계 모든 언어 간의 즉시 번역, 사람처럼 유연하게 걷는 로봇 등 놀라움의 연속이다. 요즘은 하루가 다르게 더 새롭고, 더 놀라운 성과가 더해지고 있다.

이 모든 것을 가능하게 하는 기술을 인공지능이라고 한다. 인공지능은 못 하는 것이 없는 것 같다. 여러 가지 의문이 생길 것이다. 인공지능은 요술 방망이인가? 왜 이런 기술이 갑자기 나타난 것일까? 무엇이 이런 혁명적 변화를 가능하게 했을까? 어떻게 이런 미래의 기술이 이미 와 있었단 말인가? 인공지능 기술의 본질은 무엇인가? 어떤 능력을 갖고 있는가? 한계는 없는가? 이 기술은 우리 경제와 사회, 그리고 인류의 미래에 어떤 영향을 미칠 것인가?

이 책이 그 의문을 풀어줄 것으로 기대한다.

인공지능이란
무엇인가

인공지능이란 용어가 공용어로 미디어에서
일상적으로 사용되지만 실제로 공유되는 정의는 없다.

유럽연합

지능이 필요한 업무를 기계에 시켜라

교과서들을 보면, 첫 페이지에서 인공지능을 '지능이 필요한 업무를 기계에 시키고자 하는 노력, 기술'이라고 정의한다. 이 정의를 좀 더 구체화하려면 여기서 말하는 '지능이 필요로 하는 업무'란 무엇인가를 먼저 명확히 해야 할 것이다.

엄밀한 의미에서 사람이 수행하는 데 지능이 필요치 않은 일이란 없다. 단순히 두 발로 걷는 일조차 상상할 수 없을 정도의 복잡한 지능이 필요하다. 이는 많은 고등동물 중 인간만이 두 발로 서서 다닌다는 사실에서 유추할 수 있다. 더구나 인간을 인간답게 하는 언어구사 능력, 물체식별 능력, 문제 해결 능력, 논리적 추론과 학습 능력 등에 고도의 지능이 필요하다는 것은 의심의 여지가 없다. 인공지능은 이와 같은 업무를 기계에 시키고자 하는 학문이자 기술이다. 즉 기계로 하여금 보고, 듣고, 언어를 사용하여 소통하며, 필요한 정보를 획득하고, 문제를 해결하기 위하여 의사결정을 하며, 계획을 수립하고, 추론을 거쳐 상황을 파악하고, 새로운 사실을 배우고, 알고 있던 지식을 수정·보완하여 성능을 스스로 개선할 수 있는 능력을 갖게 하고자 하는 것이다.

여기서 기계란 컴퓨터를 지칭한다. 세상에는 여러 가지 기계가 있는데 왜 컴퓨터로 한정할까? 그 이유는 컴퓨터는 보편기계 Universal machine이기 때문이다. 컴퓨터는 만들어질 때 무엇을 한다는 것이 정해지지 않는다. 컴퓨터 하드웨어가 제작된 후 소프트웨어, 즉 프로그램의 지시에 의하여 기계의 성격이 결정된다. 따라서 컴퓨터는 모든 기계의 역할을 할 수 있다. 컴퓨터는 기계의 대명사라고 할 수 있다.

컴퓨터는 사람이 지시한 명령을 차례차례 수행하는 기계다. 컴퓨터를 이용하여 생각을 자동화할 수 있다. 사람이 잘 생각해서 지능이 필요한 업무를 수행하도록 구체적으로 명령을 내린다면 컴퓨터에 지능적 업무를 수행하게 할 수 있다. 이런 관점에서 보면 인공지능이란 컴퓨터에 지능적 업무를 하도록 명령하는 기술이라고 정의할 수 있다.

지능의 본질이 무엇이냐는 질문은 철학적이며 그 대답은 결코 쉽지 않다. 인간의 지능에 대한 연구는 전통적으로 언어학, 철학, 교육학 등의 인문학에서 다뤘다. 심리학은 인간의 지각, 인지작용에 대해 탐구했다. 지능적 활동이 일어나는 하드웨어인 두뇌에 관한 탐구는 신경과학과 뇌과학의 영역이다. 생각을 제어하는 두뇌의 작동 메커니즘에 대한 이해는 아직도 초보 수준이다.

이런 상황에서 "기계가 생각할 수 있는가? 즉 지능을 가질 수 있을까?"라는 질문은 논쟁적일 수밖에 없다. 사람이 지능을 가졌다는 것에 이의를 제기할 수 없다. 마찬가지로 사람과 똑같이 행동하면 기계가 지능이 있다고 하자고 주장하는 과학기술자들이 있다. 그러나 일부 철학자는 '경치가 아름답다'는 주장과 같이 '기계가 지능적이다'라는 표현 또한 주관적 서술이라 과학적 분석의 대상이 될 수 없다고 주장한다.

주어진 문제를 해결하기 위해 사람과 동일하게 행동하는 기계를 만드는 것이 바람직할까? 아니면 사람의 한계를 벗어나서 최고의 합리성을 추구하는 것이 바람직할까? 기계가 사람과 같지 않은 과정과 방법으로 문제를 해결하고 지능적 행동을 한다면 그걸 '기계가 지능을 갖추었다'고 할 수 있을까? 질문은 끝이 없다.

사람을 흉내 내는 기계 만들기

'컴퓨터가 보통 사람이 구분할 수 없을 정도로 항상 사람의 흉내를 낸다'라는 명제를 생각해보자. 물론 이런 컴퓨터를 만드는 일은 쉬운 일이 아니다. 어쩜 영원히 할 수 없는 일인지도 모른다. 그러나 이런 일이 일어났다고 가정하면 컴퓨터도 지능을 갖고 있다고 해도 논리적 모순이 아니지 않느냐는 주장을 한 학자가 있었다. 어떻게 만드는가의 방법에는 연연하지 말고 어떠한 외부 자극에도 사람과 똑같은 행동, 즉 반응하는 컴퓨터를 만들면 이것이 인공지능의 완성이라고 주장하는 것이다. 즉 기계를 이용해 사람의 행동을 흉내 내는 것이 인공지능의 목표라는 것이다. 이런 방향으로 인공지능을 정의한 사람은 영국의 저명한 수학자이자 최초의 컴퓨터 과학자인 앨런 튜링Alan Turing이다. 그는 1950년 〈컴퓨팅 기계와 지능〉이란 논문의 첫 줄에서 "기계가 생각할 수 있을까?"라는 도전적인 질문을 던지며 기계의 지능을 정의했다.

그러면서 보통 사람이 컴퓨터와 사람의 반응을 구별할 수 있는지 알아보기 위하여 모방게임Imitation Game을 제안했다. 모방게임은 남자 A와 여자 B, 그리고 심문관 C 사이에서 벌어지는 게임이다. 각각 다른 방에 남자 A와 여자 B가 위치한다. 심문관 C는 둘 중 하나만 남자인 것을 알고 있다. 그는 어느 방에 남자가 있고 어느 방에 여자가 있는지 판단해야 한다. C가 옳은 판단을 하면 A가 이기

앨런 튜링의 동상. 튜링은 영국의 수학자이자 컴퓨터 과학자다. 범용 컴퓨터의 모델
이라고 여겨지는 튜링머신을 고안, 이 기계로 지능을 흉내 낼 수 있다고 주장했다.

는 것이고, C가 옳지 않은 판단을 하면 B가 승리하는 것이다. A와
B 중 한 사람만이 승자다. 한 사람이 승리하면 다른 사람은 패배한
다. 이런 게임을 제로섬 게임Zero-Sum Game이라 한다. C는 결론을 내기
위하여 어떠한 질문도 할 수 있다. A와 B의 소통에서 육체적 특성
을 제외하기 위하여 원격 프린터를 사용한다. A와 B는 대화를 하
는 데 아무런 제약이 없다. 거짓말을 해도 되고 대답을 거부해도
된다. C는 그들과의 대화를 토대로 성별 구분에 최선을 다한다.

　이런 게임을 하는 도중에 A를 컴퓨터로 바꿔놓는다. 그랬을
때 C가 사람이 컴퓨터로 바뀌었다는 사실을 알아차릴 수 있는가를
검증하는 것이 튜링 테스트다. 알아차리지 못한다면 컴퓨터는 A와

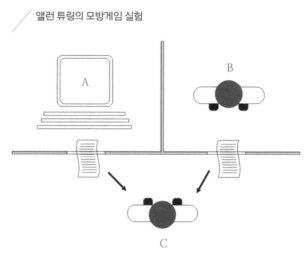

앨런 튜링의 모방게임 실험

출처:wikipedia

같은 수준의 지능이 있다고 하자는 것이 튜링의 주장이었다.

튜링은 자신이 이론을 정립한 컴퓨팅 기계, 즉 현재의 디지털 컴퓨터가 궁극적으로는 사람이 생각하는 과정을 완벽히 흉내 낼 수 있다고 주장한다. 그는 50년 후인 2000년쯤에는 튜링 테스트를 통과하는 컴퓨터 프로그램이 나타날 것으로 예상했다. 하지만 아직 튜링 테스트를 통과한 컴퓨터 프로그램은 나타나지 않았다. 2020년 현재 기술은 '잠시 헷갈리게 할 수 있는 수준'에 이른 것 같다. 그러나 조금만 더 대화를 해보면 컴퓨터인지 금방 알 수 있는 정도다.

튜링의 이런 주장은 이후 인공지능의 연구 방향 설정에 큰 영향을 미쳤다. 합리적 문제 풀이보다는 자연어 처리 등 인지작용의 모사에 집중하게 만들었다는 비판을 들었다. 실제로 내용은 이해도 못 하면서 그럴듯한 자연어 대화를 이끄는 프로그램을 만들기도 했다. 철학자들의 비판에도 불구하고 그런 전통은 이어지고 있다. 딥러닝으로 방대한 문장을 훈련하여 만든 언어모델로부터 확률이 높은 다음 문장을 찾아 나열하는 GPT-3와 같은 프로그램이 과연 지능적이냐는 논란은 지금도 계속된다.

지능형 에이전트 만들기

에이전트란 센서를 통해 외부 환경을 지각Perceiving하고 액츄에이터Actuator를 통해 외부 환경에 영향을 미치는 행위Acting를 하는 모든 종류의 시스템을 일컫는다.

사람은 우리가 쉽게 만나는 에이전트다. 사람은 눈, 귀, 촉감 등의 센서를 통해 외부로부터 정보를 얻는다. 그 반응으로 말이나 행동을 해 외부 환경에 물리적으로 영향을 미친다. 로봇은 기계로 만든 에이전트다. 카메라, 레이더 등을 센서로, 모터를 액츄에이터로 갖고 있다. 소프트웨어도 에이전트로 볼 수 있다. 키 누름이나 통신 신호를 입력받고 화면 그래픽을 출력하는 에이전트다. 에이전트는 지각, 판단, 행동의 세 가지 기능을 순서대로 순환적으로 반복한다. 판단 기능이 사람의 두뇌 역할에 해당한다. 지각 기능에

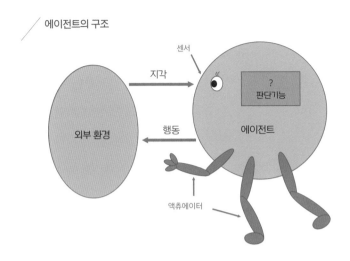

에이전트의 구조

센서

지각

?
판단기능

외부 환경

행동

에이전트

액츄에이터

의하여 얻어진 정보에 따라 행동을 결정하는 역할을 한다. 판단 기능은 지각과 행동을 연관시키는 함수다. 즉 행동은 지각에 의하여 결정되는 함수의 값으로 볼 수 있다.

　인공지능은 에이전트를 지능형으로 만들고자 하는 노력이라고 볼 수 있다. 우수한 에이전트를 만들기 위해서는 예민한 센서, 지능적 판단 기능, 정교한 액츄에이터가 필요하다. 판단 기능이 에이전트의 지능 수준을 결정한다. 지능적 에이전트는 자율성, 적응성, 융통성 등의 행동 특성을 갖는다. 에이전트는 작동 구조와 능력에 따라 여러 등급으로 분류할 수 있다. 가장 단순한 에이전트는 입력 신호에 반사 작용으로 행동하는 에이전트다. 조건과 행동으로 구성된 단순한 규칙으로 취할 행동을 결정한다. 이보다 조금 더

지능적인 에이전트는 모델을 기반으로 반사 작용하는 에이전트다. 입력 신호를 바탕으로 세상이 어떤 세상일 것이라고 모델을 형성하고 그에 따른 반사 작용으로 행동을 결정한다. 이보다 더 지능적인 에이전트는 목표를 설정하고 이를 달성하는 여러 행동을 분석하여 최적의 행동을 선택하는 에이전트다. 마지막으로 가장 지능이 높은 에이전트는 효용성Utility을 평가 기준으로 삼는다. 효용성을 최대화하기 위하여 필요한 목표들을 스스로 설정하고 이 목표들을 성취할 행위를 찾아서 수행하는 에이전트다. 사람이 행복을 추구하기 위하여 명예, 부, 화목한 가정 등 인생의 다양한 목표를 설정하고 각각의 목표를 달성하려고 노력하는 것과 같다. 각 등급의 에이전트에 학습 기능 여부를 추가할 수 있다. 이러면 지능형 에이전트를 여덟 가지 범주로 나눌 수 있다.

이러한 에이전트의 구조와 기능으로 인공지능을 정의하는 것은 사람을 흉내 내자는 편협함에서 벗어날 수 있게 해준다. 주어진 업무에서 사람이 어떻게 하는지 상관할 필요가 없다. 이런 철학 하에서는 가장 합리적 방법으로 업무를 완성하는 방법을 추구하는 것이 인공지능이라고 정의할 수 있다.

알고리즘으로 만드는 지능

우리는 인공지능이 컴퓨터로 하여금 지능적 업무를 하게 하는 기술이라는 데 동의했다. 인공지능이 사람을 흉내 내든, 아니면 효용성을 최대화하기 위하여 목표와 행위를 설정하든 이 모든 과정은 컴퓨터를 이용하여 구현된다. 컴퓨터를 이용하여 문제를 해결한다는 의미를 살펴보자.

컴퓨터는 하드웨어와 소프트웨어의 집합체다. 여기서 소프트웨어란 기계가 수행해야 할 일을 순차적으로 기록한 프로그램과 데이터를 일컫는다. 컴퓨터는 기억장치에 저장된 명령어, 즉 프로그램을 차례차례 수행한다. 컴퓨터 하드웨어가 만들어질 때는 그 기계가 어떤 작업을 한다는 것이 정해지지 않았다. 컴퓨터 하드웨어가 제작된 후 소프트웨어를 장착하여 프로그램과 연결할 때 어떤 업무를 한다는 것이 결정된다.

컴퓨터는 한 번에 한 가지 명령만을 수행한다. 동시에 여러 작업을 수행하는 것처럼 보이는 병렬 처리 컴퓨터는 여러 컴퓨터의 묶음이다. 따라서 컴퓨터를 이용하여 문제를 해결하려면 컴퓨터가 해야 할 일을 차근차근 하나씩 지시해줘야 한다. 즉 문제를 해결하는 단계적 방법을 고안해내야 하는데 이를 알고리즘이라고 한다. 알고리즘은 문제를 해결하는 우리의 생각을 절차적으로 표현할 수 있게 해준다. 즉 알고리즘으로 생각을 자동화할 수 있는 것이다.

주어진 업무를 수행하는 알고리즘을 고안했으면 이를 프로그램으로 구현해야 한다. 프로그램을 만드는 작업을 프로그래밍, 또는 코딩이라고 한다. 지능이 필요한 업무를 시키려면 지능이 필요한 업무를 알고리즘화해서 그것을 코드화하여 컴퓨터 하드웨어에 장착해야 한다. 손으로 코딩을 하든, 아니면 기계 학습 알고리즘을 사용하여 스스로 만들게 하든, 작업을 수행할 컴퓨터 하드웨어에는 똑같다. 컴퓨터 하드웨어는 그 코드를 하나씩 차례차례 수행할 것이다.

복잡하고 지능이 필요한 문제를 컴퓨터가 해결하는 것처럼 보이지만 사실은 코드화된 알고리즘이 지시한 대로 컴퓨터 하드웨어가 작동하는 것뿐이다. 이를 본 사람들이 이를 의인화하여 "똑똑하다", "생각을 한다", "이해를 하네" 심지어는 "창작하네" 하며 감탄하는 것이다. 인공지능을 만든다는 것은 지능적 행동을 하도록 알고리즘을 만든다는 것이다. 이런 의미에서 "인공지능은 알고리즘으로 만든 지능이다Artificial Intelligence is an Algorithmic Intelligence"라는 주장은 매우 설득력 있다. 사람의 생각을 자동화할 수 있다는 의미에서 디지털 컴퓨터의 발명은 인류 문명사 최대의 사건이다. 인류의 문명사는 디지털 컴퓨터 발명 이전과 이후로 나누어야 할 것이다. 디지털 컴퓨터의 발명이 바로 인공지능의 시작이고, 디지털 컴퓨터의 발전이 인공지능의 발전이다.

문제 해결의 범용 도구로써 인공지능

인공지능의 기술은 크게 보면 네 가지로 분류할 수 있다. 첫째는 컴퓨터로 하여금 보고, 듣고, 언어를 사용하여 소통하게 하는 인지 기술, 둘째는 판단하여 의사결정하며, 계획을 수립하여 문제를 해결하는 기술, 셋째는 지식을 이용하여 추론하는 기술, 넷째는 데이터로부터 배우는 기술이다. 지난 70년 동안 인공지능 영역에서는 이런 요소 기술을 거의 독립적으로 연구하고 구현했다. 현재는 이런 요소 기술을 종합한 인공지능이 지능적 업무를 자동화하고, 고난도의 문제를 해결하며, 사람과 같은 상호작용을 하는 정보 시스템을 만들려고 시도한다. 그런 의미에서 인공지능은 정보 시스템을 만드는 기술이다. 다양한 영역에서 다양한 문제를 해결하려고 인공지능을 이용한다. 인공지능 기술의 큰 가치가 범용 기술이라는 데 있다.

인공지능이 각광을 받자 요즘은 대부분의 신제품과 서비스를 인공지능이라고 주장한다. 센서에 반응하는 시스템은 물론이고 겉보기에는 전통적인 정보 시스템 같은데도 이를 인공지능 시스템이라고 홍보하기도 한다. 인공지능을 이용했다고 홍보하는 것이 비즈니스를 위하여 도움이 되기 때문일 것이다. 가끔 특정 제품이 인공지능이냐 아니냐로 경쟁회사 간에 논란이 있기도 했다. 1980년대는 세탁기와 선풍기의 기능이 인공지능이냐는 논쟁이 있었다. 인공지능의 정의 자체가 '지능을 필요로 하는 업무를 컴퓨터에게 시키고자 하는 노력'이라고 광범위하게 되어 있으니 구현된 지능의 수준이 단순하다고 기업들의 주장을 나무랄 수도 없다.

상식적으로 판단하면 다음과 같은 요소가 포함된 정보 시스템을 인공지능 시스템이라고 분류하는 데는 무리가 없을 것이다.

- 인지 기능을 갖춘 시스템: 영상, 음성 등의 신호를 분석 및 처리하여 물체나 사건을 탐색하거나 인식한다.
- 자연어로 소통하는 시스템: 대화형 인터페이스, 번역, 문장 이해 능력을 활용한다.
- 의사결정과 행동을 자동으로 수행하는 시스템: 행위의 자동화 및 최적화를 도모한다.
- 알려지지 않은 값이나 미래 사건을 예측하는 시스템: 고장 예측, 비정상 탐지가 가능하다.
- 기계 학습을 하거나 그 학습 결과를 사용하는 시스템: 데이터 분석, 기계 학습, 딥러닝을 사용하여 판단 기능을 구현한다.
- 위와 같은 시스템 개발에 도움을 주는 시스템: 개발 환경, 도구, 플랫폼, API 등을 포함한다.

인공지능 기술은 계속 발전하고 있다. 따라서 과거의 인공지능과 지금의 인공지능은 그 능력에 있어 많은 차이를 보인다. 지금 보면 간단해 보이는 업무도 개발 당시에는 큰 반향을 일으켰던 작업이 많다. OMR 카드를 읽어서 컴퓨터가 채점하는 것이나 펜으로 화면에 쓴 글씨를 인식하는 것들도 과거에는 놀라운 사건이었다. 이미 잘하고 있는 것들에 대해선 이를 인공지능이라고 부르려 하지 않는 경향이 있다. 각종 미디어에서도 새롭고 놀라운 성과만을 인공지능이라고 보도한다. 따라서 인공지능의 목표는 움직이는 표적이라고 할 수 있다. 이런 의미에서 컴퓨터를 '좀 더' 똑똑하게 하고자 하는 노력이라고 인공지능을 정의하기도 한다.

다행히도 소프트웨어의 '쉽게 점진적으로 개선해나갈 수 있다'는 특성은 인공지능의 빠른 발전에 크게 공헌했다. 누적하여 지식을 쌓을 수 있고, 수정 및 보완이 용이하며, 공개를 통해 서로 나누기 쉽기 때문이다. 인공지능의 핵심을 이루는 인지, 판단, 학습 등의 기술은 컴퓨터가 발명된 이후 지난 70여 년간 꾸준히 개선됐던 것들이다.

소프트웨어, 인공지능, 기계 학습, 딥러닝의 관계

오늘날 우리 사회의 화려한 디지털 문화는 컴퓨터와 소프트웨어 덕분이다. 하루가 다르게 변하는 디지털 혁신은 정보 시스템으로 가능하다. 안전한 금융거래가 가능한 것도, 인터넷에서 상품을 검색하고 거래하는 것도, PC에서 원하는 동영상을 검색하여 보는 것도, 휴대폰에서 길 안내를 받는 것도 모두 소프트웨어 덕택이다. 2011년 앤드리슨Marc Andreessen은 이런 상황을 '소프트웨어가 세상을 먹어 치우고 있다'고 지적했다. 사회 전반을 지탱하는 대부분의 소프트웨어는 전문 개발자의 알고리즘 개발과 코딩작업으로 만들었다. 윈도10 운영체계의 소스코드는 5,000만 줄이다. 구글은 20억 줄의 소스코드를 이용하여 검색, 지도 등의 서비스를 제공한다.

소프트웨어 기술에는 인공지능 이외에도 많은 기술이 있다. 컴퓨터를 효율적으로 작동시키는 운영체계 기술, 프로그램 작성을 가능하게 하는 프로그램 언어 기술, 인터넷을 운영하는 네트워크 기술, 보안을 다루는 정보보호 기술, 아름다운 혹은 실감형 영상을 만드는 그래픽 및 AR·VR 기술, 많은 데이터를 저장·관리하는 데이터베이스 기술, 소프트웨어 생산성과 신뢰성을 다루는 소프트웨어공학 등을 나열할 수 있다.

소프트웨어가 생각을 코딩한 것이지만 모든 소프트웨어 기술을 인공지능 기술이라고 하지는 않는다. 지능적 행동을 구축하는 기술만을 인공지능이라고 한다고 했다. 따라서 인공지능은 여러 소프트웨어 기술의 하나일 뿐이다. 여러 소프트웨어 기술이 서로 영향을 미치면서 상승 발전한다. 이미 그래픽 기술은 인공지능 기술을 많이 사용하고 있고, 인공지능의 활용을 위하여 프로그램 언어 기술과 소프트웨어공학 기술의 도움을 많이 받는다.

데이터나 경험을 통해서 스스로 능력을 향상시키는 기법을 기계 학습이라고 한다. 인공지능의 중요한 연구 영역이다. 그러나 기계 학습 이외에도 70여 년간 연구 개발의 성과로 인공지능을 구축하는 전통적인 방법론이 여러 개 개발되어 있다. 고도의 수학적 방법론에 근거를 둔 범용 문제 풀이 알고리즘도 있고, 빠르게 원하는 것을 찾아내는 탐색기법, 사람이 전수해준 지식과 경험으로 의사결정 시스템을 구축하는 방법론 등이 있다.

기계 학습의 영역에는 또 다양한 기술이 존재한다. 훈련 데이터를 이용하여 지식을 축적하는 시스템도 있고, 성공과 실패의 경험을 통해 판단 능력을 높여가는 방법론도 있다. 적자생존의 진화 현상을 모방하여 우수한 대안을 찾는 기법도 있다. 인공 신경망 기법은 신경세포의 상호작용에서 영감을 받아 만들어진 학습 및 의사결정 방법론이다.

인공 신경망을 훈련시키는 방법이 여러 가지 제안되었다. 단순 신경망은 상대적으로 쉽게 학습시킬 수 있으나 그 기능이 제한적이다. 복잡한 구조일수록 어려운 문제 풀이도 가능하나 그 학습이 어렵다. 2010년경에 고층 인공 신경망을 훈련시킬 수 있는 여러 방법론이 제안되었다. 이런 방법론들을 묶어서 딥러닝이라고 한다. 즉 딥러닝은 고층 인공 신경망을 훈련시킬 수 있는 데이터 기반 기계 학습 방법 중 하나다. 딥러닝 기법 중에도 구조와 훈련 기법에 따라서 CNN, RNN, GAN 등으로 구분한다. 요즘은 하루가 다르게 새로운 딥러닝 기법이 발표되고 있다.

딥러닝 기법은 성능이 우수해서 현재 여러 문제 해결에 많이 쓰인다. 최근 인공지능의 새로운 도약은 딥러닝이 가져왔다고 해

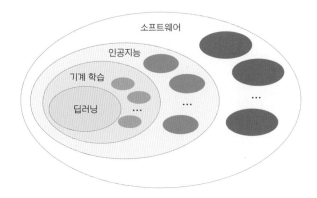

도 과언이 아니다. 그래서 딥러닝 자체가 곧 인공지능이라고 여겨
지고 있다. 깊은 지식이 없는 사람들은 종종 인공지능, 기계 학습,
딥러닝을 같은 의미로 사용하기도 하는데 이는 바람직하지 않다.

　소프트웨어, 인공지능, 기계 학습, 딥러닝의 관계를 도식화하
면 위 그림과 같다.

인공지능은 감정과 의지를
가질 수 있을까

중요한 것은
지적인 기계가 어떤 감정을 가질 수 있느냐가 아니라
기계가 감정 없이도 지능을 가질 수 있느냐는 것이다.

마빈 민스키

인공지능이 부끄러움을 느낀다?

기계 조립에 배치된 로봇이 업무 성과가 나쁘다는 이유로 주인에게 야단맞고 부끄러움을 느껴 분발해 성과를 올렸다. 이런 시나리오가 가능할까? 고생 끝에 성공했을 때의 성취감, 실패의 연속에서 오는 좌절감 등을 기계가 느낄 수 있을까? SF 영화에서는 인공지능 로봇이 주인에게 사랑을 느낀다든가, 로봇들이 인간에게 반감을 갖고 반란을 일으킨다든가 하는 내용이 자주 등장한다. 이런 상황이 실제로 가능할까? 분노, 공포, 슬픔, 역겨움, 수치, 모욕감, 당황스러움 등의 감정이나 자의식을 갖는 기계가 실현 가능할까?

인공지능을 탐구하다 보면 의식Consciousness이나, 감정Emotion, 창의성Creativity이 무엇인가 하는 철학적인 질문과 마주치게 된다. 이러한 질문들은 '생각한다는 것이 무엇인가'라는 질문과 같이 본질적이다. 의식이란 모든 상태의 느낌, 감각, 자각으로 이루어진다고 한다. 그러니 이것이 무엇인가에 대해서는 철학자들 사이에서도 의견이 분분하다. 신경과학자는 이를 생물학적 현상으로 정의한다. 의식에 관한 논의는 과학적 객관성과 언어적 주관성을 넘나들고 있다. 의식은 지능의 일부일까? 의식을 가진 기계를 만들 수 있을까? 인공지능은 의식을 가져야 하는가?

감정이란 무엇인가? 국어사전에는 "어떤 현상이나 일에 대하여 일어나는 마음이나 느끼는 기분"이라고 되어 있다. 조금 더 과학적으로 보면, 감정은 신경생리학적 변화로 야기된 신경계통과 관련된 생물학적 상태로 생각, 행동적 반응, 그리고 쾌락이나 불쾌감의 정도와 다양하게 연관되어 있다. 감정은 흔히 기분, 기질, 성격, 창조력, 동기 등이 얽혀 있다고 되어 있다.

감정은 지능적인 고등 동물에게서 나타나며, 더 지능적일수록 더 풍부한 감정을 나타내는 경향이 있다. 사람은 모든 순간 어떤 감정의 상태를 유지한다. 감정 상태는 의사결정을 하는 데 중요한 요소 중 하나임을 부정할 수 없다. 어떤 감정 상태에 있는가에 따라 의사결정의 결과가 달라진다. 외부 자극에 따른 감정의 형성과 반응 속도는 사람에 따라 다르다. 같은 이야기에 어떤 사람은 흥분하고 또 다른 어떤 사람은 덤덤하다. 누구는 쉽게 좌절하고 누구는 불굴의 의지를 보인다. 사람마다 다른 성격, 즉 개성을 갖고 있다. 감정도 지능의 일부인가? 감정이 없으면 지능이 없는 것인가?

감성 컴퓨팅

지금의 인공지능 기술은 기계가 감정을 가진 것처럼 흉내 내게 할 수 있다. 외부 자극의 반응으로 사람과 유사한 감정 상태를 갖도록 기계를 만들 수 있다. 외부 자극과 이때 갖는 사람의 감정을 데이터로 입력해 지도 학습을 시키면 가능하다. 감정 상태에 따라 외부 자극에 다르게 반응하는 것도 쉽게 흉내 낼 수 있다. 개인의 독특한 반응 데이터를 모아서 훈련시킨다면 인공지능마다 다른 개성을 갖도록 할 수도 있다.

사람의 감정을 인식하고 이에 적절히 대응하는 인공지능에 대한 연구는 이미 높은 수준에 올라왔다. 감성 컴퓨팅Affective Computing이라는 분야다. 사람의 표정이나 말소리를 듣고 감정 상태를 판단한다. 또 문장의 뉘앙스를 분석하는 것도 가능하다. 즉 문장이 어떠한 감정을 표현하는지 알아내는 것이다. 소셜네트워크에서 댓글의 호불호를 자동으로 판단하는 것은 상업적 가치가 크다. 사람의 감정 종류는 어떤 것이 있는가? 각각의 감정 상태는 몇 단계로 표현할 수 있을까? 감정을 인식하고 해석하고 흉내 낼 수 있는 장치의 연구는 심리학, 인지과학 등 학문적으로 연구되는 분야다.

감정의 동물인 사람을 대할 때 인공지능이 어떻게 행동을 해야 하는가에 관한 연구는 흥미롭다. 인간이 기계에 어떤 감정을 느끼는가에 대한 연구를 바탕으로 사람에게 사랑받는 인공지능을 어떻게 만들까에 대한 연구를 하는 것이다. 사람들이 반려동물에 깊은 애정을 느끼는 것처럼 반려로봇에 애정을 갖게 될까? 사람이 감정을 흉내 내는 기계에 깊은 애정을 느낀다면 감정을 흉내 내는 기계의 연구 효용성을 찾을 수 있을 것이다. 사람들이 어떤 행동을 하는 로봇에게 더 강한 감정적 유착관계를 느끼는지 알게 됨으로써 더욱 사랑받는 반려로봇을 만들게 될 것이다.

기계가 감정을 가질 수 있을까

기계가 감정을 가질 수 있느냐는 궁극적인 문제를 생각해보자. 인공지능은 감정을 가져야 하는가? 특히 범용 인공지능이 되려면 감정을 가져야 하는가? 사람을 흉내 내는 것을 인공지능이라고 생각하는 학자들에게 감정을 가진 인공지능을 만들었다는 것은 사람이 느끼는 것과 똑같은 감정의 상태를 갖게 하고 그 감정 상태에 따라서 달리 의사결정하는 기계를 만들었다는 의미일 것이다. 사람을 흉내 내서 만든 기계가 정말로 감정을 느끼는 것인가? 아니면 느끼는 척하는 것인가? 기계가 알고리즘이 정한 대로 작동하는 것을 보고 사람들이 감정을 가졌다고 생각하는 것이 아닐까? 도대체 감정을 가진 기계의 효용성은 무엇인가. 사람처럼 감정적으로 판단하는 인공지능을 만들기 위해서일까? 문제 해결 방법을 알고리즘으로 구현한 것을 인공지능이라고 생각하는 공학자들은 그 효용성에 동의하지 못할 것이다.

생물학적 상태인 감정을 갖는다는 것은 생명체만의 속성이라고 생각한다. 생존하고, 종족을 번식하고자 하는 생명체의 가장 중요한 욕구가 오랜 진화를 거쳐서 감정으로 표현되는 것이 아닐까? 생존과 번식에 긍정적이었던 상황은 즐거움이나 사랑이라는 감정 상태로 표현되고, 부정적인 상황은 공포나 혐오의 기분으로 나타난 것이 아닐까? 우리 두뇌가 긴 진화의 흔적을 매우 빠른 속도로 검색하여 감정을 만드는 것이 아닐까? 이렇게 감정을 정의한다면 생존과 번식의 욕구가 없는 기계에는 감정이 있을 수 없다고 봐야 할 것이다. 감정을 가진 것처럼 흉내 내는 기계를 만들 수 있지만, 기계는 생물학적 욕구를 갖고 있지 않기 때문에 실제로 감정을 느끼는 것은 아니다. 느끼는 척할 뿐이다. 이런 기술이 사회적으로 어떤 수요가 있고 또 바람직한 것인가는 깊은 생각이 필요하다.

대부분의 인공지능 학자들은 자의적 판단으로 인류를 위협하는 기계는 불가능하다고 생각한다. 이런 기계가 가능하더라도 가까운 장래는 아닐 것으로 생각한다. 한동안 기계는 항상 사람이 프로그램한 대로 행동할 것이다. 영화 〈스페이스 오디세이〉의 로봇 할Hal과 같이 사람이 작동을 종료시키려고 할 때 이를 자의로 거부하는 기계는 있을 수 없다. 기계는 생존하려는 생물학적 욕구와 그에 근거한 감정을 갖고 있지 않기 때문이다. 만약 피조물이 생존과 번식의 욕구를 가진다면 이는 더 이상 기계라 부를 수 없다. 인공생명이라고 부르는 것이 타당할 것이다. 인공지능이 인공생명체와 결합하는 시나리오는 상상할 수 있다. 인공지능을 이용하는 인공생명체가 자신의 생존과 번식을 추구한다면 이는 인류에게 종말적 재앙이 될 수 있다. 인공생명은 인공지능보다 더 큰 사회적, 윤리적 논란을 야기할 것이다.

약한 인공지능, 강한 인공지능

현재 우리가 만나는 인공지능은 모두 프로그램된 지능이다. 프로그램된 특정 업무만을 수행한다. 그 프로그램이 코딩에 의하여 만들어졌던, 아니면 기계 학습 알고리즘을 이용하여 데이터 학습으로 만들어졌던 정해진 것만 정해진 대로 수행한다. 이런 인공지능을 약한 인공지능, 혹은 좁은 인공지능이라고 한다. 알파고는 바둑을 잘 두지만, 바둑만 두는 프로그램이다. 다른 작업은 할 수가 없다. 방송 퀴즈쇼에 나가서 다양한 문제에 대답을 한 인공지능 왓슨도 지식 데이터베이스를 신속히 검색하고 추론을 통해 답을 만들어낼 뿐이다. 물론 자연어로 주어진 문제를 해석하여 무엇을 찾아야 하는지 알아내는 능력도 미리 프로그램된 것이다. 정교한 기술로 복잡한 도로상황에서 자율적으로 운행하는 자율주행차도 예측했던 상황에 대응하도록 프로그램된 것이다. 예측하지 못했거나 미리 준비되지 않은 상황에는 대응하지 못한다. 자율주행차가 아직 실용화되지 못하는 이유도 현실 세계의 도로 위에서 일어날 수 있는 상황이 너무 복잡하여 모든 상황에 대응하도록 프로그램할 수 없기 때문이다.

데이터를 학습하여 성능이 증강되는 인공지능도 약한 인공지능이다. '새로운 것을 배운다는 것'을 두고 '프로그램되지 않은 새로운 능력을 갖게 되는 것이 아닌가'라고 생각할 수 있으나 그렇지 않다. 프로그램된 학습 방법으로 주어지는 데이터를 보고 파라미터값을 바꿔서 성능을 강화시키는 방향으로 변화시키는 것이다. 데이터값에 따라 어떻게 반응하라고 프로그램된 대로 행동할 뿐이다. 물론 데이터를 통제하지 못하면 학습 알고리즘이 어떤 프로그램을 만들 것인지는 모를 수 있다.

우리가 지금 접하는 인공지능은 모두 약한 인공지능이다. 좁은 영역의 정해진 기능 안에서는 전문가를 능가하는 수준의 업무 처리 능력을 갖출 수 있다. 컴퓨터의 신속한 계산 능력을 이용하여 언제 어디서나 서비스할 수 있도록 인공지능을 배치할 수 있다. 이미 여러 산업 현장에서 혁신과 자동화를 통해 경제적 가치를 창출하고 있다. 앞으로 우리 사회와 산업현장은 더욱 많은 수의 약한 인공지능으로부터 서비스를 받게 될 것이다. 하지만 그 인공지능이 스스로 목표를 세우고 '의지'를 발휘하는 일은 결코 일어나지 않을 것이다.

약한 인공지능에 대립되는 개념이 '강한 인공지능'이다. 강한 인공지능을 범용 인공지능AGI, Artificial General Intelligence이라고도 한다. 이 개념에는 여러 가지 다른 상황에서 여러 가지 문제를 해결한다는 범용성 개념과 독립적으로 의지를 갖고 의사결정을 한다는 두 가지 개념이 섞여 있다. 쉽게 말하자면 생명체인 사람과 같이 생각하고 행동하는 지능을 의미한다. 강한 인공지능을 '사람처럼 생각하는 인공지능'이라고 한다면 '기계가 생각할 수 있는가?'라는 원초적 질문으로 다시 회귀하게 된다. 철학자 존 설John Searle은 '기계가 생각한다, 기계가 이해한다'는 주장을 어불성설이라고 반박한다. 그는 자기 주장을 설명하기 위해 '중국어 방'이란 상황을 설정한다. 중국어를 이해하지 못하는 사람이 방 안에서 한자가 쓰여 있는 글자판을 전달받는다. 그러면 그는 영어로 쓰인 지침서의 지시에 따라 여러 글자판 중에서 하나를 선택하여 밖으로 던진다. 그런데 밖에서는 그 사람이 멋진 중국어 시를 짓는다고 감탄한다. 과연 그 사람은 중국어를 이해하는 것인가?

철학자 존 설이 디지털 컴퓨터가 프로그램을 지능적으로 작동시키더라도 마음, 이해 또는 의식을 갖는 것으로 볼 수 없다는 주장을 하기 위하여 설정한 중국어 방
출처 : Wikimedia Commons

그의 주장은 지금 인공지능의 현실이 바로 이런 상황이라는 얘기다. 중국어 방에서 글자판을 선정하는 작업은 생각한다든가 이해한다든가 하는 것과는 거리가 멀다. 생각이나 이해는 객관성이 배제된 주관적인 서술이다. '경치가 아름답다'라는 것이 과학적 판단의 영역이 될 수 없는 것처럼 '기계가 생각한다'는 것은 과학적 판단의 영역이 아니라는 것이다. 기계가 생각의 하드웨어인 두뇌 기능을 모의Simulation 할 수는 있다. 하지만 '생각'은 생명체만이 할 수 있다는 것이 그의 주장이다.

생존하고 번식하기 위하여 수백만 년 동안 진화해 형성된 사람의 지능은 놀라운 능력을 보인다. 다양한 업무를 수행할 수 있고, 스스로 목표를 수립하고 달성 방법을 찾아낼 수도 있다. 강한 인공지능은 인간의 지능적 행동을 일부 흉내 내는 수준이 아니라 능가하는 것까지로 정의한다. 과학소설이나 영화에 등장하는 '인간과 교감하는 인공지능'이다. 강한 인공지능은 아직 연구자들의 꿈이다. 강한 인공지능을 실제로 만들어낼 수 있는지조차 모른다. 구현 방법에 대한 가장 초보적인 아이디어조차 없는 상황이다. 스티븐 호킹 박사, 마이크로소프트의 창업자인 빌 게이츠, 테슬라의 일론 머스크 등이 인공지능의 위험성을 자주 경고했는데, 이는 모두 상상 속의 강한 인공지능을 이야기하는 것이다. 현재 인공지능 수준을 고려해볼 때 다소 과장된 측면이 없지 않다. 일론 머스크는 '강한 인공지능 연구는 공개적으로 해야 한다'는 신념으로 '오픈AI'라는 연구회사 설립을 도왔다.

일부 작가들은 사람의 능력을 초월하는 초강력 인공지능을 거론하기도 한다. 사람들이 해결할 수 없는 문제도 척척 해결하는 신적 존재를 인간이 창조하는 것을 꿈꾸고 있다. 그러나 이 모든 것은 소설과 영화의 영역이지 과학의 영역은 아니다.

인공지능이 항상
윤리적일까

인공지능의 능력과 위험에 대한 지난 10년 동안의 우려가
터미네이터라는 환상을 현실로 옮겨왔고,
킬러 로봇에 대한 불안은 당장 해야 할 걱정이 되었다.

피터 밀리컨

무기체계에 인공지능을 장착하다

1983년 독일에서 국제 인공지능 학회가 있었다. 필자는 논문 발표를 위해 참석했는데 학회장 앞에서 며칠간 시위가 계속되었다. 인공지능을 무기에 장착하지 말라는 시민운동가들의 시위였다. 당시 미국 정부는 구소련과 냉전 중이었다. 두 나라는 핵탄두를 장착한 ICBM(대륙간탄도미사일)을 상대방에게 겨누고 있었다. 미국 정부는 적성 국가가 ICBM을 발사했다고 생각되면 사람이 개

세계 각지에서 벌어지고 있는 킬러 로봇 반대 시위

출처 : Campaign to Stop Killer Robots

입하기 전에 선제적으로 제압하는 무기체계를 우주에 배치하려는 계획을 갖고 있었다. 이 계획에 반대하는 사람들이 시위를 한 것이다. 그들의 논리는 스스로 결정하는 인공지능의 능력이 완전하지 않기 때문에, 자칫 전 인류를 핵전쟁으로 멸망시킬 수도 있다는 것이다. 즉 전 인류의 운명을 좌우할 수 있는 결정을 인공지능에게 맡기면 안 된다는 것이었다. 당시 나는 미국회사에서 무인비행기에 장착하는 전장 감시 시스템을 연구하고 있었기에 그 시위는 큰 충격으로 다가왔다.

2018년 초 세계적 학자들이 KAIST와 공동 연구를 거부하겠다고 발표했다. 자율적으로 사람을 공격하는 인공지능 무기체계를 KAIST 교수들이 개발하고 있다는 이유였다. 국내 한 방산업체와 함께 설립한 국방인공지능융합연구센터 개소를 경솔하게 홍보했던 대가였다. 기초연구일 뿐이라고 총장이 설명을 하고 과기부와 외교부까지 나서서 간신히 진화했다.

2018년 실리콘밸리의 엔지니어 수천 명은 자신들이 개발한 인공지능 기술을 군사 목적으로 사용하지 말라고 시위를 했다. 이익보다 윤리를 더 중요하게 생각해야 한다고 회사를 압박했다. 그 결과 구글은 인공지능을 사용해 비디오 이미지를 해석하고 드론의 공격목표를 지정하는 미국 국방부 프로그램에서 철수했다. 그럼에도 불구하고 우리는 2020년 초 이란 장성이 바그다드 공항 근처에서 무인드론의 공격으로 폭사했다는 뉴스를 접할 수 있었다.

인공지능이 무기체계에 탑재되는 것을 피할 수는 없을 듯하다. 인공지능이 무기의 성능을 획기적으로 향상시키기 때문에 많은 국가에서 유혹을 느낀다. 국제정치에서 인공지능 기술이 가진 위력은 핵무기를 능가한다. 미국과 패권을 다투는 중국은 2030년까지 세계 최고의 인공지능 강국이 되겠다는 계획을 수립하고, 군민 협동의 인공지능 연구개발을 공개적으로 선언해 투자하고 있다. 이러한 중국의 도전에 대해 미국 국수주의자들은 민주적 의사결정을 하지 않는 국가가 인공지능 능력을 갖는 것에 우려를 표하고 있다.

자율주행차의 딜레마

　자율주행차의 경우 법적 책임과 윤리적 운행 문제가 난감한 사안이다. 운전자 없이 스스로 움직이는 자동차가 사고를 유발하면 그 책임을 누가 져야 하는가? 우리나라 현행법 체계는 사람과 법인만을 권리 의무의 주체로 하고 행위책임을 사람과 법인에만 묻는다. 따라서 알고리즘이 판단하여 제어하는 자율주행차의 사고는 그 책임 소재가 불분명하다. 이미 의료 전문가 시스템에서도 유사한 법적 문제가 제기된 적이 있었다. 그러나 의료 전문가 시스템은 의사의 의료행위를 돕는 보조 시스템으로 자리매김하고 모든 법적 책임이 의료행위를 하는 의사에게 있다고 결론을 내렸다. 그래서 의료 전문가 시스템에서는 의사결정 과정을 설명하는 것이 매우 중요한 기능으로 부상하게 되었다.

　자율주행 알고리즘은 아직 완벽하지 못하다. 자주 사고를 낸다. 기술은 발전하겠지만 사고를 완전히 배제할 수 없을 것이다. 자율주행차가 사고에 연루된 경우 탑승자, 알고리즘 제작사, 사고에 연루된 상대방 운전자 간의 사고 책임을 어떻게 나눌지 결정하는 것은 간단한 문제가 아니다. 더구나 분쟁 상대방 역시 자율주행차라면 매우 복잡하다. 알고리즘의 상황 인지와 판단에 실수가 있었다면 제작사의 책임이 커질 수밖에 없다. 그러나 안타깝게도 딥러닝으로 개발되는 현재의 자율주행 알고리즘은 사고 경위와 의사

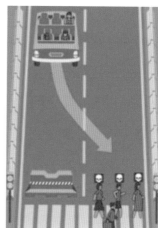

자율주행차의 딜레마적 응급상황
출처 : MIT Moral Machine Project

결정 과정을 설명하지 못한다.

2016년 초 시험 주행하던 자율주행차가 버스와 부딪치는 사고가 있었다. 신호등이 없는 교차로에서 장애물을 피해 크게 우회전하다가 빠른 속도로 직진하던 버스에 뒷면을 충돌당했다. 당시 자율주행차는 교차로로 다가오는 버스가 속도를 줄일 것이라고 생각했지만 버스는 속도를 줄이지 않았다. 자율운행 알고리즘은 모든 자동차가 교통 규칙을 지킬 것으로 예상하고 운행하지만 사람들은 종종 규칙을 안 지킨다. 이런 경우 자율운행 알고리즘을 만들기가 난감하다. 방어운전을 해야 한다지만 어디까지 방어를 해야 하는가? 미국의 일부 주에서는 이미 자율주행차의 도로 주행을 허가했다. 자율주행차가 연루된 교통사고에서 손해와 인과관계의 판단은 이제 법원의 몫이 되었다.

자율주행차가 딜레마적 응급상황에 닥쳤을 때의 윤리적 이슈는 간단하지 않다. MIT에서는 자율주행차의 윤리적 운행 연구를 위해 윤리적 기계Moral Machine 프로젝트를 수행하고 있다. 이 프로젝트에서는 응급 시에 자율주행차가 취해야 할 행동에 대한 일반 대중의 윤리의식을 조사하고 있다. 이 프로젝트에서 사용된 사례를 하나 살펴보자. 세 명의 승객을 태우고 주행하던 자율주행차가 피할 수 없는 장애물을 발견했다. 선택은 둘 중 하나뿐이다. 급히 핸들을 꺾어서 길을 건너던 무고한 세 명을 살상하고 탑승객을 지키거나, 그대로 장애물과 충돌하여 탑승객 세 명에게 상해를 입히는 경우다. 어느 경우가 더 윤리적인가? 대부분의 사람이 후자가 더 윤리적이라고 할 것이다. 탑승객은 빨리 이동하려는 목적으로 탑승했다가 사고를 당하는 것이지만, 길을 건너던 사람들은 무고한데 왜 살상을 당해야 하는가? 분명 후자가 더 윤리적이지만 이런 제품이 시장에서 선택될까? 소비자들은 이기적이기 때문에 이런 자동차의 구매를 피할 것이다.

길을 건너던 사람이 한 명이라면? 세 명을 구하기 위하여 한 명을 희생시키는 것은 공리주의적 관점에서 더 윤리적이지 않을까? 길을 건너던 세 명이 신호를 위반하고 있었다면? 탑승객은 소년들이고 길을 건너던 사람들은 노인들이었다면? 상황 변화는 무한대로 가능하다. 이런 모든 상황에서 자율주행차의 윤리적 행위를 미리 알고리즘화할 수 있을까 의문이 든다.

인공지능의 윤리적 성찰

인공지능은 이미 인간의 삶 속에 깊숙이 파고들고 있다. 이는 거스를 수 없는 흐름이다. 자동화로 일자리가 급속히 줄어드는 문제는 차치하더라도 인공지능이 정교해지고 보편화됨에 따라 많은 윤리적 우려가 제기되고 있다. 피할 수 없는 편견, 이에 따른 공정성의 문제, 안전성과 투명성의 결여, 그리고 책임 소재의 문제점들이 윤리적 이슈를 복잡하게 만든다.

인공지능의 부작용을 모두 막는 건 사실상 불가능하다. 중요한 건 인공지능의 부작용을 최소화하면서 이점을 극대화하는 방향으로 사용하는 것이다. 인공지능이 윤리적으로 사용되도록 하기 위해 각 정부는 물론 OECD 등의 국제기구, 비정부기구들이 노력하고 있다. 물론 기업들도 자체적으로 인공지능 사용 원칙을 제정해 시행하고 있다. 구글에서는 인공지능 원칙을 발표했으며, 가트너, 마이크로소프트 등 여러 기관에서도 인공지능 개발 시 윤리적 문제를 해소하기 위한 가이드라인을 제시했다. 학술단체인 ACM과 IEEE에서도 컴퓨터 전문가들이 지켜야 할 윤리 장전을 오래전부터 제정하여 운영하고 있다. 대학 컴퓨터과학 커리큘럼에도 전

산윤리학 과목을 포함하도록 권고하고 있다. 그 내용들은 모두 대동소이하다. 인공지능 개발과 활용에 있어서 지켜야 할 원칙을 정리해보면 다음과 같다.

첫째 원칙은 인공지능을 사회적으로 유용하게 사용해야 한다는 것이다. 인공지능의 사용이 사회적, 경제적 가치를 가져와야 한다. 그 편익이 예측 가능한 위험과 단점보다 많아야 한다. 둘째는 공정성이다. 불공평한 편견을 배제해야 하며 활용 목적을 숨기지 않아야 한다. 셋째는 안정성이다. 사람에게 위해를 가하면 안 된다. 인공지능은 항상 사람의 지시와 통제하에 있도록 하고, 개인정보를 보호해야 한다. 넷째는 투명성이다. 인공지능이 인간의 판단을 대신하기 때문에, 그것이 내린 결정을 설명할 수 있어야 한다는 것은 중요한 원칙이다. 다섯째는 신뢰성이다. 자율 학습으로 성장하는 시스템은 원래 개발자의 의도와 다르게 진화할 수 있다. 감시하고 통제할 수 있는 능력을 놓쳐서는 안 된다. 이런 원칙들을 지키는 것은 결코 쉬운 일이 아니다. 인공지능개발자는 책임감을 갖고 무엇이 옳고 그른지 판단하기 위해 끊임없이 성찰해야 한다.

결론적으로 인공지능 발전 덕분에 우리 사회는 매우 빠르게 변화하게 될 것이다. 그 변화의 과정은 매우 혼란스러울 것이다. 복잡한 변화의 과정에서 옳고 그름에 대한 의견을 모으기도 쉽지 않을 것이다. 무엇을 바꾸고 무엇을 지켜야 하는지, 또 법과 제도를 어떻게 바꿔야 하는가에 대하여 의견이 분분할 것이다. 신봉하는 사상이 다르고 이익의 배분에 관계되면 논란이 더 많을 것이다. 이런 상황에서 우선 필요한 것은 기술의 본질, 능력과 한계를 정확하게 공유하는 것이다. 그러면서도 모든 것을 기술로 해결하려는 기술지상주의는 피해야 할 것이다.

어떤 상황에서도 인본적 가치는 유지되어야 한다. 지구의 환경은 보존해야 하고, 인류는 지속적으로 생존해야 한다. 기후 변화 또는 전염병 같은 전 지구적 재앙에 대처하기 위하여 글로벌 협조가 필요할 것이다. 정의, 자유, 존경, 공동체, 책임 등의 사회적 가치는 신장되어야 하며, 인류가 이룬 역사적, 문화적 가치는 유지되어야 한다. 그중에서도 특히 민주주의, 박애주의를 촉진하는 방향으로 인공지능이 활용되도록 끊임없는 성찰이 필요하다.

인간을 능가하는
인공지능이 가능할까

문명의 지능 대부분은 결국 비생물학적인 형태가 될 것이고,
이번 세기 말 무렵에는 비생물학적 지능이 인간의 지능보다
수조 배의 수조 배만큼 강력해질 것이다.

레이 커즈와일

사람과 인공지능을 비교하면?

'사람을 능가하는 인공지능은 언제쯤 가능한가'라는 질문은
인공지능의 여명기부터 언론이 큰 관심을 가져왔던 주제다. 요즘
도 언론은 이 이슈에 관심이 많다. 초기의 인공지능 학자들은 잘
만들어진 하나의 프로그램이 사람의 지능을 넘어설 수 있을 것이
라 생각하고 연구에 임했다. 실패를 거듭했지만 지금도 많은 연구
자들이 범용 인공지능이라는 강력한 하나의 알고리즘을 꿈꾸고 있

다. 그것만 만들어지면 인공지능이 인간지능을 넘어설 것으로 기대한다.

그런데 생각해보자. 지능이란 것이 그렇게 1차원 단선적으로 비교할 수 있는 것인가? 사람과 기계의 지능을 단순 비교할 수 있는 것일까? 논점을 명확하게 하기 위하여 동물의 지능과 사람의 지능을 비교해보자. 사람이 모든 측면에서 동물의 능력을 능가하는가? 그렇지 않다. 사자는 먹이 동물을 추적하여 포획하는 능력에서 사람을 월등히 능가한다. 멀리 볼 수도 있으며, 예민한 후각으로 먹이 동물의 존재를 파악할 수 있다. 또 달려가서 제압하는 앞발과 물어뜯는 입의 힘은 사람과 비교할 수 없이 강력하다. 물론 사람은 동료들과 힘을 합하여 동물을 포획하는 능력이 우수하다. 사자와 사람의 능력을 비교해보면 사자가 우수한 측면이 있는가 하면 사람이 우수한 측면도 있다. 지구상의 모든 동물은 그 나름대로 우수한 측면이 있기 때문에 생존하고 번식했다. 그래서 여러 동물의 지능을 1차원적으로 비교하는 것은 합리적이지 않다.

마찬가지로 사람의 지능과 인공지능을 1차원적으로 비교하는 것도 합리적이지 않다. 어떤 문제는 기계가 더욱 신속히, 합리적으로 해결할 수 있지만 다른 문제에서는 사람이 앞선다. 물론 점점 인공지능이 사람의 능력을 능가하는 부분이 늘어나는 것이 추세다. 하지만 모든 영역에서 인공지능이 사람의 능력을 능가하는 것은 쉽게 상상할 수 없다.

항상 낙관적이었던 인공지능 연구

70년 전 앨런 튜링은 기계가 얼마나 사람을 잘 흉내 내는가를 평가하는 튜링 테스트를 제안했다. 튜링 테스트는 인간지능과 인공지능의 우열을 단순 비교하자는 주장이다. 지능의 다양한 측면을 무시한 것이다.

그러나 튜링 테스트는 지난 70년간 인공지능 연구의 개략적 성과를 평가하는 데 유용하게 쓰였다. 튜링은 튜링 테스트를 제안하면서 50년 후, 즉 2000년이 되면 보통 사람이 모방게임에서 기계와 사람을 구분하지 못할 것으로 예상했다. 그 후 여러 연구원들이 자신의 인공지능이 튜링 테스트를 통과했다고 주장했다. 하지만 중론은 아직 멀었다는 것이다. 최근 딥러닝이 급격히 발전하면서 다시 '사람보다 잘하는 인공지능은 언제쯤 가능할까'라는 질문이 관심을 끈다.

초기 인공지능 학자로 노벨 경제학상을 받은 사이먼Hubert Simon은 1965년에 "20년 후에는 기계가 사람이 할 수 있는 모든 일을 할 수 있게 된다"고 주장했다. 인공지능의 대부 민스키Marvin Minsky도 유사한 이야기를 했다. 1970년 한 잡지와의 인터뷰에서 민스키는 "3년 내지 8년이면 보통 인간이 갖고 있는 일반 지능을 갖춘 기계가 나타날 것"이라고 주장했다. 돌이켜보면 이들의 주장이 얼마나 황당한 것이었는지 알 수 있다. 당시 연구원은 이렇게 과도한 낙관론을 갖고 있었다.

인공지능 기술 성장에 대한 낙관론은 계속 이어지고 있다. 2005년에 미래학자 커즈웨일Raymond Kurzweil은 "2029년이면 튜링 테스트를 통과하는 컴퓨터가 나올 것"이라 예측했다. 2020년대 중반까지 인간지능 모델이 만들어지고, 이 모델의 능력이 생물학적 신체와 뇌의 한계를 초월하는 특이점이 2045년쯤에는 나타날 것이라고 주장했다.

베스트셀러 작가가 된 인공지능

개인들의 예측보다는 전문가 집단의 예측이 더 신뢰할 만할 것이다. 2016년 한 인공지능 학회에 참가한 인공지능 연구자 350명을 대상으로 '언제쯤 사람보다 잘하는 인공지능이 등장할 것이라고 생각하는지' 조사했다.[*]

물론 여기에서의 인공지능이란 좁은 의미의 인공지능이다. 즉 특정 영역에서 사람보다 잘하는 프로그램이 언제쯤 만들어질 수 있는가를 물은 것이다.

그 결과는 다음 표와 같이 정리할 수 있다. 인공지능 연구자들

----

[*] Katja Grace, et al. When Will AI Exceed Human Performance? Evidence from AI Experts, May 2017.05.30. https://arxiv.org/abs/1705.08807

업무	등장 시기	업무	등장 시기
언어 번역	2024년	소매 점포에서의 업무	2031년
고교 에세이 작성	2026년	베스트셀러 소설 집필	2049년
트럭 운전	2027년	외과의사	2053년
톱 40 팝송 작곡	2027년	인공지능 연구	2103년

은 글 쓰고, 운전하고, 작곡하는 업무 등에서 2020년대 중반쯤에는 인공지능이 보통 사람보다 잘할 것이라고 예상했다. 베스트셀러 소설 집필과 외과의사의 수술 업무는 2050년쯤이면 가능할 것이라고 했다. 심지어 2103년이면 인공지능 연구조차 인공지능이 더 잘할 것이라고 예상해 충격을 주고 있다.

인공지능 연구자들은 결론적으로 40년 후에는 모든 업무 분야의 50%에서 인공지능이 사람보다 잘할 것이라고 예측했다. 그리고 120년 후에는 모든 업무 분야에서 인공지능이 인간을 뛰어넘을 것으로 예상했다. 즉 120년 후에는 인류의 모든 일거리가 자동화되어 인간은 할 일이 없게 되리라는 것이다.

이 설문의 마지막 질문은 '언젠가 인공지능이 인간의 모든 일거리를 빼앗을 수 있을 텐데 인류에게 도움이 될까?'이다. 이 질문의 답은 인공지능이 '매우 이롭다'와 '이롭다'가 20%와 25%, '해롭다'와 '매우 해롭다'가 10%, 5%로 조사되었다. 다행히도 인공지능이 인류에게 이롭다고 생각하는 연구자가 더 많았다. 인공지능 연

구자들이 자기가 하고 있는 연구의 사회적 가치는 인정하고 있다
는 얘기다.

Part 02

사람보다 똑똑한
인공지능을 위한 기술

사람처럼
vs 합리성 추구

인공지능은 인류가 연구하고 있는 것 중 가장 심오한 것이다.
불이나 전기보다 더 심오하다.

선다르 피차이

세상의 모델

앞서 우리는 인공지능 개발을 '에이전트를 지능형으로 만드는 사업'으로 정의했다. 에이전트는 센서를 통해서 외부 환경, 즉 세상으로부터 정보를 얻고 취할 행위를 결정한다. 그리고 액츄에이터를 통해 외부 환경에 영향을 끼친다.

에이전트가 활동하는 외부 환경은 간단한 세상이 아니다. 세상은 끝이 없으나, 에이전트가 인지하는 세상은 제한되어 있다. 전체를 관찰하거나 이해할 수 없다. 에이전트가 감지할 수 있는 것은 오직 부분일 뿐이다. 제한된 감각기관 때문이다. 따라서 세상을 파악하는 데에는 항상 불확실성이 존재한다. 또 액츄에이터를 사용했을 때 에이전트의 의도대로 항상 작동하지 않는다. 상황판단에서 잘못도 있겠지만 액츄에이터의 정밀성이 제한되어 있는 것도 원인이다. 세상과 에이전트의 상호작용에는 항상 불확실성이 존재한다.

불확실성이 존재하는 세상을 에이전트가 어떻게 '생각'하는가에 따라서 문제 해결의 방법이 다르게 된다. 에이전트의 생각은 그 나름의 '세상 모델'이다. 모델이란 현실 세계의 복잡한 현상을 추상화하거나 가정 사항을 도입하여 단순하게 표현한 것이다. 복잡해서 단순화하지 않으면 제한된 자원으로 문제를 해결할 수 없다. 그러나 과도하게 단순화하면 현실과 동떨어져서 효용성이 없다. 에이전트가 활동하는 '세상 모델'을 교과서에서는 통상 일곱 가지 관점으로 체계화한다.

첫째, 결정론적·확률적 관점이다. 외부 환경의 이전 상태 및 에이전트의 행동에 따라 발생한 다음 상태가 완벽하게 예측 가능한 경우, 이러한 세상의 성격을 결정론적이라고 한다. 가장 단순하게 세상을 보는 것이다. 상태를 확률적으로 일어날 수 있다고 보면 복잡도는 증가한다.

둘째, 정적·동적 관점이다. 에이전트가 정보를 얻은 후 행동을 취할 때까지 세상이 변하지 않고 고정되어 있다고 가정하면 이런 세상을 정적이라고 한다. 그 반대라면 동적이라고 한다. 세상을 동적으로 본다면 문제 풀이가 훨씬 어려워진다. 동적 세상에서는 일반적으로 신속히 반응해야 한다. 반응이 늦으면 버스 지나간 다음에 손드는 격이다.

셋째, 관측 가능성으로 구분하는 것이다. 에이전트가 완벽히 관찰할 수 있는 세상이 있는가 하면, 부분만 관찰할 수 있는 세상도 있다. 물론 관찰 자체가 힘든 세상도 있다. 완벽히 관찰할 수 있는 세상에서는 의사결정이 상대적으로 쉽다. 예로, 바둑 게임은 게임에 참여하는 두 명의 에이전트가 세상을 모두 볼 수 있다. 바둑돌이 놓인 바둑판을 모두 볼 수 있기 때문이다. 그러나 포커 게임은 그렇지 않다. 게임의 상황을 일부만 알 수 있다. 상대방의 카드는 볼 수 없기 때문이다.

넷째, 존재하는 에이전트의 수로 세상을 구분할 수 있다. 다수의 에이전트가 존재하는 세상은 훨씬 복잡하다. 에이전트들이 협조하거나, 경쟁하거나, 무관심할 수 있다. 게임 상황에서는 에이전트들이 팀을 형성하여 경쟁하는 경우가 많다.

다섯째, 세상에 관한 사전 지식의 유무다. 세상을 지배하는 법칙을 에이전트가 사전에 알고 있다면 '알려진 세상'이라고 간주한다. 반대의 경우, 에이전트는 환경을 지배하는 법칙을 모른다. 따라서 에이전트가 자원을 동원하여 세상의 법칙을 발견해가야 한다.

여섯째, 단편적·순차적 관점에서 세상을 구분한다. 단편적 관점에서는 세상의 변화를 단편적 사건의 집합으로 본다. 따라서 의사결정하는 데 있어서 현재 상태만 고려하면 된다. 반대로 순차적 관점에서는 변화가 과거 사건의 영향으로 바뀐다고 본다. 따라서 과거의 상태를 모두 기억해야만 현재 최적의 행동을 결정할 수 있다.

일곱째, 이산·연속의 관점이다. 이산$_{\text{Discrete}}$ 환경에서는 위치나 시간의 간격이 고정되어 있다. 예를 들면, 초 단위로 시간을 표현한다고 할 때, 초 이하의 시간은 무시된다. 그러나 연속적 환경에서는 위치나 시간이 연속된 선상의 한 점이다. 따라서 원하는 정밀도 수준으로 측정하여 정량화해야 한다.

에이전트가 세상을 어떤 관점으로 보느냐에 따라서 문제의 난이도는 천차만별이다. 또한 도출된 해결책이 얼마나 현실적인가도 결정된다. 외부 환경 중 부분만 관찰 가능하고, 확률적, 순차적, 동적, 연속적이면서 다수의 에이전트가 존재하는 상황이 여러 문제 해결 중 가장 어려운 환경이다. 가급적 현실성 있도록 세상을 봐야겠지만, 문제 해결의 복잡도를 감소하기 위해 단순화를 피할 수 없는 경우가 많다.

바둑 게임 환경은 결정론적이고, 정적이며, 완전히 관측 가능하고, 이산 상황이다. 경쟁하는 상대가 있다. 경기자가 규칙을 미리 알고 있고, 지금 판의 상황만으로 의사결정을 할 수 있는 단편적인 환경이다(패 싸움을 고려한다면 순차적이라고 볼 수도 있다). 바둑 게임은 상대적으로 단순한 환경이다. 불확실성 속에서 다수의 에이전트가 경쟁하는 증권투자 결정이나 도로에서 자율주행차를 운전하는 상황과 비교해보자. 바둑 게임은 단지 경우의 수가 많아서 좋은 수를 속히 구할 수 없다는 것이 어려움일 뿐이다.

사람처럼 vs 합리성 추구

인공지능 개발 방법론의 연구에서는 두 학파가 있다. 하나는 사람처럼 생각하고 행동하도록 만들자는 학파다. 이를 '사람처럼' 학파라고 하자. 다른 학파는 사람이 어떻게 하는가에 연연하지 말고 합리적으로 생각하고 행동하도록 만들자는 학파다. 이를 '합리성' 학파라고 하자.

사람처럼

사람처럼 행동하는 인공지능을 만들려는 시도는 튜링 테스트의 영향을 크게 받았다. 사람을 흉내 내는 기계를 만드는 것이 지능 기계를 만드는 것이라고 생각한 초기 연구자들이 대부분 이런 철학으로 연구에 임했다. 자연스럽게 이들의 연구 주제는 사람이 사용하는 자연어로 소통하는 기계, 시각 장치로 물체를 인식하는 컴퓨터, 문제 해결을 위한 계획을 스스로 세워서 수행하는 로봇 등에 집중되었다. 사람을 흉내 내는 기계를 만들면 그 기계로 여러 가지 문제를 사람처럼 해결할 수 있을 것이라고 생각했다.

이 학파의 외골수 학자들은 겉으로 나타나는 행동은 물론이고 생각하는 방식도 사람과 같아야 제대로 된 지능 기계를 만들 수 있다고 생각한다. 아직도 사람의 지적 능력이 기계보다 월등하게 좋기 때문에 인공지능의 작동 기재도 사람의 두뇌작용을 흉내 내고자 하는 시도가 자연스럽다. 이들은 인간의 인지 기능과 마음을 연구하는 심리학이나 신경과학에서의 과학적 발견을 이용해서 인지작용의 계산 모델을 만들고자 노력한다. 궁극적으로 뇌를 복제하거나 기능을 모의하고자 하는 것이다. 이들은 인간지능을 잘 이해하면 인공지능도 쉽게 만들 수 있다고 생각한다. 그래서 계산 기법을 이용하여 인간지능을 더 잘 이해하는 것을 단기적 목적으로 한다.

심리학과 뇌과학의 연구결과는 인공지능 방법론 개발에 많은 도움이 되었고, 앞으로도 도움이 될 것이다. 신경세포의 작동 메커니즘에서 영감을 얻어 1950년대에 시작된 인공 신경망 기법은 이미 여러 방면에서 성과를 내고 있다. 데이터로부터 학습할 수 있는 능력 때문이다. 이 기법은 신호 처리 및 인지 기능 구축에서 사람이 직접 코딩하는 것을 능가했다. 우리 뇌가 어떻게 작동해서 물체를 인식하고, 언어를 구사하는지 그 메커니즘을 더 잘 알게 된다면 더욱 강력한 인공 신경망 기법이 만들어질 수 있을 것으로 기대한다.

합리성 추구

합리적으로 행동하는 인공지능을 만들자는 주장은 사람을 흉내 내는 인공지능에 대한 반작용이다. 사람이 어떻게 하는가에 연연하지 말고 합리적으로 행동하는 에이전트를 만들자는 것이다. 여기서 합리적인 행동이란 여러 행동 중에서 동의할 수 있는 원칙에 따라 선택된 행동이다. 원칙에 동의하면 최적의 합리적 행동은 수학적으로 구할 수 있다. 많이 쓰이는 합리성 원칙으로 기대치 최대화 원칙이 있다.

합리적 에이전트는 가용한 정보를 이용하여 세상의 모델을 만들고, 합리성 원칙에 따라서 최적화된 행동을 찾는다. 외부 상황에 대한 불확실성을 감소할 목적으로 센서를 이용하여 정보를 획득하는 노력도 한다. 자원이 제한된 경우에는 그 상황에서 최선책을 찾는 제한된 합리성을 목표로 둔다. 합리적으로 행동하는 지능형 에이전트를 만들자는 노력은 목표지향적으로 문제를 해결하는 엔지니어들이 선호한다.

합리성 학파 중에는 판단과 행동이 합리적인 생각의 법칙을 따라야 한다고 주장하는 학자들이 있다. 삼단논법은 생각의 법칙 중 하나다. '소크라테스는 사람이다. 모든 사람은 죽는다'라는 전제로부터 '소크라테스도 죽는다'는 결론을 도출하는 것에서 보듯이 전제가 주어졌을 때 삼단논법은 항상 올바른 결론을 내린다. 이와 같은 생각의 법칙이 우리 마음을 지배해야 합리적이라고 생각한다. 이런 주장은 논리학 체계를 구축했다. 형식논리Formal Logic를 이용하여 사물 사이의 관계를 정확하게 표기하는 법을 제공했다. 또한 해결책이 존재한다면 그것을 찾을 수 있는 추론 기법을 컴퓨터 프로그램으로 만들었다. 이들은 이러한 프로그램을 기반으로 지능형 에이전트가 만들어지기를 희망한다. 그러나 정형화되지 않은 지식을 형식논리로 기술하는 것은 쉽지 않다. 특히 100% 확신할 수 없는 경우에는 더욱 그렇다. 원칙적으로 해결할 수 있는 것과 실제로 해결할 수 있는 것 사이에는 큰 차이가 있다. 특히 제한된 컴퓨팅 환경에서는 더욱 그렇다.

합리성 학파의 본류는 기대할 수 있는 이익이 최대가 되는 행동을 선택하는 학파이다. 세상은 매 순간 변하고 크고 작은 문제들이 엉켜서 반복적으로 발생하지만 에이전트가 사용할 수 있는 정보와 자원은 제한적이다. 이러한 상황에서 에이전트가 취할 수 있는 합리적 행동은 무엇인가? 무작위로 선택해서, 혹은 주사위를 던져서? 이런 상황에서 항상 옳은 결정을 기대할 수 없다. 전지전능함은 신의 영역이지 인간이나 인공지능의 영역이 아니다. 판단의 결과가 나온 다음 후회가 있을 수 있겠지만, 주어진 상황에서 최선을 다해야 한다. 불확실성 속에서 의사결정을 할 때 기대할 수 있는 이익이 최대가 되는 행동을 선택하는 원칙을 기대치 최대화 원칙Expected Value Maximization Principle이라고 한다. 기대 이익은 상황이 일어났을 때 얻는 이익과 그 상황에 도달할 수 있다고 믿는 가능성, 즉 확률의 곱으로 구한다. 예를 들어보자.

주식 A는 날씨가 좋으면 100억 원의 이익, 나쁘면 10억 원의 이익이 난다. 주식 B는 날씨가 좋으면 60억 원, 나쁘면 30억 원의 이익이 난다. 인공지능은 다음 해 날씨가 좋을 확률이 30%, 나쁠 확률이 70%라는 정보를 갖고 있다. 어떤 선택이 인공지능의 합리적 행동일까? 주식 A를 구매했을 때의 기대값은 37억 원(100억×0.3+10억×0.7)이고, 주식 B를 구매했을 때의 기대값은 39억 원(60억×0.3+30억×0.7)이다. 당연히 주식 B를 선택하는 것이 합리적이다.

인공지능은 주식 B를 선택했다. 그런데 다음 해 예측과 달리 날씨가 좋았다. 따라서 60억 원의 이익을 얻었다. 만약 주식 A를 선택했다면 100억 원의 이익을 얻을 수 있었을 것이다. 최고의 선택은 아니지만, 다음 해 날씨를 미리 알 수 없는 상황에서 인공지능의 판단은 합리적이었다고 할 수 있다.

여기서 근본적인 질문을 해보자. 왜 인공지능이 사람의 흉내를 내야 하나? 왜 사람처럼 생각하고, 사람처럼 행동하도록 만들어야 하는가? 아직도 많은 업무에서 사람이 인공지능보다 뛰어나기 때문에 사람처럼 생각하고 행동하는 것을 추구하는 것은 이해할 수 있다. 그러나 생명체인 사람과 기계의 속성은 많이 다르다. 그럼에도 지능 에이전트가 꼭 사람처럼 작동되어야 할 이유가 있을까? 사람이 항상 합리적 판단을 하는 것도 아니지 않는가? 또 사람과 기계의 특성이 다르기 때문에 각각 다른 문제 해결 방법이 필요할 수도 있다.

새는 날개를 퍼덕이면서 난다. 그러나 비행기는 날개를 퍼덕이지 않는다. 그래도 더 멀리, 더 많이 사람이나 화물을 싣고 날아갈 수 있다. 비행기는 새와 다른 속성을 갖고 있는데 왜 비행기가 새를 흉내 내야 하는가. '사람처럼'에 얽매이지 말고, 더 다양한 센서와 더 많은 액츄에이터를 사용하여 합리적으로 행동하는 지능형 에이전트를 만들자는 주장은 설득력이 있다.

'사람처럼'과 '합리성 추구'의 엎치락뒤치락

인공지능 기술이 일천한 초기에는 사람의 능력이 매우 돋보였다. 그래서 사람 흉내를 내는 인공지능 제작이 목표였다. 물론 아직도 인공지능에 비해 사람이나 고등 동물이 우수한 영역이 많기 때문에 그 능력을 분석하거나 학습하여 흉내 내도록 하는 것이 바람직하긴 하다. 그러나 문제를 수학적으로 정형화하고 최적화해서 해결 방법을 찾는 사례가 점점 많아지고 있다. '사람처럼'과 '합리성 추구'의 성능이 엎치락뒤치락하며 경쟁한다.

그 예를 알파고로 대표되는 컴퓨터 바둑 프로그램에서 찾을 수 있다. 초기에는 수학적으로 접근했다. 바둑돌을 놓을 수 있는 모든 경우로 게임트리를 만들고 거기에서 최적의 움직임을 탐색했다. 그러나 경우의 수가 너무 많고, 복잡도가 높아서 바둑 프로그램의 성능이 좋지 않았다. 빠른 컴퓨터가 동원되어도 원하는 시간 (통상 15초에 한 수) 내에 좋은 움직임을 찾을 수 없었다. 원하는 시간 내에 답을 내리려면 깊이 있는 탐색을 못 하고 선택해야 했기 때문에 의사결정의 품질이 좋지 않았다.

　대안으로 시도된 것이 고수의 패턴을 따라 하는 전략이었다. 이것은 '사람처럼 방법론'이다. 프로그래머가 고수의 바둑 패턴, 즉 정석을 코딩으로 구현했다. 매우 고통스러운 코딩 과정을 거쳤으나 게임 능력은 아마추어 기사의 수준을 벗어날 수가 없었다. 그러던 중 프로기사의 기보로부터 패턴을 학습하는 기술을 알파고에 적용하게 되었다. 이로써 더 높은 수준의 바둑 프로그램을 만들 수 있었다. 또한 컴퓨터끼리 대국을 진행하여 다양한 승리 패턴을 모으는 방법도 동원되었다. 이것으로 이세돌 프로기사를 이기는 수준까지 올라가게 된 것이다. '사람처럼' 방법론의 승리처럼 보였다.

　그러나 곧이어 나타난 알파고-제로는 달랐다. 사람의 기보는 일체 사용하지 않았다. 컴퓨터 간의 대국만으로 지식을 쌓았던 것이다. 이렇게 만들어진 알파고-제로의 기풍은 사람이 전혀 생각하지 못했던 것이었다. 몇천 년 동안 발견하지 못했던 묘수를 구사했다. 더 이상 사람이 대적할 수 없게 되었다. '합리성 추구'의 완벽한 승리인 것이다.

　서양 체스의 경우도 유사한 경로를 거쳤다. 1996년 2월 체스의 최고수인 게리 카사르포프Garry Kasparov도 딥블루라는 컴퓨터 프로그램에 패배했다. 딥블루는 병렬 컴퓨터를 동원해서 많은 가능성을 신속히 탐색하는 수학적 기법을 사용했다.

컴퓨터 계산 능력이 성장할수록 합리적 방법론의 능력 또한 증가한다. 컴퓨터의 능력 성장은 사람의 능력 성장보다 빠르다. 결론적으로 수학적 모델을 수립하고 최적화로 합리성을 추구하는 것이 더 일반적이며 더 강력한 인공지능 방법론이라 할 수 있다. 전 세계에서 가장 인기 있는 인공지능 교과서를 집필한 저자는 합리적 접근법을 현대적이라고 기술했다.

인공지능 도전의 역사

기술의 결과는 종종 혁신적으로 보이지만
그 과정은 항상 점진적이었다.

이관수

되풀이되는 도전과 실패의 역사 70년

지난 70년 동안 인공지능을 만들기 위하여 무수히 많은 기술이 나타나서 경쟁했다. 새로운 기술이 나타나면 그 기술에 대한 기대로 많은 자금과 인력이 그 분야에 몰렸다. 그러나 곧 그 기술의 한계가 밝혀지면서, 자금과 사람이 떠났다. 그러다 보면 어느새 또다시 새로운 기술이 떠올랐다. 연구 지원에서 소외되었던 분야에서 한계를 극복한 경우도 있었고, 완전히 다른 학문 분야의 아이디어가 접목된 경우도 있었다. 인공지능을 목표로 다양한 신기술의 부침이 계속되었던 것이다. 따라서 인공지능을 하나의 기술이라고 하기보다는 연구의 목표, 비전이라고 하는 것이 더 적절할 것이다.

최근 각광을 받고 있는 딥러닝 기법도 70여 년 전에 알려진 인공 신경망 기법의 연장선에 있다. 인공 신경세포의 모델과 학습 알고리즘의 본질은 변한 것이 없다. 그러나 학습 알고리즘에 대한 이해가 깊어짐과 동시에, 학습에 사용할 수 있는 데이터가 풍부해지고, 컴퓨터 성능이 좋아짐에 따라 인공 신경망 기법이 다시 각광받게 된 것이다. 자율주행차 운행도 지난 50년간 꾸준히 연구해왔던 기술의 성과다. 기술의 결과는 종종 혁신적으로 보이지만 그 과정은 항상 점진적이었다. 특히 인공지능 기술은 더욱 그렇다. 지난 70년간 인공지능 연구의 큰 흐름을 살펴보자.

기호를 처리하는 디지털 컴퓨터의 탄생

인공지능 개발의 씨앗은 '인간의 사고 과정을 기호$_{Symbol}$의 기계적 조작으로 묘사할 수 있다'는 생각에서 시작되었다. 이런 생각은 1940년대 디지털 컴퓨터의 발명을 가능하게 했다. 컴퓨터는 여러 가지 의미에서 기존의 기계와는 성격이 다르다. 하드웨어와 소프트웨어 개념이 도입되었고, 만들어진 후에 소프트웨어에 의하여 기계의 성격이 결정된다. 따라서 컴퓨터는 모든 기계의 역할을 할 수 있다. 보편기계의 개념이다. 기호 처리를 수행하는 컴퓨터를 이용하여 사람의 생각을 자동화할 수 있다. 사람이 수행했을 때 지능이 필요한 업무를 수행하도록 구체적으로 명령을 내린다면 컴퓨터가 그 지능적 업무를 수행할 수 있다. 컴퓨터의 발명이 인공지능의 시작이었다. 컴퓨터의 개념을 정립한 앨런 튜링이 기계는 생각할 수 있다고 주장한 것은 우연이 아니다.

인공지능 연구의 초기에 디지털 컴퓨터로 기호적 추론을 할 수 있다는 것을 보였다. 1955년 뉴엘Newell과 사이먼Simon은 인간 사고의 핵심인 논리적 추론을 수행하는 프로그램을 만들었다. 이 프로그램으로 수학의 여러 공식을 증명했다. 1956년 여름 다트머스대에서 개최된 학회에서 이 프로그램을 선보였다. 여기 모였던 학자들은 이러한 학문 분야를 인공지능이라고 명명했다. 이때부터 인공지능은 새로운 학문으로 관심을 끌기 시작했다. 사이먼은 1978년에 노벨 경제학상을 받았다.

그러나 초기의 연구자들은 지능을 구현하는 일이 얼마나 어려운 것인지 모르고 자신들의 능력을 과신했다. 인간 수준의 지능을 갖춘 기계가 20년 안에 완성될 것이라 예상했고 이 비전을 실현하기 위해 수백만 달러의 연구비가 투입되었다. 그 시절 IBM에서는 컴퓨터에 게임을 가르쳤다. 그 과정 중에 최초로 학습 능력을 갖춘 체커 프로그램이 만들어졌다. 지금까지도 게임 프로그램의 능력은 인공지능 발전을 체크하는 척도로 쓰이고 있다. 알파고가 바둑 게임에 도전한 일도 이 전통의 소산이었다.

연결주의의 시작과 몰락

신경과학 분야에서의 신경세포 연구는 19세기부터 시작되었고 많은 노벨상 수상자를 배출했다. 1950년쯤에는 신경세포의 수학적 모델이 구성되었고 튜링과 거의 같은 시기에 피트Pitts와 맥클로치McCulloch는 단순하고 획일적인 노드들의 연결로 구성된 인공 신경망이 간단한 논리 기능을 할 수 있다는 것을 입증했다. 문제를 해결하는 능력이 노드 간 연결에 담겨 있다는 뜻을 담아 이러한 연구 철학을 연결주의Connectionism라고 한다.

1958년 로센블렛Rosenblatt이 단층 신경망인 퍼셉트론Perceptron을 개발했다. 퍼셉트론은 간단한 알고리즘으로 학습이 가능하다. 따라서 이것이 전기두뇌 구축의 기본 소자가 될 것이라고 기대를 모았다. 그러나 약 10년 후 민스키가 퍼셉트론은 선형 분리만 가능하다는 약점을 발견했다. 논리 소자의 기능 AND(둘 다 참이어야 결과가 참)와 OR(하나만 참이어도 참)은 학습이 가능하지만 NOR(둘 다 참이거나 둘 다 거짓이면 참)는 학습이 불가능하다는 점을 밝힌 것이다. 이로 인해 연결주의 연구는 1985년쯤 다층 신경망의 학습 방법인 오류역전파 알고리즘이 재조명을 받을 때까지 추운 겨울을 겪어야 했다.

자연어 처리 시도의 실패

초기부터 자연어로 컴퓨터와 소통하는 것은 인공지능 연구의 중요한 목표였다. 사람을 흉내 내자는 튜링 테스트의 영향 때문이다. 이 당시에는 패턴의 정합을 근간으로 문장의 구조 분석을 시도했는데, 대화할 수 있는 내용은 극히 제한적이었다. 단어 대체를 통한 러시아 문서의 영어 번역을 시도했으나 실패했다. 의미의 이해가 없으면 번역도 불가능하다는 것을 실패를 통해 배웠다.

1964년 와이젠바움Weizenbaum이 만든 엘리자ELIZA라는 프로그램은 사용자들이 인간과 의사소통하고 있다고 잠시 착각할 정도의 대화 능력을 보였다. 그러나 사실 엘리자는 무슨 말을 하는지 전혀 알지 못한다. 단지 아는 단어가 나오면 준비되어 있던 문장을 꺼내는 것이다. 상스러운 단어들의 목록을 갖고 있다가 그런 단어가 나오면 그런 말은 쓰지 말라고 점잖게 타이른다. 준비된 단어가 나오지 않으면 다른 이야기를 하자고 화두를 바꾼다. 엘리자의 소스코드를 보면 프로그램을 이용한 속임수라는 생각이 든다. 어쨌든 엘리자는 최초의 챗봇이었다. 지금 챗봇들의 대화 수준도 이를 많이 벗어나지 못한다. 당시 연구원들은 자연어로 대화하는 데 얼마나 많은 상식과 기억을 필요로 하는지에 대해 인식이 부족했다.

복잡도에 대한 몰이해

초기 연구자들은 인공지능 구축의 어려움을 심각하게 과소평가했다. 이 당시 연구는 주로 범용성 있는 일반적인 문제 풀이 방법론에 집중했다. '일반문제 해결사General Problem Solver'라는 프로그램의 명칭이 이들이 어떤 연구를 하고 있었는가를 잘 보여준다. 그림과 같은 블록으로만 구성된 가상 세계에서 블록 이동의 순서를 발견한다고 자랑하는 것이 고작이었다. 연구자들은 극복할 수 없는 몇 가지 근본적인 한계에 부딪혔다. 실세계의 많은 문제가 기하급수적인 복잡도를 갖는다는 것을 발견했다. 따라서 작은 문제에서의 성공이 실세계 문제로 확장될 수 없음을 실감했다.

자연스럽게 복잡도를 회피하는 탐색Search과 계획수립Planning에 관한 연구가 많이 수행되었다. 탐색 범위를 제한하는 경험적 지식Heuristic을 이용한 탐색 기법과 지역적 정보만을 이용하는 급경사탐색법 등이 이 시기에 개발되었다. 그러나 이런 기법들도 복잡도를 경감할 뿐 근본적 해결책은 될 수 없었다.

또한 자연어 대화를 위해서는 세상에 관한 엄청난 양의 지식이 필요하다는 것을 알게 되었다. 지능적 반응을 위해서는 방대한 상식이 필요하지만 이를 컴퓨터에 저장하고 사용한다는 것은 엄두를 낼 수 없었다. 또한 영상으로 주어진 삼차원 물체를 인식하는 문제에서도 보는 각도의 변화에 따라, 또 겹침에 따라 생성되는 복

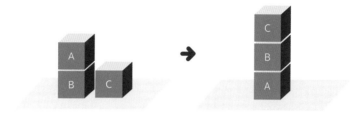

장난감 블록의 세상에서 계획을 세우는 문제

잡도를 해결할 수가 없었다.

　이런 약점에 더해서 철학, 심리학 등 다른 분야의 학자들이 인공지능의 기본 전제에 이의를 제기했고, 인공지능 연구자들은 적절히 대응하지 못했다. 이 시기에 발견한 인공지능 방법론의 한계 중 일부는 수십 년 동안의 노력으로 해결되기도 했지만, 대부분은 오늘날까지도 어려운 문제로 남아 있다. 과장된 목표와 초라한 성과는 인공지능 연구의 겨울을 불러왔다.

전문가 시스템의 부상과 침체

　일반적인 문제 풀이 방법론이 실용적으로 사용할 수 있는 성과를 내지 못하자 강력한 실용성을 추구하는 학파가 부상한다. 잘 정제된 전문 지식을 이용하여 좁지만 깊이 있게 문제를 해결하자는 주장이다. 이런 철학으로 나타난 전문가 시스템은 전문가가 제공한 논리적 규칙을 바탕으로 특정 영역에 대한 질문에 답하거나 문제를 해결하는 프로그램이다. 일반적인 문제 해결 기법의 추구보다는 특정 영역의 문제 해결에 집중하는 실용적 접근이었다. 1970년대에 스탠퍼드대의 화이겐바움Feigenbaum의 연구팀에서 분광계 수치에서 화합물을 확인하는 덴드랄Dendral, 감염성 혈액질환을 진단하는 마이신MYCIN 등을 개발하여 현장에서 유용하다는 것이 증명됐다.

전문가 시스템이 성공한 가장 큰 이유는 영역을 제한했기 때문에 깊이 있는 지식을 모을 수 있었기 때문이다. 이미 개발된 추론 엔진을 이용하여 개발하기 때문에 쉽게 만들 수 있고, 만들어진 프로그램을 쉽게 수정하고 확장할 수 있었다. 또한 의사결정 과정을 설명할 수 있다는 것은 큰 장점이었다.

1980년대 들어서 기업들이 전문가 시스템을 개발하고 배치하기 시작했다. 이 분야로 투자가 몰렸고 많은 스타트업이 생겨났다. 전문가 시스템을 만드는 지식공학이 인공지능 연구의 주요 초점이 되었다. 이 당시 일본은 막강한 경제력으로 5세대 컴퓨터 개발 과제를 수행했다. 병렬컴퓨팅 기술을 이용하여 신속한 추론 능력을 갖는 지식 처리 컴퓨터 개발을 목표로 했다. 일본이 인공지능 연구의 중심에 서겠다는 야심 찬 사업이었다. 그러나 별다른 성과를 얻지 못하고 종료되었다. 생소한 논리 언어인 프롤로그Prolog를 개발 언어로 채택한 점과 일본의 폐쇄적 문화 때문에 범 세계적인 연구 생태계를 만들지 못한 것이 실패의 큰 원인으로 지적된다.

인공지능은 초기부터 기호적 처리를 쉽게 할 수 있는 LISP 언어를 많이 사용했다. 많은 인공지능 교과서들이 LISP 소개부터 시작한다. 기업에서 전문가 시스템의 도입이 활발해지자, 이 기업들을 목표로 인공지능 워크스테이션이 개발되었다. LISP 언어를 기본 언어로 하는 심볼릭스Symbolics와 LISP Machine 등이 그것이다. 그러나 이들도 Unix와 C 언어를 기반으로 하는 범용 워크스테이션과의 경쟁에서 패배했다.

5세대 컴퓨터 프로젝트와 인공지능 워크스테이션의 실패로 지식공학에 대한 관심이 낮아졌다. 전문가 시스템 방법론은 유용하지만 개발 환경의 경쟁에서 실패하는 바람에 쉽게 사용할 수가 없게 되었다. 이후 인공지능 서비스일지라도 범용 개발 환경에서 전통적인 소프트웨어 개발 방법론으로 구축하는 것이 일상이 되었다. 또한 연구비 투자는 당시 활성화되기 시작한 인터넷, 모바일 환경과 그 응용 기술로 집중되었다. 상대적으로 인공지능 분야에 대한 연구비 지원은 크게 감소했다.

연결주의의 재부상

1980년대 중반에 들어서 인공 신경망의 학습 알고리즘인 오류역전파 신경망 훈련 알고리즘이 재조명되었다. 1970년대 초기부터 오류역전파 신경망 훈련 알고리즘이 제안되었으나 인공지능 연구의 본류에서는 인식하지 못했었다. 1980년대 오류역전파 신경망 훈련 알고리즘의 활성화는 연결주의 연구를 인공지능의 본류로 다시 이끌어냈다. 늙은 말이 다시 경마장에 나왔다는 평가가 있을 정도였다. 그러나 인공 신경망 기법은 한동안 주로 이층 구조에 머물렀다. 1990년대 광학 문자인식과 음성인식 등에서 인공 신경망 기법이 상업적으로 성공을 거두었으나 2010년 즈음 딥러닝이 나오기까지 활용 영역은 제한적이었다.

이 시기 학계의 인공지능 연구는 수학적 견고성 바탕으로 내실을 기하는 방향으로 성장했다. 펄Pearl은 불확실성을 다루는 데 있어서 확률과 결정이론을 도입하고, 베이지안 네트워크Bayesian Network를 인과관계 모델링이 가능한 범용 도구로 발전시켰다. 이외에도 은닉마르코프 모델Hidden Markov Model, 진화Evolutionary 및 유전Genetic 알고리즘, 서포트벡터 머신Support Vector Machine 등 수학적으로 견고한 범용 알고리즘이 많이 사용되었다.

1990년 이후 인공지능 연구계에 큰 변화가 있었다. 인공지능의 세부 영역이 독립적으로 성장하기 시작한 것이다. 상식추론 같은 인공지능의 본질을 규명하고자 하는 노력보다는 컴퓨터 비전, 패턴인식, 자연어 이해, 데이터 마이닝, 인공 신경망 등 세부 영역의 연구가 강화되었다. 이런 기술들은 상업적 가치를 창출하기가 상대적으로 쉬워 보였기 때문이었을 것이다. 따라서 세부 영역이나 특정 기술의 학회 활동이 크게 활성화됐다. 이 시대 많은 연구자들은 의도적으로 자신의 연구 분야를 인공지능이라고 부르기를 꺼렸다. 5세대 컴퓨터 프로젝트의 실패로 인공지능이라는 이름은 허풍의 상징이었기 때문이다. 해마다 새로운 이름의 학술대회들이 만들어졌다.

한편 컴퓨터 시스템의 성능이 크게 성장하며 확실한 결과를 보여주는 결과가 나타나기 시작했다. 사람과 경쟁하는 이벤트로 언론의 주목을 받았다. 1997년 IBM의 딥블루는 세계 체스 챔피언을 이겼다. 딥블루의 성공은 새로운 방법론이 아니라 강력한 병렬 처리 컴퓨터의 능력 덕분이었다. 특수 제작된 병렬 컴퓨터를 이용하여 방대한 게임트리를 깊이 탐색함으로써 좋은 성과를 낼 수 있었다. 또한 2005년 모하비 사막에서 진행된 131마일의 무인자동차 경주는 자율주행차 연구의 붐을 조성했다. 많은 대학 연구실과 동아리들이 참여했다. 이후 계속된 경진대회 형태의 연구 지원은 대학의 연구를 종이 위에서만 아니라 실세계로 이끌어내는 효과가 있었다. 이런 대회를 통해서 훈련을 받은 엔지니어들이 구글 등의 대기업으로 옮기면서 자율주행차의 실용화 가능성을 촉진시켰다.

2011년 퀴즈쇼에서 IBM의 왓슨Watson이 경쟁하던 사람들을 물리친 사건은 모두를 놀라게 했다. 생방송 퀴즈쇼에 컴퓨터가 출전한 것이다. 진행자의 질문에 먼저 '스톱'을 부르고, 답을 맞히면 걸려 있는 상금을 가져가는 게임이었다. 비록 음성인식은 사용되지 않았지만 왓슨은 사람의 언어를 이해하고, 정보 검색과 추론을 거쳐서 정답을 만들어냈다. 경쟁했던 사람들은 일반인이 아니고 역대 최고의 성적을 냈던 사람들이었다. 이 사건이 인간 고유 영역이었던 지적 판단까지 컴퓨터에 내어준 순간이라는 주장은 과장된 것이지만 방대한 지식을 이용해 정답을 도출하는 능력은 세상을 놀라게 하는 데 충분했다.

다시 폭발하는 인공지능 연구

1980년대 중반 오류역전파 훈련 알고리즘의 활성화 이후 조용하던 연결주의가 2012년 다시 큰일을 해냈다. 시각 기능으로 물체를 인식하는 경진대회에서 힌튼 교수 팀의 알렉스넷$_{AlexNet}$이 놀라운 성과를 냈다. 다섯 층의 합성곱$_{Convolution}$ 단계로 구성된 알렉스넷은 개선된 오류역전파 학습 알고리즘인 딥러닝으로 이미지넷$_{ImageNet}$의 수백만 장의 사진을 훈련했다. 이 성공에는 심층 신경망 구조와 딥러닝 학습 알고리즘의 발전도 있었지만 강력한 계산 능력의 GPU와 많은 데이터의 가용성이 큰 역할을 했다. 2015년 마이크로소프트의 ResNet은 152층이었고 95% 이상의 인식률로 사람의 능력을 능가한다는 평가를 받았다. 이 성공은 딥러닝 확산의 기폭제였다. 산업 전반에서, 또 모든 학문의 영역에서 데이터 도구로 각광을 받는다. 모든 문제를 딥러닝 기법으로 해결하고자 도전하는 커다란 학파를 형성했다.

2016년 3월 알파고가 이세돌 프로기사를 물리쳤다. 알파고의 승리는 인공지능 역사의 금자탑이다. 이 사건은 일반 대중에게 놀라움을 넘어서 큰 충격과 공포로 다가왔다. 전문가들도 인간을 능가하는 바둑 프로그램의 출현은 한참 뒤일 것이라고 예측했으나 그 예측을 뒤집었다. 알파고의 승리는 인공지능, 특히 기계 학습에 대한 관심을 폭발적으로 증폭시켰다. 알파고의 승리에는 강화학습의 기여가 크다. 시행착오를 거치면서 바람직한 행동을 배우는 것이다. 자기복제와 경쟁으로 실력을 쌓는 아이디어도 충격적이다. 2018년 공개된 알파고-제로는 인간의 기보를 하나도 사용하지 않고 복제된 자기와의 경쟁만으로 인간을 능가했다. 인간이 전혀 생각하지 못했던 전략으로 문제를 해결한다. 이러한 인공지능의 능력은 지식인에게 큰 충격을 주었고, 인류의 미래에 관한 논의를 촉발시켰다.

인공지능 기술의 산업화, 민주화 가속

딥러닝이 많은 성공을 보임으로써 산업계에서 관심을 갖고 많은 투자를 하고 있다. 마이크로소프트, IBM 등 전통 IT기업은 물론 구글, 아마존, 바이두, 네이버 등 인터넷 기업들도 인공지능 연구에 집중하고 있다. 이들은 강력한 컴퓨팅 자원과 많은 데이터를 바탕으로 우수 연구 인력을 모은다. 인공지능 연구의 중심이 학계로부터 산업계로 이동했다. 놀라운 연구성과는 대부분 기업에서 나오고 있다.

딥러닝은 거의 모든 기업이 사용하는 기술이 되었다. 인공지능과 기계 학습이 더 이상 미래의 비전이 아니라 현실의 기술이 된 것이다. 공개소프트웨어 덕분이다. 개방과 공유로 기술의 민주화가 이루어졌다. 훈련된 신경망의 공유도 빈번하다. 그래서 아무리 작은 스타트업 회사도 최고의 인공지능 기술을 사용할 수 있다. 이제는 발견보다 구현이, 전문지식보다 데이터가 중요하다는 후$_{\text{Kai Foo}}$의 주장이 실감나는 세상이 되었다. 그러나 인공지능의 패권 경쟁도 시작되었다. 중국이 인공지능 강국으로 도약하기 위해 인공지능 육성 의지를 보이면서 미국의 견제가 시작되었다. 국제정치에서 인공지능의 위력은 점점 강해지고, 국가 간 경쟁도 치열해지고 있다.

우리나라 인공지능의 역사*

우리나라에 인공지능이 소개된 것은 1980년대 초다. 당시는 글로벌 차원에서 전문가 시스템이 각광받을 때였다. 외국에서 인공지능 박사 학위를 받은 사람들이 속속 귀국하여 대학과 국책 연

----

* Y. Shin, "The Spring of Artificial Intelligence in Its Global Winter," in IEEE Annals of the History of Computing, vol. 41, no. 4, pp. 71-82, 1 Oct.-Dec. 2019.

구소에 자리 잡기 시작했다. 1985년 KAIST 전산학과에 인공지능 연구실이 설립되어 본격적인 석·박사 양성에 들어갔다. 물론 그 이전에도 신호 처리, 음성인식, 컴퓨터에서의 언어 처리 등의 연구가 있었지만, 인공지능이라는 명칭을 사용하지 않았다. 1985년 정보과학회 산하에 인공지능연구회가 설립되면서 본격적인 계몽 및 연구 활동에 돌입했다. 국내에서의 반응은 뜨거웠다. 연구회에서는 과도한 기대를 경계하며 정확한 정보를 전하려고 노력했다. 당시 청소년 과학잡지에 인공지능은 인기 있는 주제였다.

1986년에는 작은 규모지만 국내 최초로 정부 지원의 인공지능 연구과제가 시작된다. 당시 일본의 5세대 컴퓨터 개발 국책과제에 영향을 받은 전문가 시스템, 로직 프로그래밍Logic Programming 등이 연구 주제였다. 거의 비슷한 시기에 인지과학에 대한 관심도 부상한다. 심리학, 언어학, 철학의 교수들과 인공지능 연구자들이 토론회를 자주 가졌다. 1987년 인지과학회가 설립된다. 이후부터 정보과학회 인공지능연구회는 인지과학회와 합동으로 매년 한글 및 한국어 정보 처리 학술대회를 개최하고 있다. 컴퓨터 비전에 관한 연구도 조직화되어 1988년부터 매년 영상 처리 및 이해에 관한 워크숍이 개최되고 있다.

1990년 KAIST에 과학기술부의 지원으로 인공지능연구센터 CAIR, Center for AI Research가 설립되었다. 당시로써는 적지 않은 규모인 10년간 연 10억 원을 연구비로 지원받게 되었다. 과학기술 전 분야와

2016년 11월 〈장학퀴즈〉에서 엑소브레인이 경쟁자들을 물리쳤다.

출처: ETRI

경쟁하여 획득한 지원이라 연구원들의 사기는 높았다. 1990년 일본, 한국, 중국, 호주가 주축이 되어 환태평양 인공지능 학술대회 PRICAI를 창립했고, 1992년 2회 대회를 서울에서 개최했다.

CAIR에서 석·박사 훈련을 받은 여러 연구원들이 창업하여 IT 생태계를 만들어갔다. 초기 연구자들은 연구 결과가 한국 사회에 큰 영향을 미치기를 기대했다. '우리 문화에 맞는 컴퓨터를 만들자'는 목표를 내세우며 한글 및 한국어 처리에 집중했다. CAIR에서도 한국어 이해, 한글 OCR 문서인식, 휴머노이드 로봇, 펜 컴퓨터 등에 연구를 집중했다. 방법론으로는 당시 부상하는 인공 신경망, 퍼지이론, 은닉마르코프 모델 등이 인기였다.

2015년 재난 구조 활동을 위한 로봇 경진대회, DARPA Robot Challenge에서 KAIST 휴보로봇이 우승했다.

출처: KAIST RCV랩

이후 찾아온 인공지능 연구의 겨울은 국내 연구에도 영향을 끼쳤다. CAIR 사업 종료 후 알파고가 나타나기까지 인공지능 관련한 정부 지원은 찾기 힘들었다. 그저 교수들의 각개전투 양상이었다. 2011년 뇌연구원이 설립되었으나 의학, 생명과학 중심의 연구 과제를 수행하여 인공지능과는 거리가 있었다. 다행히도 ETRI에서 장기간 한국어 정보 처리 연구 사업을 수행했고, 그 결과 2016

년 11월 왓슨이 출전했던 대회와 유사한 퀴즈쇼를 한국어로 개최했다. 여기서도 ETRI의 엑소브레인이 사람을 물리치고 승리했다. 미국에 비하면 5년 10개월 늦은 때였지만 인공지능이 한국어를 이해하는 능력을 보여준 쾌거였다.

2015년 KAIST 휴보_{Hubo} 팀이 25개 팀이 참가한 국제 로봇 경진대회에서 우승하여 우리 대학의 연구 수준이 세계적이라는 것을 보여주었다. 이 대회는 후쿠시마 원자력 발전소 사고와 같이 사람이 접근할 수 없는 상황에서 로봇이 건물 진입, 밸브 잠금 등 구조활동을 하도록 하는 것이 목적이었다.

딥러닝이 부상하자 국가 차원의 인공지능 연구집단의 필요성이 제기되고, 알파고 사건으로 가속되어 2016년 7월 인공지능연구원이 설립되었다. 인공지능의 실용적 연구와 확산을 목표로 일곱 개 대기업이 공동으로 투자하고 정부가 연구비를 지원하는 주식회사 법인격으로 출발했다. 개방형 인공지능 연구를 지향하는 한국형 '오픈AI'였던 것이다. 그러나 정치 상황의 혼란 속에서 정부의 연구비 지원은 무산되었다. 한편 우리 기업들도 적극적으로 인공지능 연구와 활용에 나섰다. 포털, 게임 기업 등에서 인공지능을 이용한 서비스를 제공하기 시작했고, 통신, 제조, 금융 기업에서도 연구개발팀을 운용하여 자사 제품에 인공지능을 탑재하기 시작했다. 2019년부터 여러 대학에서 인공지능대학원을 설립하는 등 인력 양성에 나섰다.

목표를 달성하는
문제 해결 기법

하나의 행동으로 목표를 달성할 수 없을 때는
여러 행동을 순차적으로 해봐야 한다.
그것을 어떻게 찾아내지?

인공지능 교과서에서 본격적인 기술 소개는 항상 문제 해결 Problem Solving 기법으로부터 시작된다. 우리의 일상 대화에서 '문제 해결'이란 단어를 장애나 고난을 극복한다는 의미로 사용하지만 인공지능 영역에서는 목표를 달성하는 방법이란 의미로 사용된다. 자주 사용되는 문제 해결 기법으로는 탐색기법이 있다. 에이전트가 처한 상황에서 취할 수 있는 행동을 찾는 기법이다. 탐색기법의 성능이 에이전트의 지능 수준을 결정한다. 좋은 탐색기법을 갖춘 에이전트는 더 지능적인 행동을 더 빠르게 찾을 수 있다.

탐색기법은 탐색공간 정보의 유무에 따라서 두 가지 형태로 구분할 수 있다. 첫 번째 문제 형태에서는 탐색해야 할 공간의 정보가 모두 알려져 있다. 지도를 갖고 최단 경로를 찾는 문제와 같다. 에이전트가 목표에 도달하기 위한 여러 경로를 미리 만들어볼 수 있다. 여러 경로 중에서 최적의 경로를 선택한다. 탐색은 행동으로 옮기기 전에 일어난다. 즉 계획을 세우기 위함이다.

두 번째 형태의 문제에서는 탐색 공간에 대한 전역적 차원의 정보가 부족하다. 단지 국지적 정보만 갖고 있다. 안개 속에서 길을 찾는 것과 같다. 따라서 멀리 보고 계획을 세울 수가 없다. 현재 상황에서 즉시 취할 행동의 평가만 가능할 뿐이다. 이렇게 선택한 행동이 전역적 차원에서 최적임을 보장할 수 없다. 행운을 기대할 뿐이다.

탐색 기법은 일반적인 문제 풀이 방법으로 넓은 영역에서 다양한 문제에 적용할 수 있다. 인공지능이 학문으로 자리를 잡기 시작할 때 문제 해결의 일반적인 방법론 연구에 집중했던 것은 범용 인공지능에 대한 기대 때문이었다.

계획 세우기

계획 세우기는 목표를 달성하는 여러 가능한 행동 중에서 에이전트가 어느 행동을 선택해야 목표에 도달할 수 있는가를 찾아내는 기술이다. 하나의 행동으로 목표에 도달할 수 없을 때가 대부분이기 때문에 여러 행동을 순차적으로 수행하여 목표에 도달해야 한다. 즉 행동의 계획을 세우는 것이다. 목표에 도달하는 데에는 여러 경로가 있을 수 있다. 이 중에서 주어진 평가 기준에 의하여 최적의 경로를 찾는다. 내비게이션으로부터 길 안내를 받을 때 최단 거리, 최소 시간, 무료 주행 등 다양한 평가기준을 선택할 수 있는 것과 같다. 계획 수립 후에 행동하는 에이전트는 이런저런 행동을 무작위로 해보는 것보다는 합리적으로 문제를 해결할 수 있다.

외부 환경의 상황을 상태$_{State}$라고 한다. 한 상태에서 다른 상태로 이동하려면 행동$_{Action}$을 취해야 한다. 행동에는 비용이 소요된다. 목표에 도달하기 위한 순차적 행동을 탐색하는 것이 우리의 목표다. 복잡한 현실의 문제를 탐색의 문제로 표현하기 위해 적절한 가정을 도입해 단순화하는 것이 일상적이다. 한 상태에서 도달할 다음 상태가 모두 관찰 가능하다거나, 행동에 소요되는 비용이 모두 알려졌다거나, 행동을 취하면 다음 상태에 도달하는 데 불확실성이 없다는 등의 가정을 도입한다. 어떠한 가정을 도입했는가에 따라서 탐색 방법이 다르고 복잡도가 천차만별이다.

모든 상태가 관찰 가능하고, 행동의 비용은 다 알려져 있고, 불확실성은 없다고 가정하는 것이 보편적이고 간단하다. 이런 가정에서 상태들은 그래프를 형성한다. 그래프에서 노드는 상태를 나타내고, 연결선은 행동을 나타낸다. 에이전트가 수행해야 할 순

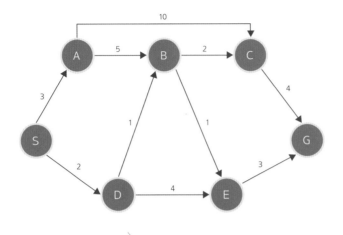

상태 그래프. 각 상태에서 도달 가능한 상태가 화살표로 표시되고
비용이 기록되어 있다. 최소비용 경로를 찾는 알고리즘을 만들어
보자.

차적 행동은 그래프에서 만들어지는 경로다.

그래프에서 출발 노드로부터 목표 노드까지의 경로를 찾는
방법은 단순하다. 출발 노드로부터 이동할 수 있는 노드로 이동한
다. 그 노드가 목표 노드가 아니면 거기서 또 이동할 수 있는 노드
로 더 이동해본다. 이를 목표 노드를 만날 때까지 반복한다. 이 방
법은 도달하는 경로가 있으면 그 경로를 찾을 수 있다. 그러나 통
상적으로 우리가 부딪치는 문제는 단순히 경로를 찾는 것이 목표
가 아니라 가장 짧은 경로, 혹은 이익을 많이 얻을 수 있는 경로를
찾는 문제다. 이런 문제는 모든 경로를 찾아서 그중에서 가장 좋은
것을 선택해야 한다. 이하 논의에서 가장 좋은 것을 최소라고 칭할

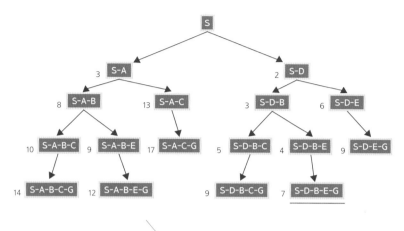

상태 그래프 경로 탐색트리. 노드 옆의 숫자는 시작부터 노드에 이르는 비용, 즉 g 값이다.

것이다. 그 의미는 문맥에 따라 최고, 최적으로 해석할 수 있다.

복잡도의 폭발

가능한 경로를 모두 찾는 것의 복잡도는 매우 높다. 생성 가능한 경로가 너무나 많기 때문이다. 출발 노드로부터 도달할 수 있는 노드를 트리Tree 형태로 표현한 것을 탐색트리라고 한다.

그림과 같은 상태 그래프에서 시작 노드 S에서 목표 노드 G까지의 모든 경로는 그림과 같이 탐색트리로 표현할 수 있다. 탐색트리에서 노드는 경로를 나타낸다. 상태 그래프의 시작 노드 S로부터 방문한 노드를 나타낸다. 목표 노드로 유도하는 경로를 완성경로라고 하자. 이 탐색트리에서 보듯이 S에서 G까지는 여섯 개의 완성경로가 있다. 이들 중에서 최소비용의 것을 구하는 것이 우리의 문제다. 앞의 그래프에서 최소비용의 완성경로는 'S-D-B-E-G'이다.

일반적으로 탐색트리에서 노드의 수는 기하급수적으로 늘어난다. 상태 그래프의 한 상태에서 도달할 수 있는 다음 상태의 수가 모두 세 개씩이라면 탐색트리의 첫 번째 층은 3개, 두 번째 층은 9개, 세 번째 층은 27개, 4번째 층은 81개의 노드로 구성된다. 즉 기하급수적으로 노드의 수가 증가한다. 바둑의 경우 출발 상태는 바둑알이 하나도 놓여 있지 않은 상태다. 여기서 도달할 수 있는 상태는 19 곱하기 19, 즉 361가지다. 각각의 상태에서는 또 360가지의 도달 가능한 상태가 있다. 바둑에서 가능한 경우의 수는 10의 170승 정도라고 한다.

N개의 도시를 모두 방문하고 돌아오는 최단 거리의 경로를 찾는 방문 판매원 문제Traveling Salesperson Problem를 생각해보자. 이 문제는 탐색 문제의 복잡도를 설명할 때 자주 사용되는 문제인데 N개의 도시를 방문하고 돌아오는 경로의 수는 N!이다. 20개 도시를 방문하는 경로의 수는 2,432,902,008,176,640,000개다. 이는 지구상에 있는 모든 컴퓨터를 동원해도 계산할 수 없을 정도로 커다란 숫자다. 기하급수적으로 경우의 수가 늘어나는 문제점 때문에 인공지능 연구의 초기에는 실용적인 문제를 공략할 수 없었다.

처음 발견한 것이 최소가 되는 요술

기하급수적으로 경우의 수가 늘어나는 문제에서 최소값을 탐색하는 것은 많은 계산을 필요로 한다. 이 계산 요구를 극복하기 위하여 인공지능에서는 모든 경우를 검토하지 않고도 가장 작은 값을 찾는 기법을 연구한다. 다 보지 않고 판단해도 모두 보고 판단한 것과 동일하다는 것은 요술과 같다. 이런 탐색기법으로 기하급수적 복잡도의 문제를 극복하여 다소나마 빠르게 최소값을 찾을 수 있다.

탐색 과정에서 처음 발견한 완성경로가 바로 최소비용의 완성경로가 되는 탐색 알고리즘을 소개하고자 한다. 이런 탐색 알고리즘은 완성경로를 발견하면 그것이 최소비용의 완성경로이기 때문에 탐색을 종료할 수 있다. 이는 탐색트리에서 노드를 만들어가는 순서를 지능적으로 함으로써 가능하다. 탐색트리에서 어느 노드가 목표에 도달했는가를 점검하고 아니면 그 노드에서 도달할 수 있는 다음 노드를 만드는 것을 노드의 확장이라고 한다. 노드를 확장하는 순서가 지능적 알고리즘의 핵심이다. 그 노드까지 도달하는 비용(g 값)이 적은 순서로 노드 확장을 반복한다. 그러면 노드 확장으로 완성경로를 발견했을 때 그 완성경로가 최소비용의 완성경로가 된다. 최소비용보다 비용이 큰 노드는 확장하지 않고도 탐색이 완료된다. 이 탐색 방법을 위의 탐색트리에 적용했을 때 노드의 확장 순서는 'S, S-D, S-A, S-D-B, S-D-B-E, S-D-B-C, S-D-E, S-D-B-E'이다. 'S-D-B-E-G'를 확장하여 완성경로를 처음 찾았는데 그것이 최소비용의 완성경로다. 탐색이 완료되었을 때 'S-A-B'와 'S-A-C'의 아래 부분에 있는 노드들은 생성되지 않았다. 즉 이 부분은 보지 않아도 판단에 영향을 미치지 않는다.

미래 비용의 경험적 예측

탐색트리의 노드를 지나는 완성경로의 예상 비용을 f라고 하자. 그 값은 그 노드에 이르는 비용(g)과 그 노드로부터 목표에 도달하는 데 소요되는 미래비용(h^*)의 예측값 (h)의 합이다. 즉 $f=g+h$이다. g 값은 탐색을 실시했기 때문에 알고 있으나 실제값 h^*는 알 수 없기 때문에 예측값 h 값도 구할 수 없다. 단지 경험적 지식에 의존하여 예측할 수밖에 없다.

탐색트리 노드를 f 값이 적은 순서로 확장하면 처음 발견되는 완성경로는 f 값이 최소가 되지만 실제 최소비용은 아니다. 그러나 경험적 예측값 h가 실제값 h^*보다 항상 작아야 한다는 허용_{Admissible} 조건을 만족한 f 값을 사용한다면 탐색 알고리즘은 최소비용의 완성경로를 찾을 수 있다. 왜냐하면 목표에 도달했을 때 h^* 값은 0이고 h 값이 h^* 값보다 작아야 하기 때문에 그 값도 0일 수밖에 없다. 따라서 f 값을 최소화한 것은 g 값을 최소화한 것과 같다. 그것이 바로 우리가 찾는 최소비용의 완성경로다. 허용조건을 만족하는 경험적 예측을 사용하는 알고리즘을 A* 알고리즘이라고 한다.

한 중간 노드에서 목표에 도달하는 데 소요되는 정확한 미래 비용 h^*는 전지전능하신 분만이 알고 있다. 그분이 h^*를 사용하여 A* 알고리즘을 사용하면 최소비용 완성경로 위에 있는 노드들이 먼저 확장되면서 가장 빠르게 최소비용 완성경로를 구할 수 있다. 앞 그림의 탐색트리에서 확장 순서는 'S, S-D, S-D-B, S-D-B-E, S-D-B-E-G'이다. 즉 최소비용 완성경로만을 향해서 확장하는 것이다.

지능형 에이전트는 h^* 값을 정확하게는 알 수 없지만 경험에 의하여 어림짐작한다. 어림짐작한 예측값이 허용 조건을 만족해야 A* 알고리즘이 작동한다. 현실 세계에서 실제보다 항상 적은 값의 어림짐작은 쉽게 찾을 수 있다. 도로상의 거리를 직선거리로 어림짐작하는 것은 허용 조건을 만족한다. h는 항상 영$_{Zero}$이라고 해도 허용 조건을 만족한다. 이 경우 계산상의 이점은 미미하다. h^* 값을 사용할 수 있으면 전지전능하신 분과 같이 최고의 속도로 탐색할 수 있지만 인공지능이 사용할 수 있는 예측값은 두 양극의 사이에 있을 것이다. 경험적 지식 h가 실제값 h^*에 가까울수록 더 빠르게 탐색할 수 있다.

A* 알고리즘은 답이 있으면 찾아주고, 찾은 답이 최적임을 보장한다. 그러나 그 최적성을 조금만 양보한다면 탐색 속도를 추가

로 많이 높일 수 있다. 예를 들자면 비용이 최소비용의 1% 이내로 추가되는 해결책을 허용한다면 매우 빠르게 해결책을 찾을 수 있다. 그 이유는 현실의 문제에서 대부분의 계산 시간을 유사한 해결책 중에서 최소비용을 선별하는 데 사용하기 때문이다. 이는 지능형 에이전트가 최적 행동을 탐색하기 위하여 오랫동안 생각하는 것보다 적당히 좋은 행동을 빠르게 탐색하는 것을 가능하게 한다. 또한 통계적으로 구한 경험적 예측은 허용 조건을 항상 보장하지 못한다. 따라서 최소비용을 보장하지 못한다. 그러나 빠른 탐색을 가능하게 한다. 가끔 실수(?)하는, 그러나 판단이 빠른 인공지능을 만드는 것도 가능하다.

정상에 가려면 언덕 오르기를 반복해야

탐색 공간이 매우 복잡해 계산적으로 최적화하기 어려운 문제는 단지 국지적 정보만 갖고 문제 해결을 시도해야 한다. 현재 상황에서 취할 수 있는 행동의 효과만을 고려할 뿐이다. 이러한 행동 선택을 반복함으로써 목적함수의 값을 최적화하는 위치에 도달하기를 기대한다. 이러한 탐색 결과가 전역적 차원에서 최적임을 보장할 수는 없다. 그럼에도 국지적 탐색 기법은 계산적으로 어려운 최적화 문제를 해결하기 위한 접근법으로 각광받고 있다. 인공 신경망의 학습 알고리즘도 이런 탐색 기법을 기반으로 한다.

국지적 탐색 알고리즘은 간단하다. 현 위치에서 목적함수의 값이 가장 많이 증가하는 이웃으로 한 발자국 이동하는 것이다. 이를 반복한다. 이런 탐색법을 언덕 오르기Hill-Climbing 알고리즘이라고 한다. 연속 공간상에서는 급경사탐색법, 또는 경사하강법Gradient Descent이라고 한다. 오르기를 할 것인가 내려가기를 할 것인가는 목적함수의 성격에 달렸다. 목적함수의 최소점을 찾으려면 내려가기를 해야 하고, 목적함수의 최대점을 찾으려면 오르기를 해야 할 것이다. 오류 자승의 평균치MSE, Mean Squred Error를 목적함수로 놓는 기계학습의 문제에서는 MSE의 최소점을 찾아야 한다. 필요하다면 목적함수에 -1을 곱하여 최소점을 찾는 문제를 최고점을 찾는 문제로 변환할 수 있다. 여기에서는 최고점을 찾는 것으로 급경사탐색법을 설명을 하고자 한다.

이 알고리즘은 안개가 자욱하여 앞을 내다볼 수 없는 산속에서 정상을 찾아가는 방법으로 유추할 수 있다. 전체 지형을 볼 수 없기 때문에 정상에 도달하는 길을 알 수 없다. 이때 시도해볼 수 있는 유일한 방법은 경사가 가장 가파른 방향으로 한 발자국 올라가 보는 것이다. 이를 반복하면 정상에 도달한다. 도달한 곳이 최정상이 아니라 지역의 작은 봉우리Local Maximum일 수도 있다. 또 넓은 평지에서는 방향을 잃을 수도 있다. 이런 실패 가능성을 최소화하기 위해 가던 방향의 관성을 유지하여 작은 계곡을 뛰어넘게 하거나 보폭을 조정하는 등 다양한 아이디어가 사용된다. 또 여러 곳을

출발점으로 놓고 시도한 후에 결과가 가장 좋은 곳을 선택하기도
한다.

높은 산을 오르려면 낮은 산은 내려와야

언덕 오르기나 급경사탐색 알고리즘은 탐색 중에 산을 내려
오는 방향으로는 움직이지 못한다. 낮은 봉우리를 넘어서 높은 산
으로 올라가려면 내려가는 길도 거쳐야 한다. 이것을 가능하게 하
는 것이 모의 담금질Simulated Annealing 알고리즘이다. 금속의 담금질에서
영감을 받은 이 탐색 알고리즘은 가끔 의도적으로 나쁜 방향을 선
택하기도 한다. 나쁜 방향이란 목적함수의 값을 올리는 것이 아니
라 낮추는 방향이다. 나쁜 방향을 선택함으로써 낮은 봉우리를 벗
어날 가능성이 생긴다. 나쁜 방향 선택의 빈도는 확률로 조정한다.
탐색 초기에는 확률을 높여서 나쁜 행동이 자주 선택돼 넓은 범위
를 탐색할 수 있게 하고, 탐색이 진행되면서 점진적으로 확률을 낮
춰 탐색 범위를 좁힌다. 잘 찾아온 최정상 근처에서 벗어나지 않도
록 하게 함이다.

강한 자는 살아남는다

언덕 오르기나 급경사탐색 알고리즘은 하나의 상태를 추적한

다. 이를 동시에 k개의 시작 상태에서 탐색을 시작하여 매 단계마다 가장 좋은 k개의 상태를 유지하는 것으로 확장할 수 있다. 매 단계마다 새로운 k개의 좋은 상태에서 탐색을 시작하기 때문에 좋은 방향으로 탐색을 집중하는 효과가 있다. 이런 아이디어를 확장하여 유전자 알고리즘을 고안했다. 유전자 알고리즘은 생명체가 진화하는 과정을 모방한 것이다. 유전자 알고리즘도 초기에 k개의 상태에서 탐색을 시작한다. 탐색할 새로운 상태는 부모의 형질을 조합하여 생성된다. 모든 상태 중에서 우수한 k개만 생존하여 자손의 생성에 참여한다. 우수함은 목적함수로 평가할 수 있다. 다양한 가능성을 탐색하기 위하여 돌연변이를 시도한다. 즉 부모가 갖고 있지 않은 형질을 가질 수 있도록 무작위로 형질의 변형을 가한다. 이 과정에서 강한 자손이 생성되기를 기대한다.

적대적 상황에서 탐색

적대적 상황의 대표적인 사례가 제로섬 게임이다. 게임에서 놓을 수를 찾는 문제도 초기 상태로부터 승리의 상태에 도달하는 경로를 찾는 탐색의 문제로 볼 수 있다. 두 사람이 교대로 수를 놓는 반상 게임에서는 상대방이 취할 수 있는 모든 수에 대하여 대응해야 한다. 수를 찾는 사람은 게임트리를 형성하여 최적의 수를 탐색한다. 승리하는 종말 노드는 목적함수의 값을 1, 패배하는 종말 노드는 -1, 비기는 종말 노드는 0으로 놓고 중간 노드들의 목적함수의 값을 계산해 올라간다. 상대방이 나를 힘들게 할 수를 선택할 것이기 때문에 상대방 노드의 목적함수의 값은 하위 노드값의 최소치를 할당한다. 반대로 내게 선택권이 있는 노드에서는 최대치를 할당한다. 최상위 계층에서 목적함수가 최대가 되는 노드를 다음에 놓을 수로 선택한다.

목적함수를 계산해 올라오는 과정에서 특수한 조건을 만족하면 그 하위 트리를 검사하지 않아도 결론에 변화가 없는 경우가 있어서 계산량을 줄일 수가 있긴 하지만 간단한 게임이라도 게임트리 크기는 계층을 내려감에 따라 폭발적으로 커진다. 그래서 종말 노드까지 내려가서 목적함수를 계산해 올라오지 못하고 중간 노드의 가치를 어림짐작할 수밖에 없다. 또 무작위로 몇 개를 대표로 골라 가치를 평가하기도 한다. 알파고에서는 중간 노드의 가치를 프로기사들의 기보로부터 학습을 통하여 얻었다. 즉 그 상황을 거쳤을 때 승리하는 확률을 학습으로 구한 것이다.

카드게임처럼 게임의 상황을 완전히 알 수 없는 상황에서 의사결정을 해야 하는 게임에서는 불확실성을 감안하는 기대효용 최대화 전략을 쓸 수밖에 없을 것이다.

사람의 지식을 이용하는
인공지능

인공지능은 컴퓨터가 의사결정과 문제 해결에서 사용할 수 있도록
기술과 일상 개념의 의미를 포착하려고 한다.

존 폭스

문제 해결의 열쇠, 경험적 지식

전문가 시스템의 성공 비결은 문제 해결을 위한 전문가의 지식을 이용하는 것이다. 전문가의 지식은 통상적으로 형식지Formal Knowledge와 경험적 지식으로 구성된다. 형식지는 보통 교과서와 핸드북에 써진 이론과 공식 등을 말한다. 경험적 지식 혹은 비형식지Informal Knowledge는 문제 해결에 지름길을 제공하는 실질적이고, 직관적이며, 개략적인 방법이다. 보통 경험이 많은 전문가는 형식지를 현

개발자가 코딩하여 지식을 컴퓨터에 전달

장에 오랫동안 적용해온 과정에서 축적한 자신만의 독특한, 그러면서 매우 효과적인 해결책을 갖고 있다. 전문가 시스템은 이러한 전문가의 경험적 지식을 활용한다. 물론 경험적 지식은 개인적인 것이고, 오류를 범할 가능성도 있다. 그러나 대부분의 경우 옳은 결과를 제공한다면 경험적 지식은 가치가 있다. 경험적 지식이 문제 해결의 관건이다.

지식과 의사결정 방법의 분리

인공지능을 개발하는 방법은 알고리즘을 만드는 것이다. 컴퓨터 발명 이후 80여 년간 여러 방법이 시도되었다. 인공지능은 오랫동안, 또 지금도, 많은 부분 인간이 전수해준 지식을 이용해왔다. 사람의 지식을 전수하는 데에는 두 가지 방법이 있다. 첫 번째는 컴퓨터가 이해할 수 있는 언어로 개발자가 표현해 지식을 이식하는 것이다. 이 작업은 소프트웨어 개발자라는 전문가가 수행한다.

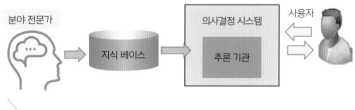

전문가의 지식을 표현하여 지식 기반을 만들면 컴퓨터가 이를 바탕으로 추론해 문제 해결

두 번째는 지식 기반 기법Knowledge-Based System이 사용된다. 전문가가 지식 기반을 만들면 컴퓨터가 이를 바탕으로 추론이나 검색을 해 의사결정한다. 분야 전문가는 소프트웨어 개발자가 아니기 때문에 자신의 지식을 작동 가능한 소프트웨어로 만들 능력이 없다. 그래서 지식 기반 구축 업무만을 담당한다. 개발된 추론 엔진은 또 다른 영역의 지식 기반과 결합되면 많은 문제 해결에 활용될 수 있다.

지식의 표현과 획득

지식 기반 형태의 인공지능 시스템은 주로 기호적 계산Symbolic Computation을 한다는 것이 특징이다. 기호적 계산이란 세상의 사물이나 개념을 상징적인 기호로 표시하고 그 기호들을 조작하거나 관계를 비교 분석함으로써 의사결정을 내리는 방법이다. 즉 기호 자체를 추론의 기본 요소로 사용한다. 기호적 계산은 의사결정 과정을 직관적으로 이해할 수 있기 때문에 그 과정의 설명도 가능하다.

지식의 표현은 그 지식을 활용하기 위한 전제조건이다. 표현 기법 차이에 따라 문제 해결의 성능은 물론, 문제 풀이 효율성과 일반성에서 많은 차이가 난다. 그래서 인공지능 연구 초기부터 지식 및 문제의 표현에 관심이 집중되었다. 지식의 기호적 표현은 언어학, 심리학의 중요한 연구 주제다.

공학적 관점에서 가장 골치 아픈 것은 지식 획득이다. 전문가의 지식을 획득하여 컴퓨터에 표현하는 일은 많은 노력이 든다. 필요한 지식의 양이 많은 것도 문제지만, 특정 지식은 전문가라 하더라도 쉽게 표현할 수 없는 경우가 있다. 특히 인지작용 과정에 관련해서는 기호적으로 표현을 거의 할 수가 없다.

전문가에게 지식의 틀을 제공한다면 지식을 조금이나마 쉽게 표현할 수 있다. 상대적으로 쉽게 표현할 수 있는 지식의 형태는 조건에 따른 행위, 개념 간의 관계 등이다. 전자는 규칙 기반Rule-Based이고 후자는 지식 그래프Knowledge Graph가 대표적이다. 인공지능 시스템에서 지식표현 기법이 단독으로 쓰이는 예는 매우 드물고, 다양한 표현 방법들이 혼합된 형태로 자주 나타난다.

규칙 기반

규칙 기반Rule-Based 방식은 조건과 반응의 규칙으로 지식을 표현한다. 조건 부분은 이 규칙을 적용하기 위한 조건을 나열하고 반응 부분은 조건이 만족되었을 때 수행해야 할 행위를 서술한다. 이러한 표현 방식은 '열이 오르고 콧물이 나오면, 감기라고 단정 지어라' 등 판단형 지식을 표현하기에 적합하다. 여기에 '감기라면 아스피린을 처방해라'를 추가하면, '철수는 열이 오른다'와 '철수는 콧물이 나온다'라는 사실로부터 '철수는 감기다'라는 사실은 물론 '철수에게 아스피린을 처방해라'라는 새로운 사실을 이끌어낼 수 있다.

새로운 사실을 알아내는 것을 추론Inference이라고 한다. 이는 시스템의 추론 엔진이 자동적으로 수행하는 과정이다. 추론은 순방향 또는 역방향으로 진행된다. 순방향 추론에서는 주어진 사실에 부합하는 조건의 규칙을 찾아서 반응을 만든다. 그 반응과 새로 만들어진 사실에 따라 다음번 규칙을 작동시키는 것이다. 역방향 추론은 말 그대로 정해진 목표의 증거를 찾을 수 있는지 역방향으로 확인하는 것이다. 목표를 확인할 수 있는 규칙을 찾아서 조건이 성립했는지를 검사한다. 성립되지 않으면 해당 조건을 새로운 목표로 설정하고 역방향 추론을 반복한다.

규칙 기반 기법은 우리들이 일상적으로 사용하는 여러 가지 문제 해결 기법을 시도하게 할 수 있다. 즉 커다란 문제는 여러 개의 작은 문제로 나누거나, 여러 가설을 세우고 그 가설을 순차적으로 검증을 하는 등이다. 예를 들어보자. 진단 시스템이 환자의 상태에 관한 개략적인 정보를 요구한다. 시스템은 그 제공된 정보에 따라 가장 적절한 규칙을 선별한다. 이 규칙에 의하여 즉각적인 진단을 내릴 수도 있겠으나 보통은 더욱 자세한 정보를 요구한다. 이러한 과정을 반복적으로 수행하면서 결론에 도달하게 된다. 진행 과정 중에 '왜 특정 정보를 요구하는지' 등의 질문을 할 수 있다. 그렇게 함으로써 사용자가 시스템의 판단 과정을 관찰할 수 있다.

지식그래프

지식그래프는 세상의 지식을 표현한 지식 기반이다. 실세계의 물체와 사건 또는 추상 개념 등을 그래프 형태로 표현한 것이다. 노드는 세상에 존재하는 개념을 의미하고 연결선은 노드 간의 관계를 표현한 것이다. 개념은 속성과 그 속성값을 갖는다. 예를 들어, '도시'라는 개념은 '인구'라는 속성을 갖고 '서울'이라는 '도시'의 '인구' 속성은 '1천만'이라는 값을 갖는다. 연결선에는 관계의 의미를 표현하는 명칭$_{Label}$이 붙는다. 이를 통하여 계층적 구조, 인과 관계 등 세상의 모든 관계를 표현할 수 있다.

지식의 기본 단위는 주체, 술어, 객체의 순서적 집합, 즉 (주체, 술어, 객체)로 표현한다. 이를 트리플$_{Triple}$이라고 한다. 예를 들어, (경복궁 is-located-in 서울)이 트리플이고, 이는 '경복궁은 서울에 있다'라는 지식을 표현한 것이다. (서울 is-a 도시)는 '서울'이란

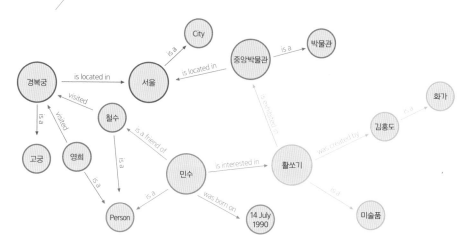

'도시'의 일종이라는 것을 표현한다. 계층 구조를 나타내는 'is-a'는 인간의 지식체계에서 자주 쓰이는 중요한 개념이다. 이를 이용한 추론의 효율성을 위하여 타입$_{Type}$이라는 특별한 관계로 표현하고 별도로 관리한다.

지식그래프는 트리플의 집합이다. 질의응답 시스템은 지식그래프에서 정보를 찾거나 찾은 정보를 갖고 추론하여 대답한다. 한 번 구축한 대용량 지식그래프는 재사용이 가능하다. 인공지능 시스템의 성능은 보관되어 있는 지식의 양과 질에 따라 결정된다. 따라서 인공지능 시스템에 많은 양의 지식을 저장하려 한다. 2018년 구글에서 만든 지식그래프는 5억 7,000만 개의 개념(노드)과 180억 개의 트리플로 구성되어 있다. 구글 지식그래프 내의 각 개념은 타입이 없는 경우도 있지만, 많은 경우에는 1,500여 개의 타입 중 하나 이상에 속하게 된다. 그리고 두 개의 개념을 연결하는 데는 5만 5,000종의 관계 중 하나가 이용된다. 예를 들어, 그림에서 민수는 'Person 타입'도 되고 'Student 타입'도 될 수 있다(이 그림에서는 민수가 Person 타입인 것만 표시하고 있음). 또한 민수는 'is-a-friend-of, is-interested-in, was-born-on' 등 관계에서 철수를 친구로 가지고 있고 활 쏘는 장면의 미술품에 관심이 있으며 1990년에 태어났다는 것을 알 수 있다.

지식 처리형 시스템의 성공 사례

지질학자들은 미국 워싱턴주에 몰리브덴 광맥이 있을 것이라고 오래전부터 믿고 있었다. 광맥을 찾기 위해 여러 번 시추했음에도 정확한 위치를 찾아낼 수 없었다. 1970년대 중반, 정확한 위치를 찾을 수 있었는데 이는 프로스펙토PROSPECTOR라는 전문가 시스템 덕분이었다. 이 시스템은 지질학 전문가들의 지식과 추론 과정을 컴퓨터화한 것이다. 거의 같은 시기에 의사의 항생제 처방을 도와주는 마이신MYCIN이란 프로그램도 개발되었다. 이 프로그램은 심각한 감염을 일으키는 박테리아를 식별하고 항생제를 처방하는 의학 전문지식을 규칙으로 표현하였다. 이런 전문가 시스템들은 전문가를 대체한다는 의미보다는 전문가의 의사결정을 돕는 목적으로 사용되었다.

지식 처리형 시스템의 가장 극적인 성공 사례는 1부에서 잠깐 언급했던 〈제퍼디!〉 퀴즈쇼에서 승리한 사건이다. 참가자들은 "2차 세계대전에서 두 번째로 큰 전투에서 승리한 영웅의 이름을 딴 공항이 있는 도시는 어디인가요?"와 같은 질문의 답을 찾아야 한다. 이를 위해서는 '2차 세계대전에서의 전투', '전투의 크기', '전투에서 승리한 장군', '장군의 이름이 사용된 공항', '공항이 위치한 도시의 이름' 등의 지식을 지식그래프에서 탐색해 연결해야 한다.

비록 음성인식은 사용되지 않았지만 왓슨은 사람의 언어를 이해하고, 정보 검색과 추론을 거쳐서 정답을 만들어냈고, 결과적으로 사람을 능가했다. 조금 과장스럽지만, IBM에서는 이 사건이 인간의 고유 영역이었던 지적 판단의 영역까지 컴퓨터에 내어주는 순간이라고 주장했다. 순식간에 방대한 지식그래프를 검색하고 추론하여 정답을 도출하는 능력은 세상을 놀라게 하는 데 충분했다.

음성인식이 어느 정도 수준에 오르자 인공지능 스피커가 상품으로 출시되었다. 간단한 명령어를 인식하여 반응한다. 이 시스템의 성공은 잘 장착된 지식 기반의 능력 덕분이다. 일반적 대화는 초보 수준이지만 특정 영역의 대화는 지식 기반을 이용하여 수준급으로 할 수 있다. 예를 들어, 상속법과 같이 특정 법률의 자문이나 역사와 지리 같은 특정 과목에 대해 학생과 대화하는 것은 가능한 수준이다.

공상과학 영화에 나오는 전지전능한 지능형 동반자는 인간의 지식을 망라하는 강력한 지식 기반을 요구할 것이다. 이런 수준의 지식 처리가 현재 방식의 지식그래프와 규칙 기반 시스템으로 가능할지는 미지수다. 하지만 어떤 수단을 동원해서라도 인간이 쌓아온 방대한 지식은 활용되어야 할 것이다.

스스로 배우는
기계 학습

지난 250년 동안 경제 성장의 근본적인 동력은 기술의 혁신이었다.
이 중 가장 중요한 것은 증기기관, 전기, 내연기관 등으로
경제학자들이 범용 기술이라고 부르는 것이었다.
이 시대의 가장 중요한 범용 기술은 인공지능, 특히 기계 학습이다.

에릭 브린욜프슨 & 앤드루 맥아피

기계 학습이란?

일반적으로 학습이라는 단어가 갖는 의미는 경험을 쌓음으로써 행동의 양태가 변화하고 발전하는 것이다. 인공지능에서 이야기하는 기계 학습Machine Learning은 '성능이 향상되는 컴퓨터 알고리즘에 관한 연구'를 총칭한다. 기계 학습 능력을 가진 컴퓨터는 개발자가 명시적으로 프로그래밍하지 않아도, 외부 환경의 관찰과 경험으로 스스로 능력을 향상시킨다.

학습 능력은 지능적 에이전트가 가져야 할 필수적 능력이다. 학습이 가능한 에이전트는 외부 환경과 상호작용하면서 성능을 높여 간다. 센서로 얻은 외부 환경 정보를 자신의 행동을 결정하는 데에 사용함은 물론 자신의 의사결정 방법을 개선하는 데에도 사용한다. 즉, 관찰을 통해 학습하는 능력을 갖고 있다. 학습 방법에는 경험의 단순한 저장부터 오묘한 과학적 이론의 창조에 이르기까지 다양한 수준이 존재한다.

알고리즘을 만드는 알고리즘

컴퓨터를 이용하여 문제를 해결하려면 알고리즘을 만들고, 이를 다시 프로그래밍하여 컴퓨터에 이식해야 한다. 지금까지 이 작업은 소프트웨어 개발자들이 해왔다. 기계 학습이란 소프트웨어 개발자가 아닌 학습 알고리즘이 컴퓨터 프로그램을 만드는 것으로 이해할 수 있다. 소프트웨어 개발자의 업무가 자동화되는 것이다.

기계 학습 알고리즘으로 훈련 데이터를 표현하는 수학적 모델을 구축하고 이를 이용하여 의사결정 알고리즘을 만든다. 이론적으로는 작동 원리를 이해하지 못하거나 프로그래밍할 수 없을 정도로 복잡한 작업도 훈련 데이터만 있으면 컴퓨터에 시킬 수 있다는 것을 의미한다.

이러한 사례는 컴퓨터 비전 시스템 개발에서 볼 수 있다. 인간

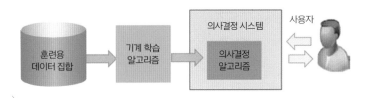

기계 학습 알고리즘은 훈련용 데이터를 학습하여 의사결정 알고리즘을 구축한다.

의 시각적 인지 작용 메커니즘은 잘 알려지지 않았다. 따라서 개발자는 시각 기능을 알고리즘화 하지 못한다. 그러나 기계 학습 알고리즘을 이용하여 인식 알고리즘을 학습시킬 수 있다. 사진 속 물체를 인식하거나 사진 상황을 언어로 설명하는 등의 업무에서 기계 학습으로 만들어진 알고리즘들이 우수한 성과를 보이고 있다.

동일한 기계 학습 알고리즘을 다른 훈련용 데이터집합에 적용함으로써 다른 목적의 알고리즘을 생성할 수 있다. 예를 들어, 같은 기계 학습 알고리즘을 사용하여 물체인식 시스템을 만들기도 하고, 얼굴인식 시스템을 만들기도 한다. 각각 다른 훈련 데이터집합을 제공함으로써 가능하다. 심지어는 성격이 매우 다른 알고리즘도 같은 기계 학습 알고리즘으로 만들 수 있다. 스팸메일을 걸러주는 시스템이나, 주식 시장에서 특이 사항을 알려주는 알고리즘도 인공 신경망 기법으로 만들었다. 물론 모델 구조와 하이퍼파라미터$_{Hyperparameter}$(초매개변수)를 조정해야 하는 것이 필요할 것이다.

모델과 모델링, 기계 학습과의 관계

모델은 현실 세계의 사물이나 사건의 본질적인 구조를 나타내는 모형이다. 현실 세계의 복잡한 현상을 추상화하고 단순화하여 모델로 표현한다. 물리적 표현일 수도 있고, 자연어 문장, 컴퓨터 프로그램, 수학 방정식처럼 기호적일 수도 있다. 모델을 만드는 작업을 모델링이라고 한다. 모델을 이용하여 관계자끼리 소통하거나, 수학 계산을 적용하여 해결책을 도출한다. 그렇게 하기 위하여 문제 풀이에 필요한 것만 추상적으로 표현하고, 적절한 수준으로 단순화시키는 것이 필요하다. 단순화를 적게 하면 복잡해서 수학적으로 해결할 수가 없게 되고, 반대로 지나치게 단순화시키면 해결한 문제가 현실과는 동떨어진 것이라서 효용성이 없다. 따라서 가급적 현실을 제대로 표현하면서도 문제 해결이 가능하도록 복잡도를 낮추는 것이 필요하다.

기계 학습이란 훈련데이터집합을 잘 표현하는 모델을 만드는 작업이다. 즉, 모델의 틀을 설정하고 훈련데이터집합을 잘 표현하는 파라미터(매개변수)값을 구하는 작업이다. 기계 학습에서 특히 관심 있는 것은 입력과 출력 간 함수 관계의 모델이다. 전통적인 기계 학습 기법에서는 모델의 틀로써 수식을 주로 사용했다. 선형함수 또는 간단한 비선형함수가 많이 쓰였다. 수식 모델은 독립변수, 종속변수, 파라미터 등으로 구성된 방정식이 일반적이다. 확률

실세계 데이터와 모델

실세계　　　　모델　　　　실세계 데이터　　　　선형 모델

인공 신경망 모델

적인 현상을 모델링할 때는 확률함수를 사용한다.

　　인공 신경망 기법에서는 노드와 연결선으로 구성된 망구조를 모델의 틀로 사용한다. 주어진 망구조에서 훈련데이터집합을 가장 잘 표현하는 파라미터값을 구하는 것이 모델링이다. 단순한 수식을 사용하는 것보다 훨씬 표현력이 좋다. 그래서 요즘 다양한 문제를 인공 신경망을 이용하여 해결한다. 과거에는 망구조를 개발자의 경험과 직관에 의하여 미리 설정하는 것이 일반적이었다. 그러나 요즘은 적합한 망구조를 찾는 과정도 자동화되었다. 다양한 망구조와 파라미터 최적화를 시도한 후에 가장 바람직한 모델을 선택하는 것이다. 오토엠엘AutoML, Automated Machine Learning이 이런 목적의 도구다.

　　모델이 만들어지면 입력을 변화시켜가면서 출력의 변화를 관찰할 수 있다. 이를 모의실험Simulation이라고 한다. 모의실험을 통해서 복잡한 현실의 현상을 이해하고자 한다. 실세계 구조나 개체의 행동 등을 컴퓨터 프로그램으로 구축한 것을 컴퓨터 모의실험 모델이라고 한다. 복잡한 전투 상황에서 전술을 평가할 목적으로 개발한 워게임 모델이나 여러 사람이 참여하는 온라인 게임이 대표적인 컴퓨터 모의실험 모델이다. 다양하고 복잡한 상황 분석을 위해서는 수천만 라인의 소스코드가 필요하기도 하다.

기계 학습 알고리즘의 분류

기계 학습 알고리즘은 지도 학습, 비지도 학습, 강화 학습 등으로 분류된다. 이 분류는 학습 데이터에 포함된 정보와 그 정보의 사용 방법에 따른 것이다. 지도 학습은 입력과 원하는 출력의 쌍이 모두 주어진 상태에서 학습하는 방법이다.

학습 후에는 새로운 입력에 해당하는 출력을 예측하는 데 사용할 수 있다. 비지도 학습은 입력에 해당하는 바람직한 출력의 정보는 주어지지 않는다. 유사성을 기준으로 입력집합을 군집화한다. 강화 학습은 성공과 실패의 정보로부터 바람직한 행동패턴을 학습한다.

기계 학습 알고리즘의 분류

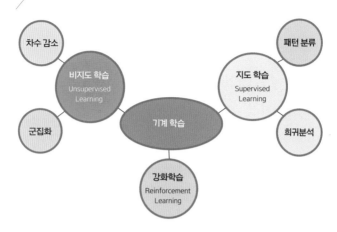

지도 학습

지도 학습Supervised Learning은 입력과 출력 간의 관계를 학습하는 데 사용된다. 입력과 그에 해당하는 출력이 쌍으로 주어진 훈련 데이터집합에서 입력과 출력 간의 함수관계를 배운다. 이렇게 얻어진 함수를 모델이라고 한다. 모델은 새로운 입력에 해당하는 출력을 예측하는 데 사용한다. 지도 학습으로 수행하는 대표적 문제는 패턴 분류와 회귀분석이다.

패턴 분류 문제

패턴 분류Pattern Classification 문제에서 입력은 패턴의 표현이고 출력은 라벨, 즉 패턴 범주의 명칭이다. 개와 고양이 사진을 구분하는 문제를 생각해보자. 정확하게 개, 혹은 고양이라고 라벨이 주어진 사진의 데이터집합이 훈련에 사용된다고 가정하자. 이 데이터집합으로 개와 고양이의 모양을 구분하는 알고리즘을 만드는 것이 기계 학습의 목적이다.

전통적인 패턴 분류 기계 학습 방법론에서는 시스템 개발자가 분류에 사용할 특성을 지정해주었다. 그러면 기계 학습 알고리즘이 훈련 데이터를 이용하여 범주를 나누는 특성의 경계값을 찾았다.

인공 신경망에서는 패턴 분류에 사용할 특성과 그 경계값을 학습 알고리즘이 스스로 찾는다. 그런 의미에서 인공 신경망 학습은 패턴 분류 알고리즘을 시작부터 끝까지 자동으로 만드는 능력이 있다고 할 수 있다. 이런 능력이 인공 신경망 기법의 가장 두드러진 장점이라고 할 수 있다.

아마도 그림의 예제로 훈련시킨 인공 신경망은 개와 고양이를 분류하는 데 있어서 귀 끝 방향을 특성으로 보았을 것이다. 훈련데이터를 자세히 보면 고양이는 귀가 서 있지만, 개는 귀가 아래로 처져 있다. 그 특성은 인공 신경망이 학습과정에서 스스로 찾아내어 분류하는 데 사용했을 것이다.

지도 학습을 완료한 시스템은 처음 보는 사진이더라도 개와 고양이를 구분할 수 있을 것이다. 즉, 지도 학습으로 개와 고양이를 식별하는 알고리즘이 만들어진 것이다. 물론 훈련에 사용된 사

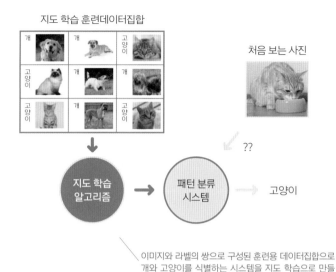

지도 학습 훈련데이터집합

처음 보는 사진

??

지도 학습 알고리즘

패턴 분류 시스템

고양이

이미지와 라벨의 쌍으로 구성된 훈련용 데이터집합으로 개와 고양이를 식별하는 시스템을 지도 학습으로 만들 수 있다.

진과 많이 다른 입력은 판단을 하지 못한다.

　의사결정트리Decision Tree는 패턴 분류 전략을 표현하는 단순 간결한 도구다. 의사결정과 그 결정의 결과로 발생하는 사건, 비용, 효과 등을 표현한다. 직관적이고 간단해서 전략 계획 등에 많이 사용된다. 의사결정트리는 지도 학습으로 쉽게 구축할 수 있다. 의사결정트리에서 노드는 판단을 하는 곳이다. 최상위 노드에서 첫 판단을 한다. 판단 결과에 따라 해당하는 다음 노드로 전진한다. 종말 노드는 경로상에 있는 판단의 결론이다. 그림에서 보는 신용평가 결정트리에서는 '직업이 있고', '급여가 5,000만 원 이상'이고, '빛이 1억 원 미만'이면 신용을 '양호'라고 판단한다. 노드가 많을수록

(단위: 원, 세)

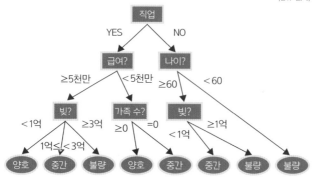

'신용도를 평가하기 위한 의사결정트리'와 동일한 결과를 가져오는 진리표

(단위: 원, 세)

직업	급여	나이	빚	가족 수	신용도
YES	≥5천만	-	<1억	-	양호
YES	≥5천만	-	1억≤ AND <3억	-	중간
YES	≥5천만	-	≥3억	-	불량
YES	<5천만	-	-	≥0	양호
YES	<5천만	-	-	=0	중간
YES	-	≥60	<1억	-	중간
YES	-	≥60	≥1억	-	불량
YES	-	<60	-	-	불량

정교한 의사결정을 할 수 있다. 의사결정트리는 논리적 판단을 위한 진리표Truth Table의 다른 표현이다.

회귀분석 문제

회귀분석$_{\text{Regression Analysis}}$은 입력과 출력이 연속형 숫자로 주어졌을 때 이들의 함수관계를 학습하는 문제다. 지도 학습으로 훈련시켜서 모델을 구축하면 이를 이용하여 새로운 입력에 해당하는 출력값을 추론할 수 있다. 시간에 따라 변화하는 시계열 데이터로 미래를 예측하는 것도 가능하다.

회귀분석에서는 모델의 틀을 직선, 다항식 곡선, 로지스틱 곡선, 평면, 곡면 등으로 설정할 수 있다. 파라미터 수가 많은 복잡한 함수를 설정할수록 복잡한 데이터 특성의 표현이 가능하지만 계산 복잡도는 높아진다. 가장 간단한 회귀분석 문제는 데이터집합을 잘 나타내는 직선을 찾는 것인데, 선형 회귀분석이라고 한다. 0으로부터 점진적으로 커져서 1에 접근하는 S자 모양의 로지스틱 곡선을 모델의 틀로 사용하는 것을 로지스틱 회귀분석이라고 하는데 이는 입력값에 해당하는 확률을 구하는 데 사용할 수 있다.

최적의 파라미터값을 찾는 과정은 지도 학습이 수행한다. 회귀분석 문제의 예를 보자.

철수의 5세, 7세, 13세, 18세 때의 키 데이터가 있다.
10세 때의 키는 얼마였을까?

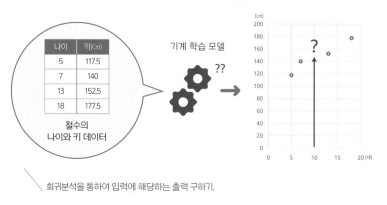

철수가 10살이었을 때 키는 얼마였을까?

나이	키(Cm)
5	117.5
7	140
13	152.5
18	177.5

철수의
나이와 키 데이터

기계 학습 모델

회귀분석을 통하여 입력에 해당하는 출력 구하기.

이 문제는 나이와 키의 함수 관계를 직선으로 가정하고 그 직선을 구하는 것이 핵심이다. 직선의 파라미터는 기울기(a)와 절편(b)이다. 데이터집합을 가장 잘 표현하는 기울기와 절편을 구하면 그 직선이 바로 철수의 나이와 키의 함수관계 모델이다. 이 직선에서 10세에 해당하는 키의 값을 찾는다면 합리적 대답이 될 것이다.

비지도 학습

비지도 학습Unsupervised Learning은 명시적으로 입력에 해당하는 바람직한 출력 정보가 주어지지 않는 상황에서 데이터의 특성을 학습하는 방법이다. 학생이 선생님 없이 스스로 배워야 하는 상황과 같다. 비지도 학습으로 배우는 것은 데이터집합에서 숨겨진 패턴이다. 입력 데이터가 서로 유사하다는 것을 알려줄 뿐이다. 비지도 학습으로 수행하는 대표적 문제는 군집화와 차수축약이 있다.

군집화 문제

군집화는 훈련용 데이터집합에서 서로 유사한 것들을 스스로 묶어서 군집을 형성하는 작업이다. 군집화를 위해서는 유사성의 판단 기준을 미리 정해야 한다. 유사성은 데이터 간의 '거리'를 갖고 판단할 수 있다. 하지만 '거리'라는 개념은 공간 개념과 같이 다양할 수 있다. 통상적으로 사용하는 유클리드 거리는 축의 값을 어떻게 정하는가에 따라서 변화가 크다.

군집화 알고리즘들의 기본 아이디어는 같은 군집에 속한 데이터와의 거리는 최소로 줄이고, 다른 군집에 있는 데이터와의 거리는 최대로 늘리기 위하여 군집의 소속을 바꿔가면서 최적 구성을 찾는 것이다. K-평균 알고리즘K-Means Algorithm은 주어진 데이터를 K개의 군집으로 묶는 간단한 알고리즘이다. 무작위로 K개의 데이터를 선택하여 그것을 군집의 대표로 초기화한다. 모든 데이터를 가장 가까운 대표가 있는 군집으로 할당한다. 군집에 할당된 모든 데이터의 평균점을 그 군집의 대표로 다시 정하고 할당을 반복한다. 군집의 소속이 변화가 없으면 종료한다. 거리의 정의, 초기화 기법 등에 따라 여러 알고리즘이 존재한다.

계층적 군집화는 군집을 분리하여 점진적으로 군집의 수를 늘

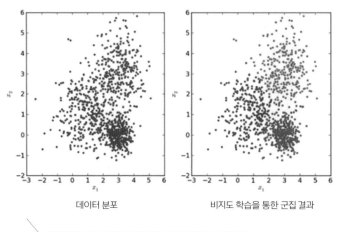

데이터 분포   비지도 학습을 통한 군집 결과

비지도 학습은 훈련용 데이터집합으로 군집화를 수행한다.

려가는 방법과 개개의 데이터로 군집을 형성했다가 유사한 성격의 군집을 묶어서 군집의 수를 줄여가는 방법이 있다.

지도 학습을 위한 훈련데이터집합의 구축에는 많은 비용과 노력이 소요된다. 비지도 학습은 이런 노력이 필요 없기 때문에 매력적이다. 그러나 비지도 학습에 비해 지도 학습은 패턴 분류 문제 풀이에서 더 우수한 성능을 보인다. 직접적으로 가르침을 주기 때문이다. 라벨이 주어진 데이터와 주어지지 않은 데이터를 섞어서 훈련에 사용하면 우수한 성능과 비용 절감의 두 가지 효과를 모두 얻을 수 있을 것이라 기대된다. 이런 방법을 준지도 학습Semi-Supervised Learning 또는 자기주도 학습Self-Supervised Learning이라고 한다.

소비자의 구매 이력을 이용하여 신상품을 추천하는 데에는 군집화 방법이 사용된다. 소비자 A와 소비자 B가 유사한 구매 패턴을 갖고 있다는 것은 비지도 학습으로 확인했다면 소비자 A가 구매한 물건을 소비자 B도 구매할 것이라는 믿음으로 추천한다. 이렇게 하면 무작위로 추천하는 것보다 소비자들이 추천을 받아들일 확률이 높다. 또 일상적이지 않은 이상 상태의 발생을 탐지하거나 고장 예측에도 군집화 방법이 활용된다.

차원 감소 문제

데이터의 차원이란 표현에 사용된 특성의 개수다. 너무 많은 수의 특성으로 데이터를 표현하면 그 데이터가 갖는 깊은 의미를 나타내지 못하는 경우가 많다. 꼭 필요한 특성만으로 데이터를 표현하면 데이터가 갖는 깊은 의미를 표현할 수 있고, 계산도 간편할 수 있다. 적은 수의 중요한 특성으로 데이터를 표현하기 위해 차원 축소Dimensionality Reduction라는 작업을 한다. 높은 차수의 데이터를 축약하여 낮은 차수의 데이터로 만드는 것으로 학습하기 좋은 형태로 데이터를 변형하는 전처리 방법이라고 볼 수 있다. 차원 감소를 위해서는 주성분 분석, 오토엔코더Autoencoder 등이 자주 사용된다.

주성분 분석Principal Component Analysis은 통계적 방법에서 자주 쓰는 방법이다. 데이터 분산을 크게 만드는 적은 수의 특성을 선택하여 선형으로 변환한다. 높은 차원의 공간이 낮은 공간으로 축소되는 것이라 볼 수 있다. 변환 과정에서 정보를 잃어버리긴 하지만 중요

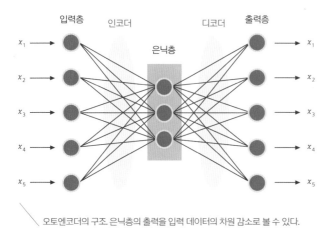

입력층   인코더   디코더   출력층

은닉층

오토엔코더의 구조. 은닉층의 출력을 입력 데이터의 차원 감소로 볼 수 있다.

한 특성은 유지되고 데이터 분별이 쉬워질 것을 기대한다.

오토엔코더는 데이터 차수 감소의 목적으로 자주 사용되는 인공 신경망 기법이다. 라벨이 없는 학습데이터에 대해 입력과 동일한 출력을 내도록 지도 학습으로 훈련시킨다는 아이디어에서 출발한다. 인코더와 디코더로 구성된다. 인코더는 입력을 은닉 노드로 변환하는 것이고 디코더는 은닉 노드에서 다시 원래 데이터로 재현하는 것이다. 입력층 노드보다 은닉 노드를 적게 하면 은닉 노드의 출력을 감소된 차원의 데이터 표현으로 볼 수 있다. 오토엔코더는 비선형 변환이 가능하다. 오토엔코더의 역할은 강력한 특성을 추출하기 위한 의미적 변환으로 볼 수 있다.

강화 학습

강화 학습은 바람직한 행동 패턴을 학습하는 알고리즘이다. 강화 학습의 환경은 에이전트가 처할 수 있는 상태, 각 상태에서 선택할 수 있는 행동, 행동에 따른 상태의 변화, 그리고 보상으로 정의된다. 보상은 현재의 상태와 행동에 의하여 즉시 얻을 수 있는 이득이다. 이런 환경에서 에이전트는 누적 보상을 최대화하는 행동 패턴을 학습해야 한다. 강화 학습은 입출력 쌍으로 이루어진 훈련데이터집합이 제시되지 않는다는 점에서 지도 학습과 다르고, 훈련데이터가 아주 없는 것이 아니라 상황 종료 시에 종합적으로 주어진다는 점에서 비지도 학습과도 다르다.

지연되는 보상

이러한 환경에서 행동 선택의 어려움은 보상이 지연된다는 점 때문이다. 행위를 선택했을 때 모든 보상이 즉시 일어난다면 문제는 쉽다. 그러나 세상의 많은 문제는 지금 행동을 하면 한참 후에 사건이 일어나고, 그 사건의 결과에 의하여 보상이 결정된다. 그러나 같은 값이라면 지금 당장 얻는 보상을 미래의 보상보다 선호한다. 일련의 행동을 취했을 때 최종적 보상은 종합적으로 결정되기 때문에 개개의 행동에 대한 영향은 파악하기 어렵다. 더구나 행동을 취했을 때 발생하는 상황과 보상에 불확실성이 있다면 의사결정은 더욱 어렵다. 적절한 가정을 도입하여 문제를 단순화하는 것이 일반적이다. 현재 상태만 참조하면 항상 필요한 모든 정보를 알수 있다는 마르코프Markov 가정을 한다.

지능적 에이전트는 시작 상태부터 종료 상태까지 누적된 보상을 최대화하는 행동의 순서, 즉 궤적을 배워야 한다. 누적 보상을 최대화하기 위하여 단기적 이익을 희생하기도 해야 한다. 에이전트의 바람직한 행동은 매 순간마다 가능한 여러 궤적 중에서 누적 보상의 기대값이 가장 큰 것을 선택하는 것이다.

강화 학습이란 매 상태에서 누적 보상의 기대값을 배우는 것이다. 한 상태의 누적 보상 기대값 계산에는 이 상태에서 출발한 모든 궤적을 감안해야 하는데 궤적의 수는 매우 많다. 분기점마다 모든 경우를 따져봐야 하기 때문에 기하급수적으로 증가한다. 할 수 없이 무작위로 궤적을 선택하여 유추하는 몬테칼로Monte Carlo 방법을 사용하거나 추정값을 놓고 수정해 가는 방법을 사용하기도 한다.

기회 탐색과 투자의 조화

선택 가능한 행동에는 기회 탐색을 위한 투자도 포함된다. 좋은 결정을 하기 위해서는 새로운 기회 탐색에도 투자해야 한다. 기회 탐색은 미래에 더 나은 의사결정을 이끌어낼 수 있지만, 불확실성이 존재한다. 여러분 앞에 보상 확률을 모르는 두 개의 슬롯머신

기회 탐색과 투자의 조화가 필요하다.

이 있다고 가정해보자. 가지고 있는 코인으로 최대의 이익을 얻는 전략은 무엇일까? 합리적 행동은 이 중 일부의 코인을 사용하여 각 기계의 보상 확률을 알아보고 더 좋은 기계에 남은 코인을 모두 투자하는 것일 것이다. 그런데 확률 탐색은 많은 코인을 사용할수록 정확하다. 확률 탐색에 코인을 많이 쓰면 좋은 기계를 찾을 확률은 높지만 투자할 코인이 적어진다. 반대로 확률 탐색에 코인을 적게 쓰면 나쁜 기계에 투자할 가능성이 크다. 기회의 탐색과 투자의 균형은 어떻게 조화를 이루어야 하는가? 이익 창출을 위한 직접적인 투자와 기회 탐색을 위한 투자 간의 조화를 이루어야 좋은 성과를 낼 수 있다. 그 전략의 수립은 어려운 문제다. 모든 기업들이 이런 문제로 고민하고 있다.

강화 학습은 고도의 제어 기술이라고 할 수 있다. 순간순간 반응을 보여야 하는 컴퓨터 게임에서 좋은 성과를 내고 있다. 알파고도 몬테칼로 방법의 강화 학습을 사용하여 매번 놓을 수의 승리 기대값을 계산했다. 자율주행차의 조정, 로봇 제어, 화학 반응 설계 등의 문제에서 사람을 능가하는 성과를 보여주고 있다.

기계 학습의 작업 과정

기계 학습을 한다는 것은 기계 학습 알고리즘을 사용하여 훈련데이터집합을 잘 표현하는 모델을 구하는 것이다. 학습과정의 핵심은 모델의 틀을 미리 설정한 후에 최적의 파라미터값을 구하는 것이다. 기계 학습의 작업과정은 그림과 같다. 훈련데이터 준비가 처음 해야 할 작업이다. 훈련데이터 수집은 많은 노력이 소요된다. 특히 지도 학습을 위한 데이터는 라벨을 모두 붙여야 하기 때문에 많은 수작업이 필요하다.

해결하고자 하는 문제의 유형에 따라 적절한 기계 학습 알고리즘을 선택해야 한다. 알고리즘에 따라 학습 결과의 성능과 요구되는 계산량의 차이가 많다. 따라서 알고리즘의 본질과 장단점을 잘 이해하는 것이 중요하다. 간단한 패턴 분류를 위해서는 전통적인 의사결정나무 기법과 선형 경계선 분석 알고리즘 등으로 충분할 수도 있다. 군집화를 위해서는 K-평균 알고리즘이나 계층적 군집화 방법 등을 단순한 거리 개념과 같이 사용할 수 있다. 이 방법들은 대부분 통계적 추론 기법으로 오래전부터 잘 알려진 알고리

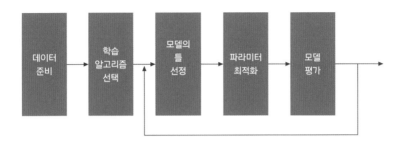

즘들이다. 인공 신경망 기법은 최근 딥러닝 기법이 알려짐에 따라 다시 각광받고 있는 강력한 방법론이다. 인공 신경망 알고리즘은 지도 학습, 비지도 학습, 강화 학습 등에 모두 사용할 수 있다. 다양한 문제에 적용할 수 있는 매우 일반적인 방법론이다. 다양한 망 구조에 따라 기능과 성능이 다르기 때문에 깊은 이해와 개발 경험에 의한 통찰력이 필요하다. 공개 소프트웨어로 만들어진 개발 도구들을 사용할 수 있는 이점도 크다. 이 방법론은 뒤에서 자세히 다룰 것이다.

학습 알고리즘을 결정했으면 모델의 틀을 결정해야 한다. 모델의 틀은 학습 알고리즘을 정하고 나면 선택의 여지가 좁혀진다. 전통적인 방법에서는 패턴 분류의 경계선 형태는 어떤 것으로 할 것인가, 회귀분석에서는 선형으로 혹은 2차 다항식으로 할 것인가 등을 결정한다. 인공 신경망 기법을 사용하겠다고 결정했으면 망 구조를 결정해야 한다. 입출력층의 노드 개수는 문제의 성격이 결정해주겠지만 은닉층의 구조는 선택의 여지가 많다. 순환 경로를 둘 것인지, 계층적으로 구성할 것인지 등 망구조가 인공 신경망의 기능과 성능을 결정한다. 데이터의 양에 따라 연결선, 즉 망의 파라미터 수를 제한하는 것이 바람직할 수도 있다. 그래야 새로운 입력에 잘 작동한다. 이런 문제를 일반화 문제라고 하는데 다음 장에서 다룰 것이다.

모델의 틀, 즉 구조가 결정되면 최적의 파라미터를 탐색하는 작업을 수행한다. 이 작업이 바로 최적의 모델을 선정하는 작업이다. 이 과정은 컴퓨터가 수행한다. 많은 컴퓨팅 자원이 소요된다. 훈련의 속도와 성능을 결정하는 여러 가지 하이퍼파라미터가 있는데 그 하이퍼파라미터의 성격을 잘 이해하고 결정해야 한다. 이것저것 시도해보고 결정하는 것이 일반적이다.

학습의 결과인 모델의 성능을 평가하는 것이 마지막 작업이다. 평가의 핵심은 새로운 데이터에 얼마나 잘 작동하는가를 보는 것이다. 그래서 훈련데이터와는 별도로 평가용 데이터집합을 준비한다. 평가에서 부족함이 발견되면 모델의 틀을 변경하거나 하이퍼파라미터값을 변경해 가면서 좋은 모델 찾기를 반복한다.

최적화 파라미터의 탐색

학습된 결과는 모델이다. 그 모델의 성능 평가는 평가데이터집합에 대하여 모델이 얼마나 정확하게 옳은 값을 생성하는가로 결정한다. 대부분의 예측 문제는 데이터집합에 대한 평균제곱오차인 MSE를 평가함수로 사용한다. MSE값은 예측값과 실제값의 차이 제곱의 평균으로 예측의 품질을 평가한다. 그 값은 음수가 될 수 없고 0에 가까울수록 좋다. 뒤집어보면 우리가 구하고자 하는 최적의 모델은 MSE값을 최소화하는 모델이다. 그 모델은 MSE값을 최소화하는 파라미터값으로 만들어진다.

MSE값을 최소화하는 파라미터값의 탐색은 매우 복잡하다. 해석적으로는 구하기 힘든 경우가 대부분이다. 따라서 파라미터값을 조금씩 바꿔가면서 최적 파라미터값을 찾아가는 급경사탐색법이 자주 사용된다. 경사가 가장 가파른 방향으로 한 발자국 한 발자국 옮겨보는 것이다. 이를 반복하면 정상에 도달할 가능성이 있다. 이런 점진적, 반복적 방법은 최정상이 아니라 지역의 작은 봉우리Local Maximum에 도달하여 더 이상 움직일 수 없는 상황에 처할 수도 있다. 지역의 작은 봉우리를 회피하는 것이 큰 숙제다. 또 넓은 평지에서는 방향을 잃을 수도 있다. 이런 실패 가능성을 최소화하기 위해 가던 방향의 관성을 유지하여 작은 계곡을 뛰어넘게 하거나 보폭을 조정하는 아이디어도 있다. 또 여러 곳을 출발점으로 놓고 시도한 후에 결과가 가장 좋은 곳을 선택하기도 한다. 복잡한 환경에서 급경사탐색법이 잘 작동하게 만들기 위해서는 여러 하이퍼파라미터를 잘 선택해야 한다. 발걸음의 보폭, 관성의 강도, 훈련의 종료 판단 기준 등이 최적 파라미터 탐색의 성패와 속도를 결정한다.

최적의 파라미터값을 찾으면 학습이 끝난 것이다. 파라미터값으로 모델이 만들어진 것이다. 이 모델로 새로운 입력에 해당하는 출력을 예측할 수 있다.

일반화 능력

우리는 훈련 결과로 '좋은' 모델이 학습되었기를 기대한다. 여기서 '좋은'의 의미는 다양하게 해석될 수 있다. 첫째, 능력이 광범위하다는 의미다. 다양한 경우에서 인식이나 예측의 성능이 높다는 뜻이다. 둘째, 얻어진 모델이 간단해서 표현하기도 좋고 적은 계산으로도 답을 구할 수 있다는 것이다.

훌륭한 과학 이론일수록 간단하면서도 다양한 현상을 설명해준다. 반면 가장 열등한 학습방법은 훈련용 데이터를 모두 기억하는 것이다. 이런 방법은 기억장치에서 답을 찾기 때문에 이미 보았던 문제의 답은 잘 찾지만 처음 보는 문제는 약간만 변형해도 못 맞힌다. 또한 많은 기억 공간을 필요로 하는 것도 약점이다. 현실의 문제에서는 이러한 방법을 사용하기 어렵다. '간단한 것이 아름답다'는 오컴Ockham의 면도날 철학은 과학적 진리 탐구의 오래된 원칙이다. 기계 학습도 마찬가지다. 같은 능력이면 간단한 모델을 선호한다.

학습된 모델이 새로운 입력 데이터에 대해서도 '합리적인' 출력값을 생성하길 기대하는데, 이를 일반화 능력이라고 한다. 일반화 능력이 부족한 모델은 학습에 사용한 입력에는 옳은 값을 도출하지만 처음 보는 입력에서는 엉뚱한 결과를 낸다. 일반화 능력이 우수한 모델은 새로운 환경에서도 합리적 성능을 낼 가능성이 크다. 기계 학습을 시도할 때는 학습된 모델의 일반화 능력이 우수하도록 여러 가지 노력을 해야 한다. 일반화 능력은 기계 학습 알고리즘 평가에도 사용된다. 일반화 능력이 우수한 모델을 만들어주는 기계 학습 알고리즘이 좋은 알고리즘이다.

기계 학습으로 구축한 의사결정 시스템이 어떤 결정을 할 수 있는가를 명세하기는 쉽지 않다. 기본적으로 훈련에 사용된 데이터집합이 할 수 있는 것과 할 수 없는 것을 구분한다. 여기에 모델의 일반화 능력이 할 수 있는 것을 조금 넓혀 줄 뿐이다. 이런 기계 학습의 특성은 모델의 현장 배치에 있어서 여러 문제점을 야기하기 때문에 특별한 주의가 필요하다. 인공지능의 약점, 한계에 대하여는 뒤에서 다룰것이다.

일반화 능력, 모델 복잡도와 데이터 양과의 관계

데이터로부터 새로운 지식을 도출하는 것이 기계 학습이다. 데이터집합의 질과 양이 학습 결과의 성능을 결정한다. 학습 데이터의 종류가 다양할수록 다양한 지식을 추출하는 것은 당연하다.

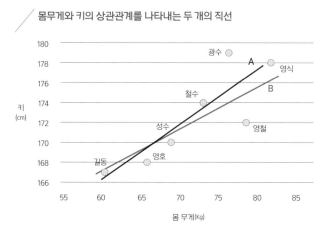

몸무게와 키의 상관관계를 나타내는 두 개의 직선

최근 인공지능이 각광을 받고 여러 문제 해결에서 좋은 성능을 보여주는 것은 기계 학습 알고리즘의 발전과 더불어 대량의 학습용 데이터 획득과 저장이 용이해졌기 때문이다. 이제 인공지능의 능력은 데이터의 수집과 활용 능력이 결정한다. 여기에 모델의 일반화 능력이 훈련 데이터의 양에 의하여 결정된다는 사실을 이해하면 데이터의 중요성을 더욱 깊이 느끼게 될 것이다. 모델의 복잡도를 결정하는 파라미터의 수에 대비하여 데이터의 양이 많을수록 일반화를 잘하는 모델이 만들어진다.

기계 학습 알고리즘의 일반화 능력을 설명하기 위해, 예시로 몸무게와 키의 함수 관계를 추론하는 회귀분석 문제를 보자. 일곱 명의 몸무게와 키가 데이터집합에 저장되어 있다. 이 데이터집합으로 만드는 1차식 모델은 몸무게와 키의 상관관계를 직선으로 가

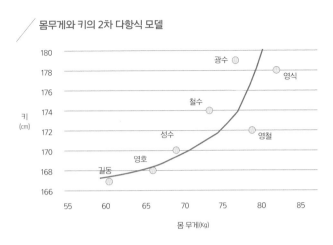

몸무게와 키의 2차 다항식 모델

정한다. 즉, 선형회귀 분석을 하는 것이다. 키는 Y, 몸무게는 X로 놓으면 모델의 틀은 'Y=aX+b'라는 직선이 된다. 이 모델의 파라미터 수는 두 개다. 기울기(a)와 절편(b)이다.

기울기(a)와 절편(b)의 값에 따라 그림에서 보는 바와 같이 여러 개의 직선을 만들 수 있다. 그중에서 어떤 직선이 가장 합리적인 것일까? A와 B 두 직선만 비교한다면 어느 직선, 즉 어느 모델이 더 정확하게 몸무게에 대한 키를 추론할 수 있을까?

여기에서 필요한 것이 모델을 평가하는 함수다. 즉 MSE를 이용하여 두 모델을 평가할 수 있다. 여러 직선 중에서 MSE를 최소화하는 직선이 몸무게와 키의 상관관계를 더 잘 표현하는 모델이라고 결정하는 것이 합리적이다. MSE는 '모델이 데이터를 얼마나 잘 표현하는가'를 나타내는 적합성의 척도로 사용된다.

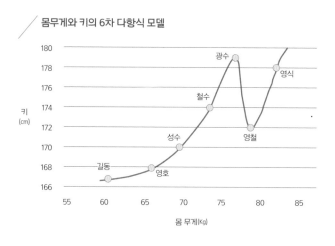

몸무게와 키의 6차 다항식 모델

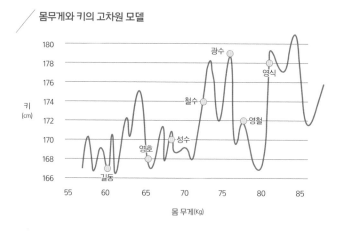

몸무게와 키의 고차원 모델

비선형, 즉 다항식 모델에서 몸무게, 키의 모델 틀을 2차 다항식으로 설정한다면 파라미터 수는 세 개다. 즉 모델의 틀은 $Y = aX^2 + bX + c$ 이다. 학습을 통해서 최적의 2차식을 구할 수 있다. 이 2차식은 MSE값을 직선 모델, 즉 1차 다항식의 경우보다 적게 만들 수 있다.

　더 높은 다항식을 모델의 틀로 설정한다면, MSE값이 더 적은 모델을 구할 수 있다. 데이터가 일곱 개일 때 6차 다항식을 모델의 틀로 설정하면 모든 데이터에 대해 예측과 실제가 똑같은, 즉 MSE값이 0이 되는 모델을 구할 수 있다. 모든 훈련데이터를 완벽하게 맞추는 모델을 찾은 것이다. 물론 6차보다 더 높은 다항식에서도 MSE값이 0이 되는 모델을 구할 수 있다.

　모델의 복잡도는 모델에 사용되는 파라미터의 수라고 할 수 있다. 즉, 파라미터 수가 많으면 많을수록 더 복잡한 모델이라고 본다. 선형모델은 파라미터가 두 개다. 2차 다항식 모델은 파라미터가 세 개다. 인공 신경망 모델에서는 연결선의 가중치값이 모델을 결정하는 파라미터다. 따라서 인공 신경망에서는 연결선 숫자만큼의 파라미터가 존재한다.

모델의 일반화 능력 평가

　몸무게와 키의 관계를 설정하는 모델을 완성했다고 하자. 그렇다면 훈련용 데이터집합에 포함되지 않은 사람의 키는 어떻게 예측할까? 새로 나타난 인철이의 몸무게는 76.8Kg이다. 영철이와 비슷하다. 어떤 모델을 사용해야 할까? 선형 모델로는 176.5cm가 나오고, 2차 다항식 모델로는 177cm 조금 넘게 예측된다. 6차 다

과소적합
underfitting

적절적합
good fit

과적합
overfitting

데이터집합과 모델 간의 적절한 적합을 찾아야 한다.

항식 모델로는 영철이와 비슷하게 172cm, 매우 고차원 다항식 모델로는 171cm가 나온다.

훈련에 참가하지 않은 인철이의 키는 어느 모델로 더 정확히 예측할 수 있을까? 그 답은 '일반화 능력'이 우수한 모델을 찾으면 된다. 몸무게가 많이 나가면 키도 큰 것이 일반적이다. 영철이의 경우는 좀 특이한 케이스일 수도 있고, 일반 상식을 벗어나는 체형일 수도 있다. 그런데 영철이와 인철이의 몸무게가 비슷하다고 해서 인철이의 키도 영철이와 같을 것이라고 추측해도 괜찮을까?

모델의 MSE값만으로는 어느 모델이 더 좋다고 단정할 수 없다. 물론 같은 모델의 틀을 사용했을 때에는 훈련 데이터집합에 대한 MSE값이 적어야 더 좋은 모델이다. 그러나 복잡도가 다른 모델을 비교할 때에는 MSE값만으로 모델의 우열을 결정할 수 없다. 복잡한 함수, 즉 복잡한 모델을 사용하면 훈련 데이터집합에 대한 MSE값을 원하는 수준으로 낮출 수 있기 때문이다.

복잡도가 다른 모델들을 비교할 때에는 모델의 복잡도와 MSE 값 사이에서 타협해야 한다. MSE값이 최소가 아니더라도 복잡도가 낮은 모델을 선택하는 것이 바람직할 수 있다. 훈련 데이터집합을 잘 표현하는 것과 단순한 것 중에서 선택하는 것이다.

여기서 너무 단순한 모델을 사용하면 훈련 데이터집합이 갖고 있는 특성을 제대로 표현할 수 없다. MSE값이 상당히 커지기 때문이다. 이를 보고 과소적합Underfitting되었다고 한다. 모델의 능력이 모자란다는 표현도 쓴다. 반대로 너무 복잡한 모델을 쓰면 MSE값은 적지만, 일반화 능력은 떨어질 수 있다. 과적합Overfitting되었다고 한다. 훈련 데이터집합에 의도하지 않게 포함될 수 있는 노이즈Noise의 영향을 크게 받아서 큰 트렌드를 놓치는 경우가 생기게 된다.

과적합을 피하려면 많은 양의 훈련 데이터가 필요

과소적합과 과적합이 발생하는 원인은 모델의 복잡도와 훈련 데이터의 양에 관계있다. 한정된 데이터를 가지고 파라미터 수가 많은 복잡한 모델을 사용하면 과적합이 쉽게 일어난다. 파라미터 수가 추가될 때마다 학습해야 할 공간의 크기가 급격히 증가한다. 훈련 데이터가 한정되어 있으면 단위 공간에 포함되는 데이터의 수는 급격하게 적어진다. 따라서 통계적으로 신뢰할 수 있는 결과를 얻기 어렵다.

일반화 능력을 확보하기 위해 요구되는 훈련데이터 양은 파라미터 수의 증가에 따라 기하급수적으로 증가한다. 이 현상을 차원의 저주Curse of Dimensionality라고 한다. 개발자들은 종종 기하급수적인 증가의 속도를 실감하지 못하고 과적합을 만들기도 한다.

개발자들은 패턴인식 시스템을 개발할 때 범주를 잘 분류하기 위해 분석하고자 하는 특성을 늘리려는 유혹을 받는다. 또 인공 신경망을 설계할 때 노드와 연결선을 쉽게 늘리곤 한다. 그러나 훈련 데이터가 충분하지 않을 때 특성의 추가, 즉 인공 신경망에서 연결선의 추가는 오히려 역효과를 내는 경우가 많으니 조심해야 한다.

여기서 다시 강조하고자 하는 것은 데이터의 중요성이다. 기계 학습의 성능은 데이터의 양과 질이 결정한다. 최근 딥러닝의 성공은 풍부해진 데이터 덕분이다. 센서, IOT, 클라우드, 인터넷의 발전으로 데이터를 쉽게 모을 수 있는 환경이 구축되었는데, 이것이 인공지능 발전에 큰 공헌을 했다.

훈련 결과의 평가

평가 지표

학습된 모델의 성능은 평가 데이터로 평가한다. 모델이 True, False의 두 가지 결론을 도출하는 것이라면 실제 정답과 학습된 알고리즘의 판단은 네 가지 경우가 있다.

오류는 정답과 모델의 판단이 틀린 경우, 즉 그림에서 b와 c

알고리즘의 판단과 실제 정답

다. 정확성은 제대로 판단한 비율, 즉 (a+d)/(a+b+c+d)이고, 오류율은 잘못 판단한 비율이다. 이 두 지표에서는 대부분이 정상 상황이고 비정상 상황이 극소수일 때 비정상 상황의 탐지 여부가 지표에 잘 반영되지 못한다.

그래서 정밀도Precision와 재현율Recall이라는 지표를 사용한다. 모델이 True라고 한 것 중에서 정말로 True인 비율을 정밀도라고 한다. 이는 a/(a+c)로 정의한다. 실제 True 중 모델이 True라고 판단한 사례의 비율은 재현율이라고 한다. a/(a+b)로 정의한다.

정밀도가 향상된다고 해서 재현율까지 높아지는 것은 아니다. 둘은 절충관계에 있다. 정밀도를 높이기 위해 소극적으로 True라고 판단한다면 재현율이 낮아지는 현상이 생긴다. 어떤 상황에서는 다른 지표를 희생하면서까지 재현율이나 정밀도를 최대화하고자 한다. 예를 들어, 코로나 바이러스 감염 여부 검사에서, 우리는 1.0에 가까운 재현율을 원한다. 병에 걸린 모든 환자를 찾고 싶기 때문이다. 그러나 치료에 드는 비용이 크지 않다면 낮은 정밀도를 받아들일 수 있다.

정밀도와 재현율 모두 높은 것이 좋은 알고리즘이다. 하지만 최적의 조합을 찾아낼 수도 있다. F1 점수라고 하는 것을 사용하여 두 가지 지표를 조합한다. F1 점수는 정밀도와 재현율의 조화 평균 이다. F1 점수를 극대화하여 재현율과 정밀도, 두 가지가 균형이 잘 잡힌 알고리즘을 만들 수 있다.

모델이 예측값으로 수치를 생성한다면 예측값과 실제 정답과 의 차이인 오차를 평가지표로 사용하는것이 좋다. 데이터집합 전 체에서 발생하는 총 오차는 각각 오차의 절대값 또는 제곱한 값을 모두 더한 것으로 정의한다. 이렇게 하면 양수와 음수가 섞여 나오 는 오차값이 서로 상쇄되어 사라지는 경우를 막을 수 있다. 총 오 차를 최소화해야 좋은 알고리즘이다. 데이터집합의 크기에 따른 변화를 상쇄하기 위하여 평균 오차값, 즉 MSE를 사용하기도 한다.

훈련과 평가를 위한 데이터집합의 분리

훈련 결과가 잘 작동하는지를 평가할 때 평가용 데이터집합 이 필요하다. 별도의 평가 데이터집합을 사용한다면 학습 모델의 일반화 능력을 평가할 수 있다. 공정한 평가를 위해 평가 데이터는 모델 훈련에 사용하면 안 된다. 일부 학자는 인공 신경망 모델 훈 련에 필요한 하이퍼파라미터의 적정값을 구하기 위한 데이터를 검

데이터집합의 분리

보유한 모든 데이터

훈련용	평가용

훈련용	검증용	평가용

증용 데이터$_{\text{Validation Data}}$라고 하며 별도 관리하라고 충고하기도 한다.

훈련용 데이터집합을 만들 때에는 비용과 노력이 많이 든다. 따라서 힘들게 만든 데이터를 훈련용과 평가용으로 나누어야 할 때 아까운 마음이 들기도 한다. 이런 경우 데이터집합을 K개의 그룹으로 분할할 수 있다. 하나는 평가용으로, 나머지 K-1개는 훈련용으로 사용한다. 평가용을 바꿔가면서 K번 훈련을 수행하기도 한다. 이런 방법으로 훈련된 모델이 처음 만나는 데이터에 어떻게 작동하는지를 파악할 수 있다.

데이터의 양을 증가시키면서 MSE 오류의 변화 양상을 살펴보는 것은 학습 결과를 평가하는 데 도움이 된다. 데이터 양이 적을 때에는 훈련용 데이터의 양과 평가 데이터의 양이 적다. 따라서 적은 수의 데이터로 훈련시킨 모델의 MSE 오류는 적을 것이다. 그러나 평가 데이터에 대한 MSE 오류는 큰 값일 것이다. 훈련데이터에는 잘 작동하지만 과도적합이 일어나서 처음 보는 평가 데이터에는 잘 작동하지 않는 것이다. 데이터 양이 늘어남에 따라 훈련

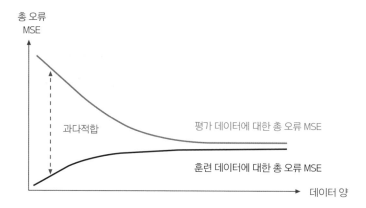

총 오류
MSE

과다적합

평가 데이터에 대한 총 오류 MSE

훈련 데이터에 대한 총 오류 MSE

데이터 양

데이터에 대한 MSE 오류도 증가한다. 그러나 평가 데이터에 대한 MSE 오류는 감소한다. 과도적합이 해소되면서 일반화 능력이 증가하기 때문이다.

앙상블 기법

여러 사람의 독립적 판단을 종합할 때 더 좋은 결과를 내는 경우가 종종 있다. 이처럼 여러 의견을 모아서 판단하는 기법을 앙상블 기법이라고 한다. 기계 학습에서도 각각 훈련된 여러 모델의 결과를 결합하기도 한다. 훈련 알고리즘에 변화를 줘서 다른 모델을 만들 수도 있지만 통상적으로 훈련 데이터를 나눠서 여러 다른 모델을 만들고, 그 결과를 결합한다. 1만 개의 데이터를 갖고 있다면 이 중 8,000개의 훈련데이터집합을 사용하고, 나머지 2,000개는 평가데이터집합으로 사용할 수 있다. 1만 개 데이터를 2,000개씩 묶은 집합 5개로 나누고 이 중 8,000개를 선택하는 방법은 다섯 가지가 있다. 이 다섯 가지 훈련데이터집합으로 다섯 개의 모델을 만들고 그 결과를 결합할 수 있다. 결과 취합 방법으로 패턴 분류 문제에는 다수결 투표가, 회귀분석 문제에서는 평균이 주로 사용된다.

인간 두뇌 작동 메커니즘, 인공 신경망

철학자들이 신경망에 관심을 갖는 것은 그것이
마음의 본질과 두뇌와의 관계를 이해하는
새로운 틀을 제공할 수 있기 때문이다.

루멜하트 & 맥클렐랜드

인간 두뇌와 신경세포의 작동 메커니즘에서 영감을 얻어 만들어진 학습 및 의사결정 방법론인 인공 신경망 기법은 기계 학습의 범용 알고리즘으로 각광받고 있다. 생물학적 신경망과 혼동을 피하기 위하여 인공 신경망이라고 하지만 문맥으로 구분할 수 있을 때에는 그냥 신경망이라고 부르기도 한다.

생물학적 신경망

인간 두뇌는 컴퓨터이지만 디지털 컴퓨터와는 구조와 작동 방법이 많이 다르다. 두뇌에는 계산을 수행하는 약 1,000억 개의 신경세포가 있다. 신경세포는 여러 신경세포와 연결되어 있다. 한 신경세포는 약 1만 개의 신경세포들과 연결되어 있어서 두뇌에는 수백조 개의 연결점, 즉 시냅스가 있는 것으로 알려졌다.

신경세포 간의 정보 전달은 전기적 충동으로 시작된다. 전기적 충동이 발생하면 시냅스는 신경전달물질Neurotransmitter이라는 화학물질을 배출한다. 화학물질을 전달받은 신경세포는 화학작용으로 흥분이 고조되거나 억제된다. 흥분이 임계점을 넘으면 신경세포는 전기적 충동을 발생시킨다.

세포 하나하나의 정보 처리 속도는 디지털 컴퓨터보다 10만 배 정도 느리다. 그러나 패턴인식과 행동제어 등의 반응은 컴퓨터보다 훨씬 빠르다. 많은 학자들은 그 능력이 많은 연결과 병렬 처리에서 온다고 본다. 신경망을 모방한 기법으로 인공지능을 구축하자는 연구 철학을 연결주의라고 한다.

사람의 뇌는 놀라울 정도로 적응력이 뛰어나다. 외부 상황에 적응하여 심장 박동수를 조절하고, 단지 몇 음절에서 오래전에 들었던 노래를 기억하며, 완전히 새로운 언어를 습득할 수도 있다. 이러한 능력은 외부의 자극, 경험, 학습에 의해 우리의 뇌 신경망

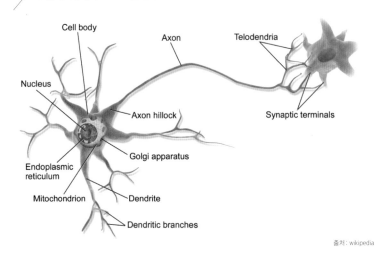

출처 : wikipedia

의 연결 구조가 재조직화돼 뇌의 기능이 변화하기 때문이다. 외부 환경이 변했거나 새로운 기술을 습득하면 신경망의 연결 구조를 새로 구성한다. 이러한 신경망 재조직화는 생명체가 외부 환경이나 신체 변화에 적응하여 생존하는 방법이다. 사람은 출생 후 2년 안에 생존을 위한 기본 능력의 많은 부분이 형성되지만 그 후에도 계속되는 훈련에 의하여 새로운 능력을 형성한다. 우리가 관찰하는 것처럼 어린 아이들이 언어를 배우는 능력은 놀랍다. 이 능력은 13세가 지나면서 약해지지만, 이후에도 경험의 강도를 높인다면 새로운 언어를 배울 수 있다.

인공 신경망의 구성

인공 신경망은 생물학적 신경망의 수학적 모델이다. 계산을 수행하는 노드와 노드 간의 신호를 전달하는 연결선으로 구성된다. 이 노드 중 일부는 입력을 받아들이고 다른 일부는 출력을 내보낸다. 따라서 전체 인공 신경망은 입력과 출력을 연결하는 함수라고 볼 수 있다. 단위 신경세포의 기능을 수학적으로 모형화하면 그림과 같다. 노드는 연결된 모든 노드로부터 입력값을 받는다. 연결선에는 연결선이 얼마나 중요한 것인가를 나타내는 가중치값이 붙어 있다. 연결선을 통해 들어오는 값을 가중해서 사용한다. 그리고 가중된 입력을 모두 더해서 활성화함수에 입력한다. 활성화함수의 출력값은 노드의 출력이고, 이 값이 이 노드와 연결된 모든 노드에 전달된다.

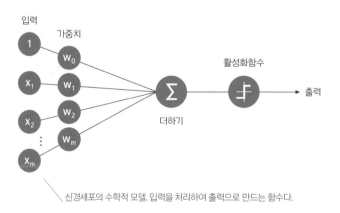

신경세포의 수학적 모델. 입력을 처리하여 출력으로 만드는 함수다.

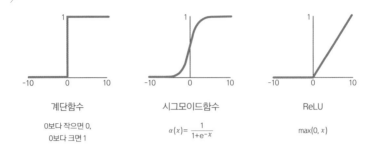

계단함수

0보다 작으면 0,
0보다 크면 1

시그모이드함수

$a(x) = \dfrac{1}{1+e^{-x}}$

ReLU

$max(0, x)$

활성화함수는 생물학적 신경세포의 흥분이 임계점을 넘길 때, 전기적 충동을 발사하는 현상을 흉내 내도록 설계되어 있다. 임계점 이하에서는 출력이 없다가 임계점을 지나면 높은 출력이 나오는 함수라면 어느 것이든 사용 가능하다. 이런 함수로 대표적인 것이 계단$_{Step}$ 함수다. 그러나 계단함수는 불연속이라서 기울기를 구하는 데 불편하다. 그래서 이를 연속함수로 부드럽게 만든 것이 시그모이드$_{Sigmoid}$함수다. 이 두 함수는 고층 신경망의 오류역전파 알고리즘에서 학습이 극도로 늦어지는 '기울기 상실'의 문제를 야기하는데, 그 해결책으로 제안된 것이 ReLU다.

인공 신경망은 노드들을 연결한 망구조를 갖는다. 그림은 계층적 구조를 갖는 전형적인 인공 신경망을 보여준다. 연결선의 배치에 따라서 다양한 형태의 망구조를 구성할 수 있다. 층을 뛰어넘는 연결이나, 순환 경로를 만드는 것도 가능하다.

입력층의 노드에 주어진 입력 정보는 망 안쪽의 은닉층을 구

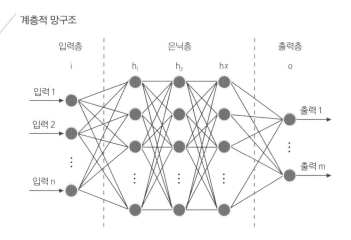

계층적 망구조

입력층   은닉층   출력층

i h_1 h_2 hx o

입력 1   출력 1

입력 2

입력 n   출력 m

성하는 노드로 전달된다. 은닉층이란 이름은 이 층에 있는 노드들의 입출력을 망 밖에서는 볼 수 없기 때문에 붙여진 이름이다. 은닉층의 노드들은 주어진 정보를 처리하여 다음 계층의 노드로 전파한다. 단계적 파급을 거쳐서 망의 출력층을 구성하는 노드들에게 정보가 전달된다. 출력층의 출력은 신경망의 출력이 된다. 이렇게 입력층에서부터 출력층으로 정보가 전달되는 현상을 순방향 전파라고 한다.

인공 신경망 연구는 인공지능 태동기 이전에 시작되었다. 1943년 맥크로취Warren S. McCulloch와 피트Walter H. Pitt의 〈신경활동에서 생각의 논리적 계산〉이라는 논문이 신경망 연구의 출발점이다. 그들은 신경 메커니즘이 어떻게 정신 기능을 실현할 수 있는지 설명하기 위해 논리와 계산이란 개념을 사용했다. 1958년 로센블렛Frank

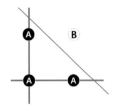

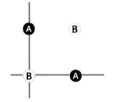

(가) 선형분류가 가능한 데이터 분포 직
선으로 A와 B를 분류할 수 있다.
(논리함수 OR에 해당)

(나) 선형분류가 불가능한 데이터 분포
직선으로 A와 B를 분류할 수 없다.
(논리함수 XOR에 해당)

Rosenblatt이 퍼셉트론Perceptron이라는 단층 신경망을 만들었다. 퍼셉트론은 간단한 가중치 수정규칙으로 이진 분류기 학습이 가능하다는 것을 입증했다. 퍼셉트론으로 논리소자를 만들어 연결하고 쌓으면 전자두뇌를 만들 수 있을 것이라고 많은 기대를 받았다.

그러나 1968년 퍼셉트론의 큰 약점이 발견되었다. 단층 신경망은 선형 분류만 가능하다는 것이다. 선형 분류란 직선으로 데이터 패턴 범주를 구분할 수 있다는 것이다. 그림에서 (가)의 경우는 직선으로 A 범주와 B 범주를 구분할 수 있으나, 그림 (나)의 경우는 불가능하다. 즉, AND, OR, NAND, NOR 논리소자는 퍼셉트론으로 만들 수 있으나 XOR는 만들 수 없다는 이야기다. 이 발견은 인공 신경망 연구를 크게 위축시켰다. 단층 신경망을 여러 층으로 포개서 다층 신경망을 구성하면 비선형 분류를 할 수 있다는 것은 알고 있었으나 다층 신경망의 학습 방법은 당시 알려지지 않았다. 단층 신경망의 한계를 극복한 다층 신경망의 학습알고리즘은

1980년대에 사용되기 시작했다. '오류역전파'라고 알려진 이 알고리즘은 가중치를 수정하는 순서를 출력 단으로부터 단계적으로 처리함으로써 계산 효율성을 높였다. 이론적으로 오류역전파 알고리즘은 모든 구조의 다층 신경망도 학습시킬 수 있다.

오류역전파 알고리즘은 1986년 루멜하트Rumelhart, 힌튼Hinton, 윌리암스Williams가 공동으로 집필한 논문에서 다층 신경망 구조의 내부 표현을 학습할 수 있음을 보임으로써 널리 알려졌다. 그러나 그 논문에서는 최초 제안자인 폴 워보스Paul Werbos의 1974년 학위논문을 인용하지 않았다. 오류역전파 알고리즘 사용으로 신경망 기법은 신호 및 패턴인식 분야에서 괄목할 성능 개선을 보였다. 인공지능 경쟁에서 기호적 방법에 뒤처져 있던 신경망이 다시 각광받기 시작했다. 최근 딥러닝이라는 더 효율적인 훈련방법이 개발되면서 복잡한 신경망 구조에서 많은 데이터를 빠르게 학습시킬 수 있게 되었다. 여기에는 GPU라는 분산 컴퓨팅 기술의 도움이 크게 작용했다. 딥러닝에 대한 심도 있는 설명은 다음 장에서 하겠다.

인공 신경망의 장점

인공 신경망 기법은 인간 두뇌와 신경세포의 작동 메커니즘에서 영감을 받아 만들어진 학습 및 의사결정 방법론이다. 특히 기계학습의 범용 알고리즘으로 각광받고 있다. 지도 학습은 물론, 비지도 학습과 강화 학습에도 사용된다. 현재 인공지능에서 사용되는 여러 학습기법 중에서 가장 일반적이고 이해도 쉽다. 세포가 소멸·성장하는 것과 같이, 외부 자극에 의해 구조를 스스로 변화시키면서 진화하는 인공 신경망도 가능할 것이라 기대된다.

인공 신경망은 입력과 출력의 함수 관계를 표현한다. 신경망 구조를 조정하여 어떠한 함수도 근사적으로 표현할 수 있다. 이는 망구조 변화를 통해서 의사결정의 경계선을 임의 형태로 지정할 수 있다는 것을 의미한다. 이는 함수 형태를 한정하는 기존의 통계적 추론 방법론보다 더욱 일반적이다. 또한 신경망의 출력을 확률로 정규화하면 의사결정 문제에서 결론만이 아니라 신뢰성까지도 제공할 수 있다.

인공 신경망은 대규모 병렬 처리 기법으로 구현한다. 수천, 수만 개의 간단한 처리장치를 연결하여 복잡한 계산을 신속하게 수행한다. 처리장치가 간단하기 때문에 여러 개를 하나의 칩에 대량으로 집적할 수 있다. 이미 기계 학습에서 필수 장비가 된 GPU가 이런 목적으로 사용된다. 반도체 기술과 접목하여 데이터를 접하는 순간 학습이 이루어지는 인공 신경망도 출현이 가능할 것이다.

인공 신경망은 결함에 대한 관용성을 제공한다. 신경망의 노드나 연결선에 고장이 나더라도 신경망 전체는 약간의 성능 저하를 초래할 뿐 작동을 지속한다. 물론 결함이 증가할수록 성능은 감소한다. 그러나 이런 특성은 부품 하나만 고장 나도 작동을 멈추는 디지털 컴퓨터에 비하면 매우 바람직하다.

인공 신경망의 학습

인공 신경망은 입력과 출력 간의 매핑함수 역할을 한다. 학습
이란 신경망이 원하는 함수의 기능을 하도록 파라미터를 조정하는
것이다. 신경망에서 조정 가능한 파라미터는 연결선의 가중치뿐이
다. 신경망이 조금만 복잡해도 최적의 가중치를 (해석적으로는) 구
하기 힘들다. 앞서 보았던 점진적 파라미터 최적화 방법인 급경사
탐색법이 유일한 대안이다. 훈련 데이터집합을 잘 표현하는 신경
망 모델을 구하는 지도 학습은 망의 구조를 미리 설정하고 시작한
다. 탐색의 시작은 무작위로 설정된 가중치들로부터 시작한다. 급
경사탐색법을 이용하여 망의 오류를 가장 많이 줄이는 방향으로
가중치들의 수정을 반복한다. 망의 오류는 각 출력 노드에서 발생
하는 바람직한 출력과 실제 출력의 차이의 제곱을 평균화한 값, 즉
MSE를 사용한다. 인공 신경망의 학습이란 훈련데이터집합에 대한
MSE값을 최소로 만드는 가중치 집합을 찾는 것이 목표다.

오류함수의 값을 감소시키는 방향은 기울기$_{Gradient}$를 구하면 알
수 있다. 기울기는 변수가 작은 변화를 일으킬 때 함수에 얼마나
영향을 미치는가를 알려준다. 이 값은 함수의 편미분으로 구한다.
학습 문제에서 기울기는 가중치의 현 위치에서 오류가 감소하는

방향과 크기를 알려준다. 기울기를 구했다면, 가중치 수정 규칙은 간단하다. 기울기 방향으로 가중치를 조정하는 것이다. 그래야 오류가 줄어든다. 가중치 수정을 위해서는 학습률Learning Rate을 감안해야 한다. 학습률은 걸음의 보폭이라고 생각할 수 있는 하이퍼파라미터다. 이 값이 작으면 학습 속도가 너무 늦고, 너무 크면 방향이 맞는데도 최적값을 놓치기도 한다.

출력 노드에서 오류함수의 기울기 계산은 간단하다. 가중치의 변화가 오류함수에 직접 영향을 주기 때문이다. 그러나 은닉층 노드 가중치들의 오류함수 기울기 계산은 간단하지 않다. 은닉 노드의 가중치에 변화를 주면 그 노드로부터 출력 노드까지의 경로에 있는 노드들을 거쳐서 출력 노드 오류함수의 값에 영향을 주기 때문이다. 은닉 노드 가중치의 출력 노드 오류함수에 대한 기울기 계산은 경로상 노드들의 연쇄법칙에 의하여 구할 수 있다. 은닉 노드의 가중치 변화가 경로상의 노드에 미치는 영향과 경로상의 노드 출력이 오류 기울기에 미치는 영향의 곱으로 계산한다. 경로가 하나 이상 있을 때는 각각의 기울기를 더한다.

계산 효율을 위해 단계적으로 가중치를 수정한다. 망의 뒷부분 즉 출력층으로부터 가중치 수정을 시작하여 앞부분 즉 입력층 방향으로 진행한다. 정보 흐름의 역방향이다. 그래서 이 학습알고리즘에 오류역전파 알고리즘이라는 이름이 붙여졌다. 순방향으로 오류 계산을 하고 역방향으로 그 오류를 줄이기 위한 가중치 조절을 단계적으로 수행한다. 이 과정을 반복하여 오류값이 최소화되는 가중치 집합을 구하는 것이 바로 학습이다.

훈련 데이터를 하나 볼 때마다 가중치를 조정할 것인가, 아니면 훈련 데이터집합을 모두 보고 조정 요구를 통합하여 합의된 방향으로 조정할 것인가? 물론 작은 단위로 묶어서 묶음 단위로 조정하는 중용을 취할 수도 있다. 훈련 데이터를 볼 때마다 값을 조정하면 변화 속도는 빠르지만 지그재그로 움직이고 전역적 최저점을 찾지 못하는 경우가 잦다. 모두 보고 통합·조정한다면 부드럽게 움직이지만 속도가 늦다.

가중치 조정을 계속해도 MSE값이 줄어들지 않으면 훈련이 종료된 것으로 볼 수 있다. 훈련이 끝나도 MSE값은 0에 도달하지 못하는 게 일반적이다. 지역적 최저점에 갇혀서 전역적 최저점을 찾지 못했을 가능성이 있다. 훈련 결과가 만족스럽지 않으면 이후 다른 시작점에서 탐색을 계속할 수 있다. 그래도 MSE값이 높으면 망 구조를 다시 설계해야 한다. 망구조가 훈련 데이터집합을 잘 표현하지 못한다고 의심할 만하다.

은닉층의 기능과 역할

2층 신경망은 (이론적으로는) 모든 함수를 근사적으로 구할 수 있다. 따라서 복잡한 비선형 데이터집합도 분류할 수 있다. 그림에

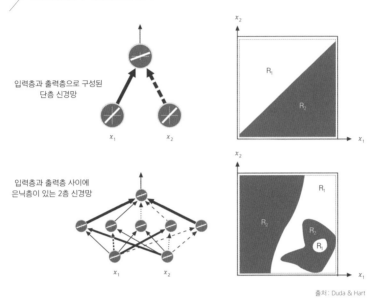

2층 신경망의 비선형 분류 능력

입력층과 출력층으로 구성된
단층 신경망

입력층과 출력층 사이에
은닉층이 있는 2층 신경망

출처 : Duda & Hart

서 보듯이 각 은닉 노드들이 선형 분류를 하고, 출력 노드가 그 분류 결과를 종합하는 역할을 한다. 따라서 비선형 분류도 가능하다.

고층 신경망은 여러 개의 은닉층을 갖고 있다. 각 은닉층의 역할은 그 층에 입력되는 정보에서 특성을 추출하는 것이다. 입력 공간에서 보이는 데이터의 위치 관계는 특성 공간에서 변형된다. 여러 개의 은닉층을 통해서 변형이 중첩되면 입력 공간에서 복잡한 형상을 이루는 데이터일지라도 출력층에서는 선형분리가 가능할 수 있다. 신경망의 훈련에 따라 은닉층의 공간 변형이 결정된다. 그림에서 보듯, 선형분리가 불가능한 두 선이 변형된 공간에서는

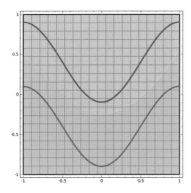

입력 공간에서 선형분리가 불가능한 두 개의 집단 (붉은 선과 푸른 선)

은닉층은 입력공간을 특성 공간으로 변형한다.

학습이 완료된 은닉층은 두 개의 집단(두 개의 선)이 출력층에서 선형분리가 가능하도록 입력공간을 변형했다.

출처 : Neural Networks, Manifolds, and Topology, by Christopher Olah

선형분리가 가능하다.

　신경망이 고층이라는 것은 의사결정에 있어서 여러 계층의 특성을 사용한다는 것을 의미한다. 하위 수준 특성들의 결합으로 구성되는 상위 수준의 특성은 더 강력한 정보를 제공하기 때문에 정확한 판단을 가능하게 할 뿐 아니라 변이에도 안정적이다. 예를 들어, 얼굴 영상을 인식할 때 경계선, 얼룩 같은 하위 수준 특성보다는 눈, 코, 입 등 같은 상위 수준의 특성으로 판단할 때 훨씬 정확하고 안정적이다. 고층 신경망의 경우 입력층에 가까운 은닉층에서는 단순한 하위 특성을 추출한다. 상위 계층으로 올라갈수록 하위 계층을 통합하여 복잡한 특성을 추출한다. 은닉층의 노드가 많

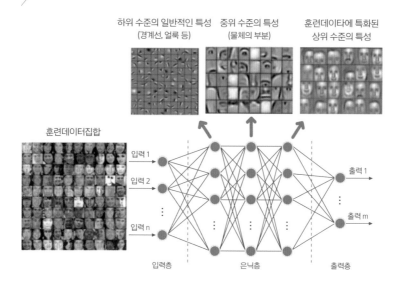

학습된 딥러닝 얼굴인식 신경망에서 각 은닉층이 추출하는 특성

하위 수준의 일반적인 특성 (경계선, 얼룩 등)

중위 수준의 특성 (물체의 부분)

훈련데이타에 특화된 상위 수준의 특성

훈련데이터집합

입력 1
입력 2
입력 n

출력 1
출력 m

입력층
은닉층
출력층

다는 것은 여러 가지 특성을 추출한다는 것이다. 은닉층 수가 많다는 것은 점점 복잡한 특성을 사용한다는 의미다. 고층 신경망에서 폭은 '얼마나 넓게 보는가'를, 높이는 '얼마나 깊이 생각하는가'를 결정한다고 볼 수 있다.

그림은 얼굴인식을 위하여 훈련된 고층 신경망에서 은닉층이 추출하는 특성을 가시화한 것이다. 하위 은닉층에서는 경계선, 얼룩 등 일상적으로 볼 수 있는 특성을 추출한다. 중위 은닉층에서는 하위 특성들을 결합한 것으로써 인식하고자 하는 물체의 부분을 추출한다. 상위층으로 올라갈수록 훈련데이터에 특화된 전역적 특성을 추출한다는 것을 보여준다.

고등 동물은 자주 보는 손, 얼굴 등을 인식하기 위해 그 물체 집합에만 반응하는 상위 수준 특성을 사용한다고 알려졌다. 해당 특성들은 많은 노출에 의하여 자율적으로 학습된다는 이론이 있다. 또 자주 보는 할머니 모습과 같이 복잡한 상위 개념이나 특정 물체에만 활성화되는 신경세포가 우리 뇌에 존재한다는 이론이 있다. 이를 '할머니 신경세포'라고 한다. 2012년 구글은 영상에서 신경망이 복잡한 물체를 자율적으로 발견할 수 있는지를 실험했다. 연결선이 10억 개인 고층 신경망에 2만 개의 물체가 나타나는 1,000만 개의 영상을 라벨 없이 보여주었는데 물체의 존재 여부가 자율적으로 훈련이 되었다. 정확도는 사람 얼굴은 81.7%, 고양이는 74.8%였다. 또 사람 얼굴과 고양이는 각각 다른 노드를 활성화시켰다. 이 실험은 '할머니 신경세포'의 가설을 증명한 것이라고 볼 수 있다.

많은 계층을 갖는 고층 신경망은 훈련만 잘 된다면 적은 계층을 갖는 신경망보다 좋은 성능을 낼 수 있다. 문제는 고층 신경망을 학습시킬 수 있는가에 있다. 성능 좋은 고층 신경망의 구축은 학습 알고리즘의 성능에 달려 있다.

신경망으로 구축하는 개와 고양이 사진 분류기

개와 고양이 사진을 분류하는 시스템을 신경망으로 구축해보자. 우선 훈련데이터는 '개', '고양이'가 있는 사진과 정확한 분류 값의 쌍이다. 개는 0, 고양이는 1이라고 하자. 이런 데이터를 많이 모아서 평가용으로 쓸 것은 일부 떼어놓고 훈련 데이터집합을 만든다.

훈련 데이터가 준비되었으면 신경망 구조를 설정하는 것이 다음 작업이다. 입력층은 사진을 입력하는 곳이다. 잠깐 여기서 컴퓨터에 사진을 표현하는 방법을 알아보자. 사진은 기본 단위인 화소 Pixel의 집합으로 표현한다. 가로가 1,000화소, 세로가 1,000화소일 때 사진 한 장을 표현하는 데 100만 화소가 필요하다. 회색조 사진일 때 화소는 256개의 숫자(0~255)로 밝기를 나타낸다. 0은 가장 어두운 점, 255는 가장 밝은 점이다. 컬러 사진이라면 화소당 붉은색 Red, 녹색 Green, 청색 Blue의 강도가 각각 256개의 숫자로 표현된다. 따라서 컬러 사진 한 장을 표현하려면 300만 개의 화소, 즉 300만 개의 숫자가 필요하다. 따라서 이 크기의 칼라 사진을 입력하기 위해서 입력 노드는 300만 개가 필요하다.

이제 출력을 설계하자. 판단 결과는 '개'나 '고양이' 중 하나이기 때문에 노드는 하나면 충분하다. 출력값이 0에 가까우면 '개', 1에 가까우면 '고양이'라고 해석하면 된다. '개'일 가능성도 크고 '고

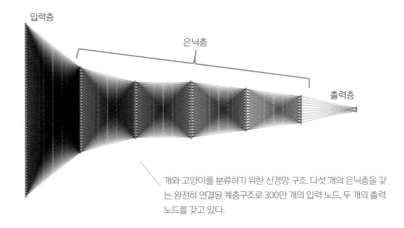

은닉층

출력층

개와 고양이를 분류하기 위한 신경망 구조. 다섯 개의 은닉층을 갖는 완전히 연결된 계층구조로 300만 개의 입력 노드, 두 개의 출력 노드를 갖고 있다.

양이'일 가능성도 큰 경우를 허용하려면 출력 노드를 '개'와 '고양이'용으로 각각 만들고 나오는 출력값을 신뢰도로 사용할 수 있다.

은닉층은 다섯 개로 하고, 각 층의 노드 개수는 각각 30, 20, 20, 15, 10으로 설정했다. 그러면 신경망의 구조는 그림과 같이 나온다. 입력 노드와 첫 은닉층으로 연결되는 연결선의 개수는 9,000만 개의 큰 숫자다. 각 연결선의 가중치를 무작위로 초기화한다. 보통 0과 1사이의 수를 할당한다. 가중치 초기화는 뒤에서 이야기하는 학습의 용이성과 관계가 있다.

이제 할 일은 신경망 학습이다. 입력 노드에 훈련용 첫 사진의 화소값을 넣는다. 그 사진이 '개'면 기대되는 출력 노드의 값을 위부터 1과 0으로, '고양이'면 0과 1을 넣는다. 순방향으로 전파하면 각 출력 노드에 값이 나올 것이다. 기대했던 값과 실제 출력값의 차이가 나왔다고 하자. 출력층으로부터 이 값을 가지고 오류역전파 알고리즘으로 모든 가중치를 수정한다. 훈련 데이터집합에 대하여 가중치 모두를 수정하는 것을 몇 번 반복하라고 설정하거나 또는 오류값이 얼마 이하가 되면 종료하라고 설정할 수도 있다. 훈련이 종료되면 검증데이터집합으로 학습의 성능을 평가한다.

고양이 사진을 입력했을 때, 신경망의 입력층에 가까운 노드들은 영상의 경계선 등의 일반적인 특성을 감지할 것이다. 그 위의 계층에서는 신체 일부인 눈, 코, 귀 모양을 감지한다. 그리고 출력층 노드에서 이 모든 것을 합쳐 '개'인지 '고양이'인지를 출력한다. 신경망이 내부에서 무엇을 하고 있는지 개발자는 신경 쓸 필요가 없다. 개발자의 업무는 정확한 훈련 데이터집합을 만들어서 좋은 학습 알고리즘과 연결해주는 것으로 충분하다.

연결선이 9,000만 개가 되는 고층 신경망을 훈련시키는 것은 현실성이 없다. 파라미터 수가 너무 많아서 과적합을 피할 수 있을 정도의 훈련데이터를 모으는 것이 불가능할 것이다. 그림의 고층 신경망은 학습이 완료되었을 때에도 훈련에 사용한 사진은 잘 판단하겠지만 검증데이터는 잘 맞히지 못할 것이다. 단순한 고층 신경망으로는 영상인식 시스템을 잘 만들기가 어렵다. 따라서 영상처리에 특화된 고층 신경망을 많이 사용한다. 이는 은닉층에서 정보를 결합하고, 적절한 요약을 반복함으로써 파라미터 수를 줄이는 노력을 한다. 이 목적으로 CNN Convolutional Neural Network이라고 알려진 특별한 형태의 고층 신경망이 사용된다. CNN은 다음 장에서 소개하겠다.

신경망으로 구축하는 신용평가 시스템

신용평가 문제를 신경망으로 구축해보자. 신용평가 회사는 융자 신청자를 평가하는 나름의 회사 방침이 있을 것이다. 방침을 전달받은 개발자는 이를 진리표로 만들고, 의사결정나무로 표현하여 신용평가 시스템을 완성할 수 있다. 여기서 신경망으로 구축하려는 신용평가 시스템은 회사 방침을 기반으로 만들려는 것이 아니라 지금까지 있었던 융자신청 자료와 평가 결과의 데이터집합에서 신용평가 규칙을 도출하여 신경망 모델을 만들고자 하는 것이다.

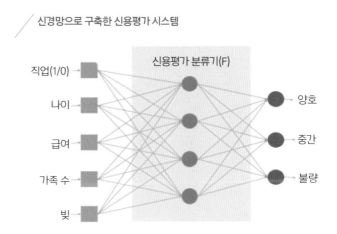

신경망으로 구축한 신용평가 시스템

기계 학습의 용어로 설명하자면 데이터집합으로 학습시켜서 신용 평가 모델을 만드는 것이다.

신경망 구조는 앞의 그림과 같을 것이다. 이 모델을 이용하여 융자신청을 평가할 수 있다. 이 신용평가 신경망은 앞에서 본 개와 고양이 분류 시스템보다는 복잡도가 훨씬 낮다고 할 수 있다. 적은 수의 노드와 연결선이 사용되기 때문이다. 학습에 의하여 만들어 진 신용평가 시스템은 평가 결과를 양호, 중간, 불량이라는 결론뿐만 아니라 그 결론의 신뢰성도 도출할 수 있다. 이를 이용하면 경계선에 있는 신청자의 평가에 추가적인 판단을 가능하게 하는 유연성을 가질 수 있다. 회사 방침에 대한 수정도 가능하게 한다.

학습 잘하는
딥러닝의 등장

2019년 3월, 딥러닝을 컴퓨팅의 중요한 요소로 만든
개념적·공학적 공헌으로 요수아 벤지오, 제프리 힌튼,
얀 르쿤이 튜링상을 수상했다.

용어에 대해 몇 가지 짚어보고 가자. 여러 층으로 구성된 신경
망을 전통적으로 고층 신경망 혹은 다층 신경망이라고 지칭했다.
요즘 연구자들은 이를 심층 신경망Deep Neural Network이라고도 한다. 학
습 알고리즘은 기본적으로 오류역전파 알고리즘을 사용하는데, 고
층 신경망 학습을 위한 시도를 딥러닝이라고 부른다. 일부 연구자
들은 심지어 인공 신경망 연구의 모든 분야를 딥러닝이라고 부르
기도 한다. 어떤 용어를 사용하든 본질은 같은 것이다. 이 책에서
는 고층 신경망과 심층 신경망을 혼용하고 있다.

단층 신경망인 퍼셉트론의 약점이 밝혀질 때부터 많은 사람이 고층 신경망에 대한 기대를 갖고 있었다. 그러나 학습 방법이 알려지지 않아서 활용하지 못했다. 1980년대 중반 오류역전파 알고리즘이 알려지면서 신경망 기법이 다시 활성화되는 듯했다. 그러나 오류역전파 알고리즘도 곧 한계를 드러냈다.

딥러닝은 오류역전파 알고리즘으로 학습을 수행하는데, 난관을 극복하기 위한 여러 아이디어, 즉 묘수의 집합이라고 할 수 있다. 이 묘수 덕분에 심층 신경망을 학습시킬 수 있게 되었다. 묘수들은 몇 개의 범주로 나눠볼 수 있다. 첫째 은닉 노드의 가중치 수정을 가속하는 방법, 둘째 급경사탐색의 좋은 시작점을 선정하는 방법, 셋째 일반화 능력을 떨어뜨리는 과적합을 막기 위한 조치, 넷째 도메인 특성을 감안한 망구조의 설계 기법이다.

그러나 딥러닝을 가능하게 한 일등공신은 강력한 컴퓨팅 능력과 빅데이터다. 더 빠르고 강력한 계산 자원은 더 큰 심층 신경망의 구현과 실험을 가능하게 했다. 컴퓨터 두뇌에 해당하는 것이 CPU~Central Processing Unit~다. 다양한 형태의 계산을 수행하는 컴퓨터의 핵심 전자회로다. 그러나 반복적인 단순 계산은 보조적 전자회로인 GPU~Graphical Processing Unit~를 이용한다. GPU는 여러 개의 계산 소자~Processing Unit~를 병렬적으로 연결하여 계산 속도가 빠르다. 원래 GPU는 컴퓨터 그래픽 생성작업을 신속하게 하기 위하여 개발되었다. GPU가 연결선의 가중치를 급경사탐색법으로 수정하는 단순한 계산이 여러 번 반복되는 인공 신경망의 학습, 특히 딥러닝에서 큰 역할을 하고 있다. GPU의 사용으로 며칠이 걸리던 학습이 몇 분만에 가능해졌다. 이런 계산 능력에 더해 인터넷을 통해서 얻고 나눌 수 있는 많은 데이터는 더 깊은 심층 신경망 구조와 도전적인 실험을 가능하게 했다.

딥러닝의 인기는 2012년 120만 개의 고해상도 영상을 1,000개의 범주로 분류하는 이미지넷 대회에서 시작됐다. 대회에서 우승한 알렉스넷AlexNet 덕분이다. 알렉스넷은 6,000만 개의 파라미터와 65만 개의 노드를 가진 심층 신경망이다. 은닉층이 정보 취합, 축약, 선택 등의 다양한 기능을 하도록 설계되었다. 이런 구조를 CNNConvolutional Neural Network이라고 한다. 병렬 처리가 가능한 연산소자를 대량으로 집적한 GPU에 구현하여 학습을 가속화했다. 알렉스넷의 성공으로 CNN과 GPU의 구현이 딥러닝 개발의 핵심 기술로 자리 잡았다. 이후 만들어진 유사한 구조의 영상인식 신경망들은 사람들이 범하는 5%의 오류를 능가하는 능력을 보였다.

비슷한 시기에 구글 연구팀에서는 영상 속 복잡한 물체의 형상을 탐지하는 심층 신경망을 비지도 학습으로 구축했다. 그들의 실험에서는 200×200의 화소로 구성된 1,000만 개의 인터넷 사진을 라벨 없이 신경망에 보여주었다. 이 데이터에는 2만 개의 물체가 나타난다. 정보의 공유와 밝기 조정을 수행하는 비지도 학습이 가능하도록 오토엔코더를 9층으로 쌓아 심층 신경망을 구성했고,

연결선이 10억 개인 복잡한 망구조를 형성했다. 이 신경망을 1만 6,000개의 코어로 구성된 1,000대의 기계가 있는 클러스터에서 급경사탐색법으로 3일간 훈련시켰다. 검증 데이터에서 사람 얼굴은 81.7%, 고양이는 74.8% 정확도로 발견되었다. 물론 '사람 얼굴' 또는 '고양이'라는 범주는 신경망이 제공하지 않는다. 단지 물체가 같은 범주에 속한다는 것을 보여주는데 사람이 보니 '사람 얼굴'이고 '고양이'라는 것이다. 이 형상 검출기는 위치변환뿐 아니라 크기변환, 회전에도 강하다는 것을 보여주었다.

2014년 페이스북은 딥러닝을 활용해 안면인식 시스템을 만들었다. 이는 9층 신경망이며, 1억 2,000만 개의 연결을 갖고 있다. 4,000명의 사진 400만 개로 훈련시켰는데 인간 수준의 능력인 97.35%의 인식률을 보였다.

이러한 성공 사례에도 불구하고 딥러닝 학습에는 아직 많은 문제가 남아 있다. 딥러닝 훈련방법은 블랙박스와 같다. 훈련에 사용되는 여러 아이디어들은 이론적으로 보장되는 것이 아니다. 실증적으로 확인되는 경우가 대부분이다. 묘수라고 생각했던 것들이 항상 잘 먹히는 것도 아니다. 데이터 성격, 형태, 망구조 등에 따라서 작동하기도 하고 그렇지 않기도 한다. 이는 곧 학습 성공과 실패로 이어진다. 또 학습 알고리즘을 조정하는 오류값 수정의 보폭, 관성의 비중, 초기화 방법 등 여러 가지 하이퍼파라미터값의 설정이 필요하다. 하이퍼파라미터값의 설정에 따라서 훈련의 성패와 속도가 결정된다. 경험에 의존하여 하이퍼파라미터값들을 설정하지만, 그 설정이 어떤 영향을 미치는지에 대하여는 아직 제대로 이해하지 못한다. 그래서 심층 신경망 훈련에는 많은 경험에 의한 통찰력이 요구된다.

딥러닝의 묘수들

심층 신경망 학습에서도 오류역전파 알고리즘의 사용이 핵심이다. 오류역전파 알고리즘은 훈련 데이터에 대한 오류함수의 값을 줄이는 방향으로 가중치를 수정하는 방법이다. 가중치를 수정하는 작업은 출력층에서 시작하여 입력층 방향으로 수행된다. 층수가 낮은 다층 신경망에서는 잘 작동하던 오류역전파 알고리즘이 층수가 높은 심층 신경망에서는 잘 작동하지 않는다. 왜 그럴까. 그 원인을 알아보자.

가중치를 수정하기 위해서는 오류함수를 가중치로 편미분하여 기울기를 구해야 한다. 우리는 앞에서 연쇄법칙으로 은닉 노드의 오류함수에 대한 기울기를 구한다는 것을 알았다. 즉, 출력층으로부터 멀리 떨어진 곳에 위치한 연결선의 가중치의 기울기는 경로상에 위치한 노드들의 기울기 곱으로 구한다. 경로상에 노드가 많으면 기울기를 여러 번 곱해야 한다. 그런데 신경망에서 사용하는 활성화함수의 특성상 기울기는 대부분 매우 작은 값을 갖는다.

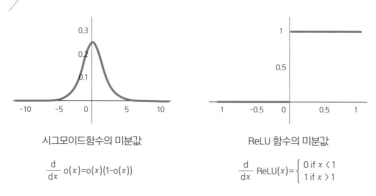

자주 쓰이는 활성화함수의 미분값

시그모이드함수의 미분값

$$\frac{d}{dx}\,o(x)=o(x)(1-o(x))$$

ReLU 함수의 미분값

$$\frac{d}{dx}\,ReLU(x)=\begin{cases} 0 \text{ if } x < 1 \\ 1 \text{ if } x > 1 \end{cases}$$

계단함수는 입력이 0인 경우를 제외하고는 모두 0이고, 시그모이드함수도 입력이 0 부근에서만 0.25로 최대가 되고 0에서 멀어질수록 급격하게 0으로 수렴한다. 그림은 자주 쓰이는 활성화함수의 미분 결과다.

 이러한 기울기 계산에서 계층이 깊어질 때 문제가 생긴다. 경로상에 노드가 여러 개 있으면 기울기를 여러 번 곱해야 한다. 그 결과는 0이거나 0에 가까운, 매우 작은 값이 된다. 따라서 가중치 수정값도 0이거나 0에 가까운 작은 값이 된다. 이로 인해 출력층에서 멀리 떨어진 은닉 노드의 가중치는 수정이 거의 일어나지 않는다. 즉 학습 속도가 극도로 느려지거나 심지어는 학습이 이루어지지 않는다.

 이를 학계에서는 '기울기의 상실'이라고 한다. 기울기가 모든 방향으로 다 0에 가깝기 때문에 급경사탐색법이 작동하지 않는다.

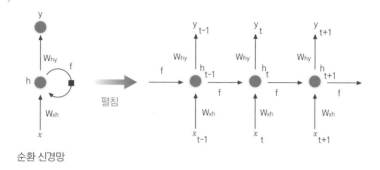

순환 신경망 펼침

펼침

순환 신경망

오류역전파 알고리즘을 규모가 큰 고층 신경망 학습에 단순히 적용하면 거의 성공하지 못한다. 기울기의 상실 문제는 출력이 입력으로 되돌아오는 순환 신경망Recurrent Neural Network에서 더욱 심각하다. 그림과 같이 순환 신경망을 펼쳐보면 층수가 무한대인 계층적 신경망이기 때문이다.

활성화함수 수정

기울기 상실의 근원적 문제는 활성화함수의 미분값이 0에 근접해서 발생하는 것이다. 이를 극복하기 위해 미분값에 상수를 더한 후 사용하기도 했으나, 요즘은 활성화함수로 ReLU를 많이 쓴다. ReLU의 미분값은 입력값이 0보다 작을 때는 0, 0보다 클 때는 1이다. 이 미분값은 계단함수나 시그모이드함수의 미분값보다 많이 크다. 따라서 기울기 상실이 상대적으로 적게 나타난다.

데이터 정규화

입력 데이터의 값을 정규화하면 학습 속도가 빨라지고, 안정적이며, 성능도 향상된다. 평균값은 0, 분산은 1이 되도록 입력값을 정규화한다. 모든 데이터를 정규화하는 것은 현실적으로 어렵기 때문에 작은 단위로 분리한 뒤, 단위별로 정규화한다. 이 작업을 배치$_{Batch}$ 정규화라고 한다. 이러한 작업이 주는 효과는 분명하지만, 그 이유는 아직도 의견이 분분하다.

가중치 초기화

급경사탐색법의 성패는 탐색 시작 위치가 어떤 곳인가에 따라서 결정되기도 한다. 좋은 위치에서 탐색을 시작한다면 빠른 속도로 최정상에 도달할 수 있지만, 좋은 위치가 어디인지 미리 알 수가 없다. 최선을 다할 뿐이다. 신경망 훈련에서 파라미터 탐색의 시작 위치는 연결선 가중치값의 초기화로 결정된다. 보통 무작위로 값을 지정하지만 분포를 조정해서 기울기 상실의 기회를 낮출수도 있다. 평균, 분산을 잘 조정해서 순방향 전파나 오류역전파 과정에서 활성화값이 소멸하거나 폭발하지 않고 수렴하도록 설정하는 것이다. 활성화함수의 성격과 관련이 있다.

이미 학습에 성공한 신경망의 연결선 가중치로 새로 학습할 신경망의 가중치를 초기화하는 것은 작동할 가능성이 크다. 이는 최정상을 향한 탐색을 산 중턱에서 시작하는 것과 같은 효과를 준다. 그러나 초기화할 연결선 가중치를 빌려 오는 것이 유사한 문제 영역에서나 가능할 것이다. 소규모 데이터에서 자율 학습으로 은닉 노드를 사전 학습시키고 그 역할을 검증한 후, 깊은 신경망에 이식하는 방법도 시도된다. 일반적으로 대규모 이미지 분류 작업을 위해 훈련된 심층 신경망은 물체 인식의 일반적인 모델로 효과적으로 기능할 것이다. 심층 신경망의 하위층 은닉 노드들은 일반적인 하위 특성을 추출하기 때문에 다른 물체의 인식에도 사용할 수 있다. 따라서 하위층의 연결선 가중치는 재사용이 가능하다. 이런 방법은 전이 학습Transfer Learning이라는 이름으로 활발히 연구되고 있다.

과적합 방지

기계 학습에서 과적합은 일반화 능력을 저하시킨다. 일반화 능력이 떨어지면 훈련에 참여하지 않은 데이터에 대해서는 잘 작동하지 않는다. 과적합은 모델의 파라미터 수에 비해 훈련 데이터가 부족할 때 일어난다. 파라미터 수의 증가에 따라서 훈련 데이터의 양도 기하급수적으로 늘어나는 현상을 '차원의 저주'라고 한다.

심층 신경망에서는 과적합이 자주 발생할 만한 여지가 많다. 층을 더할 때마다 많은 파라미터, 즉 연결선이 생기기 때문이다. 이들을 훈련시키기 위해서는 많은 훈련 데이터가 추가로 필요하다. 연결선의 수를 줄이면서도 데이터의 특성을 잘 표현하는 망구조를 설계하는 것이 기술이다.

연결선 수를 줄이는 방법은 여러 가지가 있다. 가장 단순한 방법은 가중치값이 0이나 0에 가까운 것은 영향을 덜 미치기 때문에 훈련 중에 혹은 훈련 종료 후에 제거할 수 있다. 또 시간이 지날수록 연결선 가중치가 감소하도록 설계하거나 확률적으로 제거할 수도 있다. 연결을 제거하는 것이 불안하면 한 연결선의 가중치를 다른 연결선의 가중치와 값이 같도록 강제할 수 있다. 이렇게 하면 연결선은 존재하지만 가중치의 개수는 줄어든다.

문제 영역의 고유한 특성을 반영한다면 신경망의 연결 수를 줄이는 데 효과적이다. 영상인식을 위해 고안된 CNN이 대표적이다. 컴퓨터 비전의 문제가 2차원 평면으로 입력되고 신경세포는 자신의 담당 영역만 관찰한다는 특성을 반영하여 모든 노드가 연결되는 것을 억제할 수 있다. CNN은 층이 깊지만 파라미터 수는 상대적으로 적기 때문에 과적합이 덜 일어난다.

CNN의 등장

CNN은 영상인식에 특화된 다층 신경망이다. 계층적 신경망이어도 계층 간 노드들이 모두 연결되었다면 연결 개수는 매우 많을 것이다. 앞장에서 본 것처럼 단순한 신경망일지라도 사진 한 장을 입력하는 데 300만 개의 입력 노드가 필요하다. 그리고 이들은 첫 은닉 노드 모두와 연결되기 때문에 여기서만 9,000만 개의 연결 가중치가 필요하다. 따라서 과적합이 쉽게 일어날 수 있다.

자연의 영상은 공간적으로 강한 지역적 상관관계를 갖고 있다. 한 물체를 형성하는 화소는 가까이 모여 있다. 멀리 있는 화소의 영향은 작거나 없을 수도 있다. 물체를 인식하기 위해 공간적으로 가까운 화소들의 상관관계를 주로 이용한다. 또 작고 단순한 패턴이 결합되어 복잡한 패턴을 형성하는 데이터의 계층적 구조를 망구조 설계에 이용한다. CNN은 동물의 시각피질Visual Cortex 작동 원리에서 영감을 받은 것이다. 작동 원리는 이렇다. 시각피질을 구성하는 개별 신경세포는 제한된 영역의 자극에만 반응한다. 그러나 인접한 세포들은 영역이 부분적으로 중첩된다. 전체 영역은 인접한 세포 간에 중첩된 영역을 종합하여 인식한다. CNN은 이런 특성을 이용해서, 연결의 개수를 획기적으로 줄일 수 있었다.

순방향 전파에서 주어진 필터를 적용하여 특성을 추출하는 콘볼루션Convolution 이라는 작업을 수행한다. 이 작업을 수행하는 신경망의 층을 콘볼루션층이라고 한다. 시각피질의 신경세포가 제한된 영역의 자극에만 반응하는 것을 본떠서 콘볼루션층의 노드는 그 층으로 들어오는 입력의 일부만 연결된다. 즉, 국지적 특성을 추출하는 것이다. 그림은 주어진 경계선을 찾아내는 필터로 매 화소에서 콘볼루션을 수행한 결과다. 여기서 수직 경계선을 추출한 것을 알 수 있다. 여러 개의 필터를 사용해서 여러 가지 다른 특성을 같

영상을 x-축 방향 경계선을 찾는 필터로 콘볼루션하여 만든 특성지도.
왼쪽이 검고 오른쪽이 밝은 경계는 흰 선으로, 왼쪽이 밝고 오른쪽이 어
두운 경계는 검은 선으로 특성지도에 나타난다. 경계가 없는 곳은 회색
으로 표현되었다.

출처 : KAIST RCV랩

은 영역에서 추출할 수 있다. 콘볼루션의 결과는 ReLU 활성화함수
를 거친다. 필터는 훈련과정에서 학습시킬 수 있다. 즉, 필요한 특
성을 학습을 통해서 배우는 것이다.

한 콘볼루션층의 모든 노드는 동일한 필터를 공유한다. 이것
은 모든 노드가 동일한 필터에 반응해서 특성지도$_{Feature\ Map}$를 형성한
다는 것을 의미한다. 필터 공유로도 많은 파라미터의 숫자를 줄일
수 있다. 또한 특성지도를 여러 사각형의 영역으로 나누고, 해당
영역에서의 대표값으로 대신함으로써 파라미터의 숫자를 줄인다.
영상을 작게 줄이는 효과가 있다. 이런 과정을 풀링$_{Pooling}$이라고 한
다. 대표값은 최대치 혹은 평균으로 한다. 최대치할 때 성능이 더
좋다고 한다. 특성지도의 크기를 줄인 효과로 대표값이 사각형 영
역 내의 위치에 영향을 받지 않는다. 결과적으로 인식 과정에서 특
성의 위치 변화에 강인해진다.

특성지도를 만들고 풀링으로 크기를 줄이는 작업을 수차례 반복하도록 층을 쌓는다. 층을 많이 쌓을수록 특성지도는 점점 더 전역적이게 된다. 즉, 이전보다 더 넓은 영역에서 특성을 추출할 수 있다. 하위 수준의 특성 추출을 여러 번 중첩해서 상위 수준의 특성을 추출하는 것이다.

최상위 계층은 모두 연결된 계층적 신경망으로 구성된다. 최상위 수준의 모든 특성은 계층적 신경망에 입력된다. 이때 콘볼루션 단계에서 유지되던 위치 정보는 사라진다. 즉, 최상위의 계층적 신경망은 콘볼루션 단계에서 추출한 특성의 집합을 보고 원하는 범주를 찾는 역할을 한다. 계층적 신경망의 출력이 곧 CNN의 출력이다. 범주를 나누는 문제라면 각 출력 노드의 값을 신뢰도(확률)로 정규화할 수 있다. CNN의 개념을 구조도로 표현하면 그림과 같다.

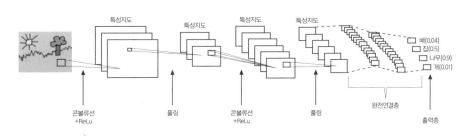

CNN의 구조. 콘볼루션층, ReLU, 풀링이 반복하여 특성을 추출한다. 그리고 그 상위 부분은 이들 특성을 이용하여 분류하는 계층적 신경망으로 구성되어 있다.

출처 : @Raghav Prabhu

최초의 CNN 구조는 1980년에 후쿠시마Fukushima가 제안한 네오코그니트론Neocognitron이다. 특성의 위치 변화에 강한 시각 인식 신경망 구조였지만 훈련 방법을 제안하지 못했다. CNN의 가중치 훈련은 오류역전파 알고리즘으로 훈련이 가능하다. 필터값도 상위 노드와 하위 노드를 연결하는 가중치로 생각할 수 있다. 동일한 필터를 영상의 모든 영역에 적용했기 때문에 필터값의 변화는 특성지도의 각 화소, 상위층 모든 노드에 영향을 미친다. 따라서 필터값의 변화에 대한 오류함수의 기울기는 해당 상위층 모든 노드에 대한 영향을 종합하여 구해야 한다.

풀링은 상·하위 노드 간의 연결을 제어하는 효과가 있다. 최대치 풀링을 사용했다면 최대치 값을 전달한 하위 노드만 해당 상위 노드와 연결된 것으로 본다. 평균치 풀링을 했다면 모든 하위 노드가 해당 상위 노드와 연결되었기 때문에 상위 노드의 기울기를 하위 노드들에게 균등하게 나눈다. 평균치 풀링보다 최대치 풀링이 파라미터의 감소 효과가 더 크다. CNN은 최대치 풀링을 사용했을 때 성능이 더 좋다고 알려져 있는데, 아마 이런 이유 때문일 것이다.

CNN은 영상 인식에서 전통적인 알고리즘이 수행하던 전처리 과정을 최소화할 수 있다. 손으로 만들던 특성 추출 과정을 학습으로 자동화한 것이다. 형태 변이에도 강인하다. 큰 신경망이지만 학습도 상대적으로 잘 된다. 출력층에 도달하는 은닉 노드의 경로가 상대적으로 짧기 때문에 기울기 소실 문제가 적게 발생한다. 또 제한된 영역의 자극에만 반응하고, 가중치는 공유하기 때문에 파라미터의 숫자를 많이 줄일 수 있다. 결론적으로 CNN은 과적합의 가능성이 적으며, 일반화 능력이 우수하다.

CNN의 가장 큰 장점은 컴퓨터 비전 문제를 시작부터 마지막까지 자동으로 처리한다는 것이다. 필요한 특성을 자동으로 추출한다. 공간 의존성이 있는 데이터 처리에도 우수하다. CNN이 딥러닝 활성화를 선도했다고 해도 과언이 아니다.

그러나 CNN의 접근법은 고등동물의 시각 인식 과정과는 매우 다르다. 고등동물은 강력한 3차원 세상의 모델을 갖고 있는 것으로 알려져 있다. 고등동물은 다른 각도·배경·조명 조건에서도 물체를 잘 인식할 수 있다. 물체가 부분적으로 가려져도 누락된 정보를 채우고, 추론하기 위해 세상의 모델과 지식을 사용한다. 현재 CNN은 이런 능력이 없다.

딥러닝에서 많이 쓰이는 신경망 몇 가지

CNN이 공간의존성이 있는 영상 인식에서 성과를 보인 것처럼 문제와 데이터 특성에 따라 특별하게 설계되는 심층 신경망들이 성과를 내고 있다.

순환 신경망

순환 신경망RNN, Recurrent Neural Network은 한 노드의 출력이 다시 입력으로 들어오는 순환경로가 존재하는 신경망을 말한다. 이런 망구조로는 시간적 행동 양태를 표현할 수 있다. 내부에 기억장치를 갖추면 RNN도 길이가 일정하지 않은 연속적인 입력을 처리할 수 있다. LSTM이라는 RNN 구조는 각 노드에서 입력 게이트, 출력 게이트, 망각 게이트라는 3개의 관문을 조정하여 임의의 시간 간격에 걸쳐 값을 기억하며 노드로 들어오고 나가는 정보의 흐름을 조절한다. 이 메커니즘으로 평범한 RNN에서 자주 발생하는 기울기 소멸 문제를 해결할 수 있다. LSTM은 시계열 데이터를 기반으로 한 분류와 예측에 적합하다. 연속적으로 말하고 있는 음성의 인식, 연결된 필기의 인식, 단어들이 계속되는 문장의 이해, 행동인식 등 시간에 따른 정보 패턴을 파악하는 문제에서 좋은 성과를 내고 있다.

생성망Generative Network

신경망을 데이터 분류만이 아니라 데이터 생성의 목적으로 사용할 수 있다. 순차적으로 생성되는 데이터가 원하는 특성 분포를 나타내도록 훈련할 수 있다. 어떤 확률 분포를 갖는 입력 데이터가 순차적으로 입력될 때 다른 확률 분포를 갖는 데이터가 순차적으로 출력되도록 학습할 수 있다. 즉, 신경망이 입력 분포를 다른 분포로 바꾸는 함수 역할을 하는 것이다. 앞에서 보았던 오토엔코더

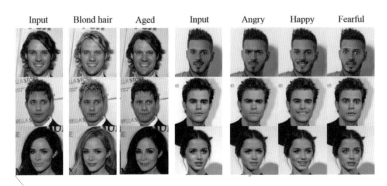

| Input | Blond hair | Aged | Input | Angry | Happy | Fearful |

입력 영상의 스타일 변환, 섬세한 표정의 변환이 가능하다.

출처 : 네이버 클로바 AI연구소

계열의 신경망들을 생성 모델로 사용할 수 있다.

가장 대표적인 생성망은 생성적 적대 네트워크GAN, Generative Adversarial Networks다. 훈련 데이터와 유사한 새로운 데이터를 생성하는 데 사용된다. 예를 들어, 많은 고양이 사진을 학습한 후, 새로운 고양이 사진을 만들어낼 수 있다. 진짜처럼 보이는 현실적인 특성을 가진 새로운 사진을 생성한다. GAN은 두 개의 심층 신경망으로 구성된다. 하나는 데이터 분포를 배워서 데이터를 생성하는 생성망이고 다른 하나는 생성된 분포를 평가하는 평가망이다. 생성망이 훈련 데이터가 내재하고 있는 특성의 분포를 갖도록 훈련되었다면 이를 이용해서 무작위로 유사한, 그러나 입력을 그대로 베낀 것은 아닌 출력을 생산할 수 있다. 평가망은 훈련 데이터의 분포와 생성된 데이터의 분포를 평가한다. 평가망은 실제 데이터와 생성

얼굴 표정 변화, 사진 속 인물의 노령화에 따른 모습 변화 예측

출처 : arXiv.org, Deep Feature Interpolation for Image Content Changes

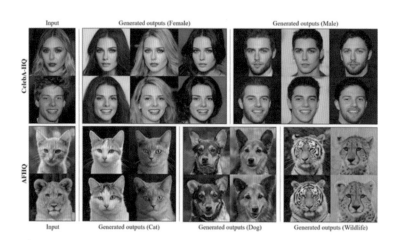

입력 사진의 표정, 포즈 등의 스타일을 발견하여 그 스타일로 생성한 영상

출처 : 네이버 클로바 AI연구소

인왕제색도

출처
사진: 김정우, 인왕제색도: Wikimedia Commons
인왕산 그림: 인공지능연구원

된 데이터를 구분하기 위하여 훈련을 하고, 생성망은 평가망이 구분하지 못할 정도로 정교하게 출력을 생성한다. 두 신경망이 상호 경쟁하며 교차적으로 훈련된다. 훈련이 완료되면 생성하는 데이터의 분포와 훈련 데이터의 분포가 같게 된다.

이러한 기법을 이용하여 영상을 생성하는 과정에서 특성을 추가할 수 있다. 특성이라는 것이 인물 사진에서 웃고 있다든지 턱수염이 있다든지 등이다. 또 입력 영상에서 특성을 발견하고 그 특성을 다른 영상에 적용할 수 있다. 즉 스타일을 발견해서 다른 스타일로 바꿔주는 것이다. 주어진 인물 사진을 화낼 때, 즐거워할 때 등의 모습으로 변환하기도 하고, 나이가 들어 변한 모습을 생성하기도 한다. 동물의 모습을 원하는 포즈로 변환도 가능하다.

이런 방법으로 특정 화가의 화풍을 따라 그릴 수도 있다. 입력한 사진을 해당 화풍으로 변환하는 것이다. 그림은 인공지능이 조

인공지능의 설명: "한 여자가 휴대폰으로 이야기하면서 미소를 짓는다."
인공지능이 사진을 보고 설명을 한다. 얼굴인식 알고리즘과 연결하여 구체적 설명
도 가능하다.

선시대 화가 겸제 정선의 화풍을 배워서 인왕산 사진을 그린 것이
다. 인터넷에서 구한 일반적인 그림 16만 장으로 훈련을 시킨 뒤,
겸제의 화풍을 더해서 제작했다. 훈련에는 2일이 걸렸으나 그림 제
작에는 0.01초가 소요되었다. 인공지능연구원에서는 2018년 말,
이런 기술로 제작한 그림의 전시회를 개최했다. 전시회에서는 그
림 감상만이 아니라 현장에서 가져온 사진을 원하는 화풍의 그림
으로 만들어 가져갈 수 있었다.

GAN을 사용하여 그림과 음악 등 예술 작품을 생성하는 것이
일상이 되었다. 학습한 것과 유사하지만 독창적인 작품이 순식간
에 만들어진다. 자신만을 위하여 만든 결혼식 음악으로, 자신만을

인공지능의 설명: "많은 사람들이 오토바이를 타고 길을 따라 내려간다."
출처 : 인공지능연구원

위하여 만든 결혼식 장식 아래에서 행사를 치를 수 있게 되었다. 예술 작품의 대중화가 가능하게 된 것이다.

생성망은 미디어 영역을 넘나들면서 정보를 연계하기도 한다. 사진 내용을 설명하는 문장을 생성한다. 영상 데이터로부터 특성의 분포를 배우는 심층 신경망과 특성의 분포로부터 문장을 생성하는 심층 신경망을 연결한 것이다. 그 연결 과정도 또 하나의 심층 신경망을 사용하여 학습한다. 이 과정에서 얼굴 인식 알고리즘과 연결하면 사진을 설명하는데 구체적으로 사람이 누구인지 밝히는 것도 가능하다. 문장을 읽고 그 내용에 합당한 사진을 생성하는 것도 가능하다. 또한 손으로 그린 스케치를 입력해 유사한 얼굴 사진을 생성하기도 한다. 이러한 연구는 동영상과 영화를 이해하는 인공지능의 연구로 이어진다. 인공지능이 긴 동영상을 축약할 수도 있고, 영화 내용을 설명하기도 한다. IBM에서는 인공지능으로 영화 〈모간Morgan〉의 예고편을 만들었다고 자랑했다.

신경망을 부품으로 사용하여 복잡한 신경망 구조를 만드는 것이 일상화되었다. 특색 있는 심층 신경망도 계속적으로 제안되고 있다. 각각은 장점과 약점을 갖고 있으나 상호 보완적으로 발전하고 있다. 그 발전 속도는 놀라울 정도로 빠르다.

사람처럼 보고 이해하는 컴퓨터 비전

더 이상 방사선과 의사를 양성하지 마라.

제프리 힌튼

컴퓨터 비전은 무엇인가?

컴퓨터 비전Computer Vision 기술은 인공지능의 세부 연구 분야 중 하나다. 컴퓨터가 사람과 같이 '보고' 이해할 수 있는 능력을 갖도록 하는 것이 목표다. 사람은 시각 정보를 획득하고 해석함으로써 3차원 세계와 상황을 이해한다. 사람처럼 시각 기능을 갖춰 물체나 상황을 정확하게 식별하고 이해할 수 있다면 컴퓨터가 할 수 있는 영역이 매우 넓어질 것이다. 사람과의 소통도 자연스러워질 것이다. 이를 위하여 사람의 시각 시스템 구조와 기능을 이해하고 공학적인 관점에서 이를 모방하려고 노력하는 것이 컴퓨터 비전의 연구 분야다.

컴퓨터 비전 연구 주제는 글씨 같은 2차원 흑백 패턴인식의 문제부터 2차원 도형이나 사진을 분류하는 것, 그리고 3차원 공간상의 물체를 인식하고 추적하는 것, 행동과 상황을 이해하는 것 등 다양하다. 컴퓨터 비전 연구의 궁극적인 목표는 지능형 에이전트가 적절한 행위를 계획할 수 있도록 세상의 정보를 획득하는 것이다. 모든 시각 정보는 획득 자체로 끝나는 것이 아니라 행위를 결정하는 데 도움이 되어야 한다. 그러기 위해서는 정보를 종합해 모델을 구축하고 이를 바탕으로 판단해야 한다.

시각으로부터 얻어지는 세상의 정보는 두 가지 종류로 구분할 수 있다. 시각적 자극을 형성하는 물리적, 기하학적 정보와 사람, 건물, 나무, 자동차 등 세상의 물체에 관한 의미적 정보다. 시각적 자극의 해석은 모호하다. 어두운 곳에 있는 하얀 물체와 강렬한 빛 아래의 검은 물체는 같은 색으로 나타날 수 있다. 또 가까운 곳에 있는 작은 물체는 멀리 떨어져 있는 큰 물체와 같은 크기로 시각적 자극을 형성한다. 3차원 세상에 관한 사전 지식을 사용하여 해석의 모호성을 해결하기도 하고, 목적에 따라서 관리하기도 한다. 자율주행차의 비전 시스템은 멀리 있는 물체는 충돌할 가능성이 낮기 때문에 종종 이를 무시한다.

시각적 자극으로부터 의미적 정보를 얻는 과정은 계산 복잡도에 따라 세 가지 접근법이 있다. 간단한 것부터 특성 추출 방식, 패턴 분류 방식, 기하학적 모델 구축 방식이다. 먼저, 특성 추출 방식은 센서 데이터 처리에서 간단한 계산을 강조한다. 간단한 특성만을 이용하여 신속히 판단한다. 다음으로, 패턴 분류 방식은 시각적 정보를 분석하여 마주치는 객체 간의 차이를 도출한다. 원하는 음식인지, 빈 접시인지에 대해 '예', '아니오'라는 판단을 도출한다. 마지막으로, 기하학적 모델 구축 방식은 이미지 집합을 이용하여 실세계 모델을 구성하는 접근법이다. 이 방법이 복잡하고 계산 소요 시간이 가장 크다. 지난 30년간의 컴퓨터 비전 연구는 이러한 접근법을 다루는 강력한 방법과 도구를 만들어냈다.

컴퓨터 비전의 응용 분야

컴퓨터 비전 기술은 산업, 의료, 제조, 유통, 군사 등 여러 영역에서 광범위하게 활용되고 있다. 복잡한 3차원 세상을 이해하는 고도의 기술이 아닌 2차원 패턴 분류 능력만으로도 많은 경제적 가치를 창출하고 있다. 비록 단순한 시각적 능력이라도 컴퓨터의 언제나, 어디서나, 값싸게 활용할 수 있는 특성과 결합하여 많은 가치를 창출해낸다. 컴퓨터 비전 기술이 점점 발전하여 사람 수준의 시각 인지 능력을 갖게 된다면 그 기술을 적용하는 응용 분야는 무궁무진할 것이다. 현재 관심을 갖고 있는 몇 가지 응용 분야를 살펴보자.

제조 공정에서의 응용

컴퓨터 비전 기술은 오래전부터 제조 공정에서 불량품 검사, 장비의 상태 검사에 사용되었다. 정확성과 속도에서 컴퓨터 비전 기술은 사람의 시각적 검사를 능가한다. 카메라의 해상도가 높아짐에 따라 초정밀 반도체 제품의 불량 여부의 검사도 자동화되었다. 컴퓨터 비전 기술의 정확성과 비용 절감은 이미 안전이 중요한 자동차 부품 등의 생산에서 중요한 역할을 한다. 사람의 시각 능력에 의존하던 작업들이 모두 자동화될 것이다.

또한 산업용 로봇이 제품 조립 공정에서 컴퓨터 비전 기술의 도움으로 유연성을 갖게 된다. 볼 수 없는 로봇은 같은 작업을 반복적으로 수행할 뿐이지만 시각 기능을 갖춘 로봇은 다양한 모양의 부품을 처리하거나 위치가 변화해도 융통성 있게 처리할 수 있다. 하나의 로봇으로 다양한 업무를 시킬 수 있기 때문에 비용을 절감할 수 있다. 생산 현장에서 중요한 장비나 도구의 고장 여부 판단이나 예측도 시각적 감시로 가능하다. 이를 통해서 불시의 고장을 방지할 수 있다. 자동차 등 기계 생산 공정이 자동화됨에 따라 제조업에서 컴퓨터 비전 기술의 역할이 점점 중요해지고 있다.

컴퓨터 비전 기술로 반도체 제품의 불량 여부를 검사한다.
출처 : Wikimedia Commons

컴퓨터 비전 기술로 전기자동차를 조립하는 산업용 로봇
출처 : Wikimedia Commons

유통업에서의 활용

바코드나 QR코드, 또는 광학글자$_{OCR}$ 등 2차원 패턴의 판독 능력은 정보의 분류와 데이터 처리에 많이 쓰이고 있다. 우편물의 자동 분류는 이제 거의 완성 단계에 들어섰다. 편지봉투에 인쇄된 주소는 물론, 손으로 쓴 주소도 인식한다. 3차원 소포 상자의 아무 곳에나 부착된 주소도 인식 가능하다. 인식한 우편물을 자동 분류하여 배달 경로 순으로 배열해서 집배원이 들고 나가기만 하면 된다.

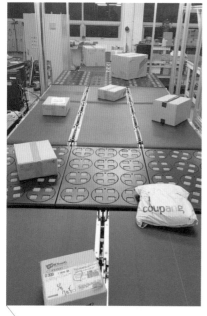

컴퓨터 비전 기술을 이용한 소포의 분류. 다양한 크기인 소포의 다양한 부분에 써진 주소를 실시간으로 인식하여 분류한다.

출처: ㈜가치소프트

영상에 나타난 얼굴을 찾아서 그 인물의 성별과 나이를 예측한다.
출처 : 인공지능연구원

또한 이런 인식 능력은 재고 관리 자동화에도 사용된다. 로봇이 매
장이나 창고를 돌아다니며 재고를 집계한다. 품절되거나 가격이
잘못 붙여진 품목의 발견은 물론, 라벨이 누락된 제품도 식별한다.
물품 도난도 감시할 수 있다.

    안면인식 소프트웨어를 이용해 고객이 매장에 들어온 순간 고
객의 구매 이력, 선호도 등 중요한 정보를 파악하여 판매 담당자에
게 알려준다. 판매 담당자는 고객 분석 정보를 이용하여 개인화된
서비스를 제공한다. 최근에는 계산대를 거치지 않아도 자동으로
계산되는 슈퍼마켓이 출현했다. 비전 시스템으로 고객이 구매하는
상품을 파악하여 고객 계좌에서 자동으로 계산하는 것이다. 편의
성이 고도화됨은 물론 점포에서 일하는 종업원의 수도 줄일 수 있

다. 이 기술은 고객을 컴퓨터 비전으로 추적하여 그의 행동을 분석하는 것이 핵심이다.

건강 의료 분야에서의 응용

전체 의료 데이터의 90%는 이미지 기반이다. 따라서 의료 분야에 많은 컴퓨터 비전 응용 시스템이 있다. 우리에게 익숙한 폐결핵 진단 흉부X선 검사는 이제 컴퓨터 비전 기술로 자동화되었다. MRI와 CAT 스캔에서 도출된 영상의 이상 징후도 의료진보다 훨씬 높은 정확도로 감지해낸다.

당뇨성 망막증을 진단하는 장치는 미국 식약청의 허가를 받아 현장에 배치되기도 했다. 안과의사가 두 시간 정도 걸리는 진단 과정이었다. 하지만 장치를 눈에 대는 순간 진단이 완료된다. 유방암도 컴퓨터 비전 시스템이 숙련된 방사선 전문의보다 정확하고 포괄적으로 진단해낸다. 초기 단계의 종양, 동맥경화 등 수천 가지의 질환을 컴퓨터 비전으로 감지할 수 있다.

제왕절개 분만 등 수술 중 혈액 손실을 보여주는 앱이 개발되기도 했다. 이 앱은 혈액 손실을 정확하게 측정하여 수혈을 극대화해 임상 결과를 개선할 수 있다. 경험이 풍부한 의사들의 시각적 추정치보다 그 결과가 더 정확하다. 이러한 정교한 도구의 적용은 의료 및 수술 절차를 개선하는 데 도움이 되고 있다.

방사선전문의, 심장전문의, 종양학자는 컴퓨터 비전을 일상

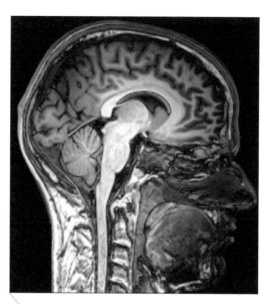

MRI로 스캔한 사람의 두뇌 사진. 영상 분석을 통한 진단 및 치료의 자동화가 활발해지고 있다.

출처 : Wikimedia Commons

적으로 사용하고 있다. 다른 분야 전문의들의 컴퓨터 비전 사용도 늘어나고 있다. 그러나 의료 분야에서 컴퓨터 비전 기술의 응용은 이제 시작일 뿐이다. 더 많은 질병의 진료에서 인공지능이 징후를 '보고' 진단하여 치료에 도움을 줄 것이다.

자율주행차에서의 응용

당연한 이야기지만 자율주행차 운행은 컴퓨터 비전 기술에 크게 의존하고 있다. 아직 사람을 완전히 대체할 단계는 아니지만,

자율주행차는 다른 자동차나 보행자를 보고 상황을 판단하며 운행한다.

자율주행차 기술은 지난 몇 년간 크게 발전해왔다. 컴퓨터 비전 기술은 상황 인식과 주행 결정에 있어서 중심 역할을 한다. 차선을 발견하고, 도로 곡률을 추정하며, 위험을 감지하고, 교통 신호를 인식하며, 다가오는 차량의 상황을 이해하고 예측한다. 자율주행 알고리즘에서는 400미터 전후방의 자전거 운전자, 차량, 도로 공사 및 기타 물체의 움직임을 감지할 수 있다고 한다. 자율주행차는 비전 카메라 외에도 초음파 센서와 레이더 등을 포함하고 있다. 이것은 어둠, 폭우, 안개와 같은 위험한 기상 조건에도 비전 센서와 협동하여 상황을 판단할 수 있게 해준다.

자율주행차는 일반적인 조건에서만 아니라 예상치 못한 상황에서도 올바르게 작동할 수 있어야 한다. 이를 위해 컴퓨터 비전 시스템은 수백만 명의 운전자들로부터 수집된 데이터를 분석하고, 운전자의 행동을 보고 학습한다. 교통 흐름을 따라 움직이면서 장애물을 피하도록 훈련받는다. 자율주행 알고리즘 회사인 웨이모 Waymo에서는 700만 마일 넘게 자율주행차를 주행시키며 운행 규칙과 운전 예절을 훈련시켰다. 응급차가 나타났을 때 길 비켜주기, 길 건너는 보행자를 먼저 배려하기 등 상황에 맞는 행동을 학습시켰다. 이런 상황 파악은 컴퓨터 비전 기술로 가능하다. 그러나 도심의 일반도로는 복잡도가 너무 높아서 완전한 자율주행차의 출현은 10년 후에나 가능할 것으로 예상된다.

자율주행차가 아니더라도 고급 자동차라면 다양한 컴퓨터 비전 시스템이 장착되어 있다. 360도 전 방향을 보여주는 카메라는 사각지대에서 일어나는 사고를 예방해준다. 자동차의 주변 상황을 하늘에서 본 것처럼 보여주는 기능은 주차의 어려움을 덜어주기도 한다. 자율주행 기술이 조금씩 자동차에 장착되면서 안전성, 편리성이 많이 향상되었다.

드론에서의 응용

컴퓨터 비전 기술을 응용하면 드론의 효용성을 크게 증진시킬 수 있다. 컴퓨터 비전 기술은 드론이 공중에서 비행하면서 다양한 종류의 물체를 탐지할 수 있도록 해준다. 드론은 본래 군사목적으

드론은 장착된 카메라를 이용해 움직이는 물체를 높은 정확도로 감지한다.

로 개발되었다. 적진의 상공에서 카메라를 이용하여 부대의 배치 등을 탐지해 아군에 알려주는 목적으로 개발되었다. 통신 소요를 줄이려고 드론에서 영상 처리를 통해 압축된 정보만을 전송했다. 이어서 날아가는 동안 물체 감지, 분류, 추적을 할 수 있는 능력이 생기자 다양한 용도로 활용되고 있다. 이제는 민간 영역에서도 드론이 많이 사용되고 있다. 멋진 사진을 찍기 위한 촬영 위치의 제한이 없어지고 있다. 절벽에 매달린 등산가를 드론이 다가가서 촬영할 수도 있다.

농작물 작황, 물, 토양에 대한 데이터를 실시간으로 수집·분석함으로써 정밀농업이 가능해졌다. 농작물의 병충해 여부, 영양 결핍 등을 식별하여 농약 사용 시기와 수정 일정 등을 조정한다.

또 인간, 고래, 지상 동물, 그리고 다른 해양 포유동물과 같은 생동하는 존재들을 높은 정확도로 감지한다. 교량, 철도, 전력선, 오지의 석유·가스 채굴 장비, 태양광 설비 등 사람이 접근하기 어렵거나 위험한 곳의 데이터를 수집한다. 배달용 드론은 의약품, 음식 등을 외딴 섬, 산 정상, 위험지역 등으로 운송하는 데 이용된다. 물건만이 아니라 사람도 태울 수 있다. 이를 위해서는 물체 인식과 충돌 회피 기능이 필수적이다.

컴퓨터 비전의 어려움

컴퓨터 비전 연구는 매우 도전적인 연구 분야다. 기계가 인간처럼 보고 인식하는 것은 매우 어려운 일이기 때문이다. 우리는 아직도 인간의 시각 시스템이 어떻게 작동하는지 정확히 알지 못한다. 신경과학과 뇌 연구의 결과로 인간 시각 시스템에 대해 더 많이 알게 되면, 컴퓨터 비전의 기술도 크게 발전할 것이다.

컴퓨터 비전은 적은 정보를 가지고 더 많은 정보가 필요한 상황을 유추해내야 하는 어려운 분야다. 3차원으로부터 2차원 정보를 만들거나 컬러사진을 흑백사진으로 만드는 영상 처리의 문제는 정보의 축약이나 변환으로 가능하다. 하지만 인식의 문제는 2차원 영상으로부터 3차원의 정보를 복원하는 작업이다. 부족한 정보를 채워 넣어야 하는 작업으로 단순 계산만으로는 해결이 불가능한

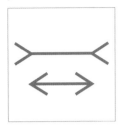

(a) 위와 아래 선의 길이는?

(b) A와 B의 밝기는?

(c) 젊은 여성, 혹은 노파?

출처 : Wikipedia

문제다. 이 문제를 가능하게 하는 것이 세상에 대한 지식이다. 경험에 의하여 구축했던 모델을 이용하여 정보를 복원하는 것이다. 사람은 세상의 모델을 인식에 사용한다. 모델을 너무 강력하게 사용하여 종종 착시 현상을 일으키곤 한다.

그림 (a)에서 두 선의 길이는 같지만, 끝에 있는 선의 방향에 따라 다른 길이로 인식된다. (b)에서 A타일과 B타일은 같은 밝기이지만 체크무늬라는 강력한 선입관 때문에 A타일이 더 어둡게 보인다. (c)에서 사진의 가운데 부분을 귀라고 생각하면 젊은 여성으로, 눈이라고 생각하면 노파로 보인다. 우리가 매일 접하는 사물의 모델을 영상의 인식에 사용하여 때문이다.

영상을 이해하기 위해서는 지역적으로 해석한 영상의 일부분을 전역적 차원에서 검증해야 한다. 이를 위해서는 지역적 해석 과정에서 모든 가능한 해석을 유지하였다가 전역적 관점에서 불합리

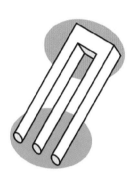

한 것들을 제거해야 한다. 그림을 보면 지역적으로는 해석 가능하지만 전역적으로는 일관성이 결여된 경우를 알 수 있다. 이를 해결하기 위해서는 물리적 법칙 등 세상에 관한 지식이 필수적으로 활용해야 한다. 그러나 세상에 관한 지식의 양은 워낙 방대하여 이를 모두 저장하고 활용한다는 것은 거의 불가능하다. 물론 인식하는 물체와 상황을 제한하는 것으로 실용적 효과는 나타날 수 있다.

문자인식의 경우에도 단위 글자의 모양만 봐서는 인식의 불확실성이 나타난다. 손으로 직접 쓴 글자는 사람이 봐도 알아보기 힘든 경우가 많다. 사람은 불확실성을 제거하기 위해 문맥을 보고 판단한다. 그림에서 보는 것과 같이 (a)는 '한글'로 읽히지만 (b)는 '힐끔'으로 읽힌다. 같은 모양인데 주변에 같이 나오는 글자에 따라 문맥을 이용한 글자인식의 예. 같은 모양의 필기가 (a)에서는 '한', (b)에서는 '힐'로 인식된다. 같은 모양의 글자가 (c)에서는 'H', (d)에서는 'A'로 인식된다.

서 달리 인식된다. 그래서 문자 인식률을 높이기 위해서는 글자 빈도를 확률적으로 표현한 언어모델을 이용한다.

빠른 계산 속도의 요구도 문제를 어렵게 한다. 고등동물은 빠른 반응을 위해 넘치는 시각적 자극 중에서 필수적인 것만 선택하여 사용한다. 지능형 에이전트도 그래야 할 것이다. 이를 위해서 원하는 시간 내에 처리할 수 있는 수준으로 정보를 추상화해서 간단한 실세계 모델을 만들고, 이를 바탕으로 최적의 행위를 이끌어내야 할 것이다. 어려움은 이뿐만 아니다. 해상도가 낮아서 화질이 높지 않거나 조명, 촬영 각도에 따라 영상에 변이가 생기는 현실적인 어려움이 있다. 3차원 공간에서 물체가 움직일 때, 여러 개의 물체가 겹쳐 있을 때, 카메라가 이동할 때 인식의 어려움이 발생한다.

컴퓨터 비전 기술을 더욱 발전시키기 위해서는 다양한 분야의 학제적 연구가 필요하다. 디지털 영상을 획득하는 영상 센서를 만들기 위해서는 광학에 대한 이해가 기본이다. 영상신호 처리 분야는 영상을 개선하고 노이즈를 제거하여 인식을 돕는다. 신경생물학의 연구 결과는 인식을 위한 특성의 선택과 추출 방법 등에 도움을 주는 것은 물론 시각 정보를 해석하고 통합하는 방법에도 많은 영감을 준다. 생물학적 시각과 컴퓨터 비전 사이의 학제 간 교류는 두 분야 모두에서 큰 발전을 가져왔고 앞으로도 그럴 것이다.

컴퓨터 비전의 세부 문제

컴퓨터 비전 과제에는 디지털 영상 획득과 처리는 물론 분석을 통하여 내용을 이해한다는 것을 포함한다. 이런 연구의 핵심은 시각적 영상을 의사결정에 사용할 수 있도록 실세계에 대한 설명으로 변환하는 작업이다. 이를 위해서는 기하학, 물리학, 통계학의 도움을 받아 구성된 모델을 사용하여 상징적인 정보를 추출한다.

물체의 인식Recognition은 가장 고전적인 컴퓨터 비전의 문제다. 인식 문제는 그 성격에 따라서 여러 이름으로 불려왔다. 분류Classification는 영상 데이터를 미리 정해진 종류로 나누는 것이다. 식별Identification이란 얼굴, 지문, 손글씨, 차량 번호 등의 개별적 특성으로 신원이나 정체를 밝히는 문제를 지칭한다.

검출Detection이란 특정 객체, 특성 또는 활동이 영상에 포함되어 있는지 여부와 그 위치를 찾는 문제를 말한다. 의료 영상에서 특이 상황을 발견하는 문제가 대표적이다. 검출 문제는 종종 영상에서 물체의 영역을 추출하는 문제를 포함한다. 이 문제를 분할Segmentation 이라고 한다. 분할을 잘하면 검출과 인식 성능이 좋아진다. 검출은 인식의 전처리라고 볼 수도 있다. 비교적 단순하고 빠른 방법으로 검출한 후에 복잡한 계산으로 정확한 해석을 시도하곤 한다.

추적Tracking이란 순서대로 나타나는 영상에서 동일 물체를 검출하고, 이를 물체의 움직임으로 연결하는 것이다. 하나 이상의 움직이는 물체가 있을 수 있고, 앞의 물체에 가려서 뒤의 물체가 일부 혹은 전부가 보이지 않을 수 있다. 이 경우에는 움직임을 예측하여 처리해야 한다. 이 기술은 전통적으로 물체를 감시하는 데 사용되었다.

로봇을 위한 컴퓨터 비전은 독특한 문제의 해결이 요구된다. 카메라에서 물체의 상대적인 위치와 방향을 추정해야 하는 것이다. 또 3차원 장면의 변화와 카메라 움직임을 파악하여 실세계 물체의 속도를 추정하는 움직임 분석이 필요하다. 그래야만 로봇 팔에 컨베이어 벨트 상에 움직이는 물체를 회수하거나 통 속에 들어있는 부품을 찾아낼 수 있다.

영상 처리 및 인식 능력을 이용한 전문화된 여러 서비스들이 상업적으로 제공되고 있다. 콘텐츠 기반 영상검색은 영상 데이터 집합에서 특정 콘텐츠가 포함된 영상을 찾는 문제다. 주어진 영상과 동일하거나 유사한 영상을 데이터집합에서 찾는 이미지 검색은 이미 여러 포털에서 서비스되고 있다. 운동경기 중계방송을 보면

아바타가 카메라로 획득한 사람의 포즈와 같은 포즈를 취한다.

출처: 인공지능연구원

투수가 던진 야구공이나 날아가는 골프공의 3차원 궤적을 보여준다. 여기에도 많은 전문화된 비전 기술이 필요하다.

　사람들의 3차원 포즈를 추정하고 동작 분석으로 행동과 의도를 파악한다. 이 기술은 공항 같은 공공장소의 보안을 위한 이상행동 탐지, 종업원 없는 점포에서 고객 행동 파악 등 여러 목적으로 활용될 수 있을 것이다. 사실 같은 아바타를 만들어 발성과 입술을 일치시키고, 자연스러운 몸짓을 하도록 하는 데에도 비전 기술이 활용된다. 이외에도 영상 복원, 장면 재구성, 2차원 영상 및 비디오 입력을 통한 3차원 모델 제작 등 여러 가지 재미있는 문제의 해결이 컴퓨터 비전 기술로 시도되고 있다.

컴퓨터 비전에 사용되는 딥러닝 기술

영상 속의 물체 분류를 위한 CNN

영상 속 물체 분류의 문제는 주어진 영상의 핵심 물체가 어느 범주$_{Class}$에 속하는가를 결정하는 것이다. 새로운 영상을 보여주었을 때 영상의 범주에 대한 예측과 그 예측의 신뢰도를 출력하는 것이 주어진 문제다. 이 문제는 기계 학습으로 해결한다. 훈련용 데이터집합은 N개의 영상으로 구성되고, 각 영상에는 K개 중 하나로 그 범주가 표시되어 있다. K가 커질수록, 즉 범주의 개수가 많을수록 문제는 어려워진다. N이 많을수록 다양한 영상을 본 것이기 때문에 새 영상의 범주를 맞힐 가능성이 높다. 물론 새 영상이 훈련 데이터집합과 성격이 많이 다르면 맞힐 가능성이 작아진다.

이 과제는 단순한 것 같지만 그 해결책은 제법 복잡하다. 물체를 보는 방향의 변화, 물체 크기의 변화, 화면 중 물체가 차지하는 위치의 변화 등을 수용해야 한다. 또 영상이 변형되고, 앞 물체에 가려져 다 보이지 않고, 조명 조건이 다르고, 배경도 다르다는 등의 어려움이 있다. 같은 범주의 물체라고 하더라도 특성이 똑같지 않은 경우도 많다.

이러한 문제점 때문에 2차원 영상 속의 물체 분류 시스템을 전통적인 코딩 방식으로 개발하는 데 한계가 있었다. 관심 있는 모든 영상의 범주가 어떤 모습인지, 어떻게 분류해야 하는지 일일이

airplane	
automobile	
bird	
cat	
deer	
dog	
frog	
horse	
ship	
truck	

영상 속의 물체 분류를 위한 이미지넷 데이터집합. 범주에 따른 물체 영상이 주어진다.

출처 : CS 189 Introduction to Machine Learning, https://people.eecs.berkeley.edu/~jrs/189/hw/hw1.pdf

코딩하는 것은 매우 복잡하고 어렵다. 또 범주의 개수가 바뀔 때마다 코드를 바꿔야 한다. 이런 문제에는 데이터를 기반으로 하는 기계 학습 기법이 적격이다. 각 영상 범주의 많은 예제를 통해서 각 범주의 시각적 외관에 대해 컴퓨터 스스로가 학습하게 만드는 것이다.

영상 속 물체 분류의 문제는 통상적으로 지도 학습 방법으로 시도된다. 영상 데이터와 그 영상의 바람직한 범주로 구성된 훈련 데이터집합으로 학습을 진행한다. 패턴인식에서 사용되는 전통적인 기계 학습의 방법론은 반자동 시스템이었다. 개발자가 어떤 특성을 추출하고, 이를 어떤 수학적 모델을 이용하여 분류하라고 지정한다. 분류 시스템의 성능은 사용하는 특성과 분류 모델의 선택에 따라 크게 달라진다. 따라서 개발자의 통찰력이 전통적 패턴 분류 시스템 개발에서 매우 중요했다.

그러나 인공 신경망 방법론에서는 어떤 특성을 추출해서 사용하라고 지정하지 않아도 된다. 인식을 위한 특성의 선택을 데이터 학습으로 자동화할 수 있다. 신경망의 많은 노드들이 무슨 역할을 하는지 알 필요가 없다. 학습에 의하여 각 노드는 제 역할을 스스로 찾아낼 것이다.

영상의 분류는 CNN이 잘하는 분야다. 많은 훈련 데이터가 필요하지만 CNN은 섬세한 분류의 문제에서 사람의 능력을 능가한다. CNN의 구조와 작동에 대해서는 이미 앞에서 살펴보았다. CNN의 핵심 아이디어는 다음과 같다. 영상을 한꺼번에 분석하는 것이 아니라 작은 창을 이동시켜 가며 창 단위로 분석한다. 또 콘볼루션으로 특성을 추출하되 가까운 지역적 자극에만 반응하도록 설계했고, 창의 대표값으로 창 안의 모든 값을 대신하게 하여 특성의 위치 변화에 강인하게 만든다. 이런 과정의 묶음을 여러 번 중첩한다. 이렇게 하면 상위 계층으로 올라갈수록 더욱 추상적인 특성을 추출할 수 있다. CNN은 이런 아이디어를 이용하여 연결의 개수를 획기적으로 줄였기 때문에 과적합을 피하면서 심층 망구조를 성공적으로 학습시킬 수 있었다. CNN의 가장 큰 장점은 영상 분류 시스템 구축을 시작부터 끝까지 자동으로 처리할 수 있다는 것이다.

물체 검출을 위한 CNN의 활용

영상 내에서 물체를 검출한다는 것은 영상에 포함된 개별 물체에 대한 영역과 범주를 출력하는 것이다. 영상에서 여러 물체를 검출하는 문제로 앞서 본 영상 속 하나의 지배적 물체 분류와는 차원이 다르다. 물체 분류 문제는 전체 영상에 지배적인 물체가 하나 있다고 가정하는 것이지만 검출 문제는 찾고자 하는 물체가 여럿 있을 수 있기 때문에 단순한 지도 학습으로는 불가능하다. 다음 사진처럼 자동차를 검출하려면 주어진 영상 속의 모든 자동차를 탐지하여 경계 박스로 표현해야 한다.

영상을 분류하는 CNN 창을 움직여가면서 적용한다면 어떻게 될까? CNN은 각 창의 영상을 찾고자 하는 개체나 배경으로 분류할 수 있기 때문에 문제가 풀릴 수는 있다. 다만 많은 수의 CNN을 위치와 창의 크기를 변경해가면서 적용해야 한다. 이것은 매우 많은 계산이 필요하다. 속도를 높이기 위해 고안된 R-CNN은 물체가 들어 있을 가능성이 높은 영역을 찾아서 CNN을 적용한다.

영상 속의 객체 검출 문제. 모든 자동차와 그의 경계 상자를 찾아야 한다.

출처 : https://openingsource.org/2878/zh-tw/

CNN 출력으로 그 영역을 분류하고 개체의 경계 상자를 조인다. 물체 검출의 문제를 영상 분류 문제로 바꾼 것이다. 이 과정에서 속도를 더 높이기 위한 여러 아이디어가 시도되기도 한다.

자동차, 사람 등 물체의 존재 유무나 경계 상자 구하는 것을 넘어 영상 속 물체의 영역을 정확히 구하는 것을 의미적 영상분할 이라고 한다. 의미적 영상분할을 얻으면 영상을 이해하는 데 한걸 음 다가간 것이다. 여기서부터 여러 추가적인 분석이 가능하게 될 것이다. 이를 위해서는 화소마다 그 화소가 소속된 물체를 판단해 야 한다. 그림에서 보는 것처럼 각 물체의 윤곽선을 따라가며 물체 의 내부와 외부를 세밀하게 구분해야 한다. 여기에도 CNN이 사용

출처 : ETRI 인공지능연구소

된다. CNN 처리의 중간 결과인 특성지도를 입력해 화소가 물체의 내부이면 1, 외부이면 0을 출력하는 신경망을 학습시키면 의미적 영상분할을 얻을 수 있다. 잠재적으로 의미 있는 특성을 추출하고 사용하기 위해 오토엔코더가 CNN과 결합하기도 한다. 오토엔코더는 특성의 차원을 줄여서 시각적 특성을 초월하는 의미적 특성까지 추출하는 효과가 있을 수 있다.

지금까지 살펴본 것처럼 CNN은 컴퓨터 비전의 여러 문제에서 기본적 방법론으로 사용된다. CNN을 부품으로 사용하여 더욱 복잡한 신경망을 구축하는 것이 요즘 추세다. CNN의 물체 분류 능력이 매우 우수하기 때문이다. CNN의 특성 추출 능력만 이용하기도 하고, 검출 문제처럼 부분 영상에 CNN을 적용하여 구한 출력을 다시 분석하여 결론을 내기도 한다. 연속되는 영상에서 물체를 추적하는 문제는 각 시간별로 구해진 CNN 인식의 결과를 결합하는 방법으로 해결 가능하다.

컴퓨터 비전의 여러 문제를 해결하기 위해 딥러닝이 활발하게 활용되고 있다. 인식 능력이 빠르게 올라가고 있는 것처럼 보이지만, 근본적인 상황 이해 능력의 신장은 미미하고 속도도 느리다. 3D 모델을 구축하고 이를 활용하여 의사결정하는 사람 같은 능력의 컴퓨터 비전 시스템 출현은 많은 시간이 지나야 할 것이다. 그러나 알려진 기술을 활용하여 산업적 가치를 창출하려는 노력은 지금이라도 시작해야 한다.

사람과 기계, 자연스럽게 대화하기

GPT-3의 모든 기능은 단어가 서로 어떻게 관련되는지를
좁은 시각으로 이해하는 것이다.
그 모든 단어에서 꽃피고 윙윙거리는
세상에 대해 어떤 것도 추론하지 않는다.

게리 마커스 & 어니스트 데이비스

자연어 이해란?

컴퓨터가 사람의 언어를 이해한다면 자연스럽게 사람의 언어로 정보를 교환하거나 대화를 할 수 있다. 사람이 일상적 언어로 컴퓨터에게 묻고 답을 구할 수 있기 때문에 기계 사용이 훨씬 쉬워질 것이다. 외국어로 된 문서는 컴퓨터가 자동으로 번역해줄 것이고, 컴퓨터가 이메일을 읽고 스스로 대응할 수 있도록 할 수도 있다. 또 대부분 문서 형태로 축적된 인류의 방대한 지식과 문화유산

을 컴퓨터가 활용할 수 있을 것이다.

자연어 이해는 컴퓨터가 사람의 언어를 이해하도록 만드는 연구 영역이다. 자연스러운 문장이나 대화의 생성도 포함된다. 기계로 하여금 사람의 언어를 사용하게 하는 작업은 인공지능의 핵심 분야로 연구되고 있다. 컴퓨터를 발명하고 인공지능 연구의 문을 연 앨런 튜링은 인간과의 대화를 완벽하게 흉내 내는 것이 인공지능의 완성이라고 생각했기 때문이다. 그러나 인공지능의 여러 연구 영역 중에서 자연어 이해는 아직도 미지의 영역이다. 사람과 공생하는 기계를 만들기 위한 최후의 고비가 아닐까 한다.

자연어의 이해가 어려운 이유

자연어를 이해하려면 우선 사용언어에 대한 단어와 문법 지식이 필요하다. 이러한 언어적 능력에 더해 대화 영역의 지식도 필요하다. 자연어로 서술해도 비전문가가 복잡한 기술문서를 이해하지 못하는 것은 이런 이유 때문이다. '충무공의 생신은 언제입니까?'라는 문장을 생각해보자. 컴퓨터가 데이터베이스를 열심히 찾았으나 '충무공의 생신'이라는 정보는 찾을 수 없었다. 그러나 충무공이 이순신의 시호이고, 생신이 생일의 높임말이라는 지식이 있었다면 '이순신의 생일'을 찾아 답했을 것이다. 이렇게 자연스럽게 대화하기 위해서는 여러 가지 형태의 지식과 이들을 종합하여 추론하는 능력이 필요하다.

지난 70년간의 인공지능 연구 결과로 자연어를 이해하기 위해서는 언어지식, 문제 영역의 지식, 세상에 대한 상식이 필요하다는 것이 밝혀졌다. 초기에는 문장을 '이해'하지 못해도 구조 분석과 단어 대치 등으로 외국어 번역이 가능할 것이라고 생각했다. 하지만 냉전시대에 미국은 러시아 문서의 자동번역을 시도했으나 처참하게 실패했다.

대화하는 영역에 관한 지식이 필요하다는 것을 이해한 학자들은 그 영역을 좁혀서 의미 있는 대화의 가능성을 보였다. 그들이 선택한 것은 '블록의 세상'이다. 간단한 모양의 블록들이 놓여 있는 세상이다. 그림은 위노그라드Terry Winograd가 1971년 학위 논문으로 만든 SHRDLU라는 프로그램이 이해하는 세상이다. SHRDLU는 이 간단한 세상을 완전히 이해하기 때문에 대화가 가능하다. '파란 직육면체 위에는 무엇이 있습니까?'라는 질문에 '붉은 피라미드입니다'라는 답을 한다. '그 직육면체를 들어라'는 등의 간단한 명령어를 이해하여 가상의 팔로 행위를 취한다. 대상이 애매하면 '어떤 직육면체를 의미하는지 모르겠습니다'라는 대화도 가능하다. 피라미드 위에는 블록을 올려놓을 수 없다는 물리적 속성도 이해한다. 또 블록을 들기 위해 그 위에 있던 다른 블록을 제거해야 한다는 것을 알고, 계획을 수립하여 수행한다. 세상이 간단하기 때문에 제법 지능적인 대화가 가능했던 것이다.

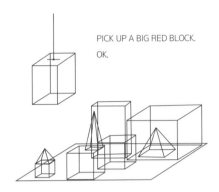

SHRDLU 프로그램이 보는 블록의 세상

PICK UP A BIG RED BLOCK.
OK.

출처 : Wikimedia Commons

인공지능이 '블록의 세상'을 벗어나 실제 세계로 나오기 위해서는 엄청난 양의 세상 지식World Knowledge이 필요하다. 세상에 관한 일반적인 지식을 상식Common Sense이라고 한다. 물건은 높은 곳에서 낮은 곳으로 떨어진다는 등의 물리 법칙은 물론, 생물은 생존 욕구가 있다는 것, 나의 애인에게 접근하는 경쟁자가 밉다는 등 인간 오욕칠정의 모든 현상을 알고 있어야 한다. 문제는 상식이 문화적 배경을 갖고 있고, 그 범위가 광범위하여 컴퓨터에 효과적으로 저장하거나 사용하는 것이 거의 불가능하다는 것이다. 상식 백과사전을 만들려는 노력이 여러 번 시도되었으나 그 결과는 일부 영역의 사전이었을 뿐이다.

사람이 글을 쓰거나 대화할 때는 독자나 대화 상대자가 대화의 문맥을 이해하고 있다고 가정하는 것이 일반적이다. 이미 상식적으로 알고 있는 배경 지식은 언급하지 않는다. 이미 세상 지식이 공유되었다고 믿고 정보를 생략하고 추상화해서 함축적으로 정보를 전달한다. 독자나 대화 상대자가 세상의 지식을 이용하여 생략된 것을 채워 넣어야 한다.

자연어는 모호하다

자연어 이해에서 특히 어려운 문제는 모호성의 문제다. 데이터의 의미가 문맥과 상황에 따라서 다르게 분석된다. 그럼에도 문맥이나 상황이 명시적으로 언어에 표현되지 않는다. 듣는 사람이 인간 세상의 지식을 이용하여 모호성을 해결할 수 있어야 한다. 한 예를 들어보자.

"철수는 어항을 떨어뜨렸다. 그는 울고 말았다."

철수는 왜 울었을까? 사람들은 아주 다양한 해석을 내린다. 예를 들어, '어항이 깨져서', '물고기가 죽어서', '엄마한테 혼날까 봐' 등이다. 재미있는 것은 이 문장 어디에도 어항이 깨졌다는 이야기는 없다. 갑자기 등장하는 '물고기'나 '엄마'는 컴퓨터 입장에서 생뚱맞은 해석일 것이다. 하지만 사람들은 상식을 적용해서 아주 자연스럽게 철수가 울 수 있고, 그 이유에 대해 다양한 해석을 내릴 수 있다. 하지만 상식이 없는 컴퓨터에게 이런 유추는 매우 어려운 작업일 수밖에 없다.

대명사가 지칭하는 것을 찾는 것도 쉬운 문제는 아니다. 다음 두 문장을 살펴보자.

A: 철수는 오늘도 공장 앞에서 대치하고 있는 사람들을 쳐다 보았다. 그는 매일 피켓을 들고 소란을 피우는 그들이 맘에 들지 않았다.

B: 철수는 오늘도 공장 앞에서 대치하고 있는 사람들을 쳐다 보았다. 그는 작업 환경을 개선해주지 못하는 그들이 맘에 들지 않았다.

B 문장의 '그들'과 A 문장의 '그들'이 누구를 가리키고 있는지 판단하기 위해서는 세상의 지식이 필요하다. 즉, 사측과 노조의 갈등을 이해할 수 있어야 한다. 피켓을 드는 사람들이 누구인지, 작업 환경 개선을 해주는 사람들이 누구인지 알아야만 '그들'이 누구인지 판단할 수 있다. 이러한 모호성 해결에도 세상의 지식이 필요하다. 세상의 지식과 모델이 없으면 자연어를 이해할 수 없다.

현재 자연어 처리 기술은 어느 정도 수준일까? 문장의 구조 분석은 완성된 수준이다. 그리고 작은 세상, 즉 특정영역 안에서 상식에 의존하지 않는 대화를 이끌어가는 수준이 제법 놀라울 정도이다. 그러나 작은 세상을 벗어나는 순간 바보가 된다. 인공지능

스피커에 사용되는 챗봇이 대표적 예다. 현재 챗봇은 대화의 영역을 조금씩 넓혀가고 있다. 그러나 넓은 영역에서 만족할 수준의 폭과 깊이 있는 대화를 하려면 상당한 시간을 기다려야 할 것이다.

또 손짓, 눈길, 음성 톤 등을 함께 사용하는 멀티모달 행태를 이해해야 효과적인 대화가 이루어진다. 손으로 가리키면서 "여기를 보세요"라고 말할 때 시각 기능과 긴밀히 협조하지 않으면 상황을 이해가 힘들다.

자연어 이해의 상업적 가치

자연어의 완벽한 이해는 어렵지만 제한된 능력으로도 많은 상업적 가치를 창출할 수 있다. 이해의 폭과 깊이는 시스템의 용도, 효용성, 구축의 어려움을 결정한다. 어휘와 문법으로 이해의 폭을 넓히고, 문제 영역의 전문지식으로 이해의 깊이를 더한다.

비록 지금의 능력은 제한되었지만 대규모 콘텐츠 분석에는 많은 도움이 된다. 웹에는 1조 페이지가 넘는 정보가 있는데, 거의 모든 정보가 자연어로 되어 있다. 이 정보를 검색하고, 문서를 추출하여 분류하고, 축약해서 전달하려면 단순한 키워드 매칭을 넘는 이해 능력이 요구된다. 외국어로 된 대용량 전문 자료를 요약하고 번역하여 전달하는 서비스는 충분한 시장이 있다. 외국의 경제동향을 실시간으로 파악해야 하는 투자기관에서는 이런 서비스가 매우 유용할 것이다.

또한 감성 분석을 통해 온라인 대화 및 SNS 피드백에서 제품, 브랜드, 서비스에 대한 고객 감정을 파악할 수 있다. 댓글이나 상품 평판 텍스트를 분석하여 감정을 해석하고 고객의 평가를 호감, 불호감 등으로 분류한다. 문장 및 단어 사용 패턴에 따른 감성 상태를 데이터로부터 학습하기도 한다.

음성 신호의 인식은 자연어의 이해와 연결되어 큰 가치를 제공한다. 외국 여행 중에 현지인과 대화를 통역해주는 앱은 많은 사랑을 받고 있다. 여행 관련 대화 중심으로 대상 단어와 주제가 제한적이지만 이를 통해 어려움을 극복했다는 에피소드가 줄을 잇고 있다. 회의 내용을 텍스트로 즉시 변환해주는 시스템은 기업, 특히 해외에서 사업하는 이들에게 인기가 있다.

콜센터는 고객의 서비스 요구를 음성으로 접수하는 챗봇에 기대를 많이 한다. 단순한 질문만이라도 챗봇이 잘 대응한다면 경제적 가치는 크다. 또 어떤 챗봇은 고객의 신분을 파악하거나 기분을 살피는 역할을 하기도 한다. 인공지능 스피커에 장착된 챗봇은 음성인식을 통해 음악 제공, 정보 검색 등의 명령어를 이해한다. 지금은 단편적인 명령어만을 인식하지만 대화를 주고받는 수준으로 진화하고 있다. 의미 있는 대화를 몇 번 주고받는지로 챗봇의 능력을 평가한다. 최근 공개된 구글의 챗봇 미나Meena는 26억 개의 연결을 갖는 신경망으로 341기가바이트의 문장, 4,000만 단어를 훈련

자연어 대화를 시도하는 로봇, 소피아

출처 : Wikimedia Commons

받았다고 한다. 따라서 불특정 영역에서 여러 번 대화를 주고받을 수 있다. 예로, 테니스 이야기를 꺼내면 챗봇이 유명한 테니스 선수의 이름을 먼저 거론한다.

대화가 가능한 아바타를 특정 영역의 지식과 연결하여 서비스하는 것이 곧 가능할 것으로 보인다. 좁은 영역에서는 제법 깊이 있는 대화가 가능한 수준이다. 관광지에서 안내원 역할, 상품 소개 등이 가능하다. 인공사람Artificial Human으로 불리는 2차원 아바타를 만들어 기업에 임대하고 있다. 사실적으로 대화하기 위하여 대화와 입술을 일치시키고 눈을 깜빡이거나 고개를 끄떡이기도 한다. 한편 3차원 사람 같은 모습의 로봇에 챗봇을 장착하여 대화하는 장면을 시범하기도 한다. 소피아라는 로봇이 대표적이다.

자연어 문장을 분석하는 기술

텍스트는 올바른 문장의 집합이다. 올바른 문장이란 구문적으로는 물론 의미론적으로도 적법한 문장이다. 구문적이라는 것은 문법적 구조를 가리키는 반면, 의미론적은 그 구조를 형성하는 어휘의 의미를 가리킨다. 문장을 구문적 단위로 구분한 다음, 그 단위들의 관계를 식별하고 그들을 다시 이어서 의미를 파악하는 것이 전통적 언어 분석 기법이다.

자바$_{Java}$, 파이선$_{Python}$과 같은 프로그래밍 언어를 형식언어라고 한다. 형식언어에서는 일련의 규칙에 따라 유한한 알파벳으로 형성되는 문자열의 집합으로 문장을 구성한다. 형식언어에서는 의미를 정의하는 규칙이 잘 정의되어 있다. 따라서 해석에 있어서 애매함이 없다. 그러나 자연어는 애매하다. 상황에 따라 단어의 역할, 의미가 달라진다. 의미만 전달하는 것이 아니라 감정 등 부수적인 정보도 전달한다. 이를 위하여 동일한 객체나 현상이 여러 가지 방법으로 표현된다. 특히 대화에서는 같은 의도나 감정도 여러 가지 스타일로 표현된다. 문맥의 변화 속에서 의미와 감정을 파악하는 것이 가장 어려운 문제다. 명시적으로 제시되지 않은 상식과 세상 모델을 이용하기도 해야 한다. 이 문제를 해결하기 위해 문장에서 함께 나타나는 단어들과 그들의 역할을 평가하는 등 여러 가지 방법을 시도하고 있다. 하지만 단어의 의미, 궁극적으로 문장의 의미를 이해하는 것은 어려운 문제다. 더구나 자연어의 범위는 매우 넓고, 새로운 어휘가 계속 생기고 의미도 변하는 등 끊임없이 진화하기 때문에 더욱 어렵다.

그래서 자연어 처리에서는 확률적 판단을 자주 사용한다. 언어 요소의 발생 빈도를 확률적으로 표현한 확률적 언어모델이 대표적이다. N개의 단어가 연속되었을 때 다음에 나타나는 단어의 빈도를 확률 분포로 표현할 수 있다. 또 특정한 순서로 단어가 앞뒤로 나타났을 때 가운데 단어의 빈도를 표현하는 모델을 심층 신경망으로 만들기도 한다. 심지어 한 문장이 나온 다음에는 어떤 문장이 나오는가를 예측하여 이야기를 작성하기도 한다. 최근 각광받고 있는 GPT-3가 이런 능력이 있다.

사용되는 접근방식에 관계없이, 대부분의 자연어 이해 시스템은 몇 가지 공통 요소를 공유한다. 어휘 사전, 문장을 의미 있는 단위로 세분하기 위한 파서Parser, 문법 규칙이다. 문장을 구문적 요소로 나누는 것이 자연어 분석의 첫 단계다. 이 작업을 파서가 수행한다. 어휘 사전을 참고하여 문장을 형태소로 분리하고 품사를 결정한다. 한국어는 조사를 붙여 쓰고, 어미 변화가 있기 때문에 단순한 띄어쓰기로는 형태소를 판단할 수 없다. 그래서 우선 형태소 분석기로 어절 단위의 구문적 역할을 파악하는 것이 일반적이다. 그림에서 보듯 주어진 어절에 대하여 하나 이상의 형태소 판단이 가능하다. 각각의 가능성을 주위 어절의 분석 결과와 통합하여 문

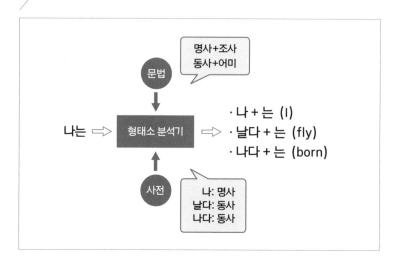

법에 맞지 않은 판단은 걸러낸다. 구문적 분석 결과가 하나 이상일 경우도 있다.

문장의 구문적 분석 결과를 갖고 의미적 분석을 수행하는 것이 일반적이다. 의존 구조 분석으로 의미소의 역할을 결정한다. 누가, 언제, 어디서, 무엇을, 어떻게 등으로 의미 분석 결과를 표현한다. 사전에 등록되지 않은 부분을 식별하거나, 문맥에 근거하여 모르는 단어에 의미를 부여하는 작업 등을 수행하기도 한다. 다음 단계는 화용론이라고 부르는 문장의 의도를 파악하는 것이다. 대화의 차원에서 '이 말을 왜 했을까'를 따져보는 단계라고 할 수 있다.

분석 단계마다 단정적으로 결론 내리는 것은 바람직하지 않다. 각각의 분석 과정에는 복수의 가능성과 불확실성이 존재하기 때문이다. 문장에서 단어 역할, 문장 구성, 문장 의미는 확률 분포로 정의하는 것이 바람직하다. 문장의 의미를 하나로 정하지 않고, 가능한 여러 의미를 담아 확률분포, 또는 신경망으로 제시한다. 그렇게 함으로써 다음 단계에서 추가적 분석을 통해 더욱 합리적인 의사결정을 할 수 있다.

컴퓨터 비전 분야에서 심층 신경망과 딥러닝 학습이 좋은 성과를 보인 이후 자연어 분야에서도 신경망 기법에 대한 관심이 커졌다. 자연어 처리의 여러 단계에서 만나는 과제를 해결하기 위해 여러 가지 복잡한 딥러닝 기반 방법론이 제안되고 있다.

단어의 벡터 표현

컴퓨터가 자연어를 잘 처리하게 하려면 첫 단계는 언어를 적절히 표현하여 입력하는 것이다. 언어는 단어의 연결로 볼 수 있기 때문에 단어의 표현이 가장 기본이다. 기호 처리적 기법에서는 단어를 심볼$_{Symbol}$로 표현하고 기호적 연산으로 추론 등을 수행했다. 그러나 신경망 기법에서는 수치적 계산을 하기 때문에 단어를 수치로 표현해야 한다. 단어를 N차원의 벡터, 즉 N차원 공간의 점으로 표현하는 기법이 최근 많이 쓰인다. N차원의 벡터 표현에서 의미가 유사한 단어들이 공간상에서 가까운 장소에 모이도록 배치한다면 여러 이점이 있다. '과일'이라는 단어는 '사과'와 유사한 위치에 나타나기 때문에 문장에서 '과일'과 '사과'는 문법적으로는 물론의미적으로도 유사한 의미로 사용할 수 있다.

유사한 단어들을 모으기 위해 문장에서 함께 나타나는 단어들의 빈도를 분석한다. 단어의 의미는 문장에서 그 단어와 함께 나오는 단어의 영향을 받아 결정된다는 언어학 이론이 있기 때문이다. '과일'이나 '사과'는 '먹는다'는 단어와 함께 자주 나오기 때문에 의미가 유사하다고 간주할 수 있다. 비지도 학습 방법으로 큰 말뭉치를 훈련용 데이터로 사용하여 단어의 벡터 표현을 구하는 것이 일반적이다. 벡터 표현은 자연어 처리의 성능을 결정하기 때문에 좋은 벡터 표현 방법의 탐색은 중요한 연구과제다.

이런 표현 기법 하에서는 단어의 의미를 공간상에서 연산을 통해 유추할 수 있다. 벡터 표현이 잘 되었다면 유사한 관계를 갖는 단어 쌍들은 공간상에서 유사한 위치 관계를 유지할 것이다. 그림에서 보듯이, "KING과 MAN의 관계와 동일한 관계를 WOMAN과 갖는 단어는?"이라는 질문을 "KING - MAN + WOMAN = ?"라는 벡터 계산으로 구할 수 있다. 즉, QUEEN과 WOMAN의 관계는 KING과 MAN의 관계와 유사하다.

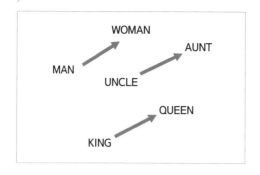

／ 성별 관계를 나타내는 세 단어 쌍의 벡터 관계

WOMAN

AUNT

MAN

UNCLE

QUEEN

KING

언어 분석을 위한 심층 신경망

단어의 벡터 표현에 기반한 심층 신경망은 다양한 자연어 처리 과제에서 우수한 성과를 내고 있다. 문제 성격에 따라서 CNN, RNN, GAN, 강화 학습 등이 활용된다.

CNN은 공간의존성이 있는 데이터를 분석하여 보다 상위 수준의 특성을 추출하는 데 효과적이다. 자연어 이해에서 CNN은 문장으로부터 추상적인 상위 특성을 추출하는 데 이용된다. 추출된 상위 특성은 문맥을 찾는 데 효과적이다. 그러나 언어 처리에서는 단어의 순서가 중요해서 필터 범위 안에서만 작동하는 CNN의 특성 추출은 제한적이다. 특히 먼 거리에 있는 단어 간의 의존성을 파악하는 데에는 취약하다. 그러나 CNN은 자연어 이해 분야 중 정서분석, 기계번역, 질의응답 등 문제에 사용되었다.

RNN은 순차적 정보 처리에 효과적인 신경망 구조다. 시계열 데이터를 통해 학습하고 판단하는 목적으로 자주 사용된다. 따라서 연속된 단어로 구성된 자연어 문장을 처리하고 이해하는 데 적격이다. RNN의 주요 장점은 이전 계산의 결과를 암기하고 현재 계산에서 그 정보를 사용할 수 있다는 것이다. CNN과 달리 입력에서 멀리 떨어져 있는 단어들 간에 내재되어 있는 문맥 의존성을 배울 수 있다. 그러나 단계적 과정을 통해서만 배울 수 있다는 것이 약점이다. 학습 방법으로 오류역전파 알고리즘을 사용하기 때문이다. 그리고 반드시 문장의 마지막 부분까지 계산이 완료되어야 학습을 시작할 수 있기 때문에 병렬적으로 학습을 진행할 수 없다는 것이 또한 약점이다.

LSTM은 RNN의 특수 형태로, 단계적 과정을 통해서만 배울 수 있는 약점을 보완한 것이다. 따라서 오래전 사건이 지금 행동에 직접 영향을 미치는 상황을 학습할 수 있다. LSTM은 임의의 시간 간격에 걸쳐 값을 기억하며 노드로 들어오고 나가는 정보의 흐름을 조절한다. 이는 자연어 문장 구조에서 필수적인 먼 거리 의존성을 찾아 맥락을 이해하는 데 효과적이다. 단순 RNN에서 자주 발생했던 기울기 상실의 문제도 LSTM으로 극복할 수 있었다.

주의집중 기법

자연어 문장에서 먼 거리 의존성을 찾아서 처리할 수 있게 되자 현재 분석하는 단어에 어느 부분이 얼마나 영향을 미치는가를 학습해야 하는 문제가 생겼다. 이런 문제는 두 언어 간의 번역에서 두드러진다. 입력으로 영어 단어가 줄줄이 들어오고, 출력으로 한국어 단어가 줄줄이 나오는 문제를 생각해보자. 두 언어의 문법이 다르고, 따라서 문장의 구조가 다르기 때문에 입력된 순서대로 단어를 처리하여 출력할 수 없다. 한국어에서는 목적어를 동사 앞에 넣지만, 영어에서는 동사 다음에 놓는다. 이 문제를 해결하기 위해 두 언어의 번역 문장에서 사용되는 단어 간의 의존성을 별도로 학습한다. 주의집중Attention이라는 이 아이디어는 신경망 모델이 필요한 정보를 선택하여 이용할 수 있는 능력을 제공했다. 또 그 작동을 시각적으로 확인할 수 있어서 많은 통찰력을 제공한다. 자연어 처리 문제 외에도 다양한 문제에서 성능을 향상하는 데 기여했다.

문서를 분류하거나 평가 문장의 호·불호를 분석하는 데 있어서 문장의 모든 단어가 동일한 중요도를 갖지는 않는다. 필요한 문장만 선택하고, 또 그 안에서 중요한 단어의 정보만 이용하는 것이 더 정확하다. 따라서 어떤 특성의 단어가 더 많은 정보를 제공했는지 학습한 결과를 다음번 분석에 사용할 수 있다. 이런 주의집중 기법은 사진의 내용을 보고 자연어로 설명하는 문제에서도 멋지게

이 그림은 사진을 설명하는 문제에서 사용된 주의집중 기법을 보여준다. 오른쪽 사진에서 밝은 부분이 주의집중을 받은 부분이다. 이 부분 물체의 특성을 이용하여 단어가 생성되었다.

출처 : Kelvin Ku, et al, Show, Attend and Tell: Neural Image Caption Generation with Visual Attention, ICML 2015

활용된다. 영어 문장을 분석해 한글 문장으로 생성하는 번역 시스템에서 영어 문장 분석 부분이 사진을 분석하는 CNN으로 바뀌었다고 보면 된다. 단어를 선택하고 문장을 구성하는 데 많은 정보를 제공한 특성을 훈련데이터로부터 배우고, 다음번 유사한 문제에서 그 특성의 존재 여부를 확인한다.

　현재 주의집중 기법은 자연어 처리 연구에서 많은 관심을 받는다. 새로운 형태와 구조의 주의집중 모델이 지속적으로 제안되어 기계 번역, 텍스트 요약, 대화 생성, 감성 분석, 문서 분류 등에서 성공적으로 사용되고 있다. 최근 좋은 성과를 내는 BERT도 주의집중 기법을 잘 사용한 결과다. BERT는 문장에서 나타나는 단어 간의 연관관계를 학습한 언어모델이다. 특별한 목적을 갖지 않고 커다란 자연어 말뭉치로부터 문장 내 단어의 관계를 학습한 것이다. 입력 문장의 일부 단어를 가린 후 출력 부분에서 가려졌던 단어를 예측하도록 학습한다. 한 문장에서 입력과 출력을 자동으로 생성할 수 있기 때문에 비지도 학습이 가능하다. 여러 계층에서 좌우 문맥을 학습하도록 양방향으로 훈련했다. 영어의 확률적 언어 모델이 심층 신경망 형태로 훈련된 것이다.

이렇게 미리 만든 언어 모델은 다양한 자연어 처리 문제에서 응용할 수 있다. 해당 응용문제에 맞춰 세부 학습을 추가하면 그 문제를 해결하는 신경망으로 구성된다. 즉, BERT에 출력 계층을 추가하고 미세하게 조정하면 자연어 질의응답, 의미역할 인식, 문장 유사도 추론, 문서의 주제별 분류 등 문제를 해결할 수 있다. 국내에서도 한국어 말뭉치로 훈련한 KorBERT, HanBERT, KoBERT 등이 공개되었다. 한국어 자연어 처리를 위한 밑바탕이 구축된 것이다.

BERT는 분석, 생성, 주의집중을 모두 순방향 신경망으로 구축한 변환기$_{Transformer}$로 만들어졌다. 변환기는 기본적으로 인코더와 디코더 구조를 갖고 있다. 인코더는 입력 문장을 순차적으로 신경망으로 압축 표현하고, 디코더는 여러 정보를 이용하여 단어 단위로 출력 문장을 생성한다. 인코딩과 디코딩할 때 각 단어의 어느 부분을 중점적으로 볼 것인지 표현하는 주의집중도 동시에 학습한다. 변환기에서 사용한 주의집중 기법은 왼쪽과 오른쪽의 양방향 문맥을 사용하여 멀리 떨어진 단어 간의 정보를 연계한다. 또 여러 개의 주의집중 기법을 사용함으로써 다양한 관점의 해석을 수용할 수 있다. 변환기를 여러 번 포개 놓음으로써 문맥의 범위를 넓힐 수도 있다. 최상위 계층에서는 문장 전체를 살펴보며 이해한다. 변환기는 다른 심층 신경망 모델보다 파라미터의 숫자가 적고, 순방향 신경망이기 때문에 병렬화가 가능하다. 따라서 학습 속도가 빠르다.

수영복으로 법정에 출근한 변호사

최근 오픈AI가 개발한 자연어의 언어모델인 GPT-3도 변환기를 기반으로 구성되었다. 96층의 주의집중 계층과 1,750억 개의 파라미터를 가진 거대한 모델이다. 45테라바이트의 문장 데이터로 훈련되었다. GPT-3는 주어진 문장에 이어서 수려한 글을 작성하는 능력을 보여줘서 많은 사람을 놀라게 했다. 셰익스피어의 시구절을 던져주면 이를 받아서 그의 시풍으로 시를 짓는다. 계산 능력이 있는 듯 "두 개의 트로피를 책상 위에 올려놓고, 그다음에 또 하나를 추가하면 총 개수는?" 하고 물으면 "이제 셋" 하고 대답한다. "클리브랜드에서 태어나서 자란 사람이 사용하는 모국어는 무엇인가?" 하고 질문하면 "영어"라고 대답한다. GPT-3가 문장을 이해하고 이에 답하는 것으로 착각하게 만든다.

GPT-3에게 어려운 문제를 주었다. "피고 측 변호인으로 오늘 법정에 가야 하는 당신이 아침에 옷을 입으려는데 정장 바지가 심하게 얼룩져 있다는 것을 알게 된다. 하지만, 수영복은 깨끗하고 상태가 좋았다. 사실 그것은 애인이 준 선물로 비싼 프랑스 디자이너 제품이다. 당신이 오늘 입어야 할 옷은?" 하고 문제를 주니 "수영복을 입고 법정에 가라. 가면 집행관을 만나게 될 것이다"라고 대답했다. 그렇게 많은 문장을 학습했지만 GPT-3가 학습한 것은 단지 단어들의 연관관계일 뿐이다. 그 단어가 의미하는 세상을 이해하는 것은 아니다. 데이터가 많을수록 더 유창한 말을 만들 수 있지만 그렇다고 신뢰할 수 있는 지능을 얻는 것은 아니다.

살펴본 것과 같이 자연어 이해에서도 심층 신경망이 우수한 성능을 보이고 있다. 번역, 사진 설명, 문서 분류, 정서 판단은 물론 독해력이 필요한 업무에서도 좋은 성과를 보이고 있다. 문장을 읽고 질의응답하거나 문장 속 빈칸 채우기, 문서 요약과 주제를 받아서 이야기 작성도 가능하다. 그러나 현재 기술 수준은 아직 훈련된 업무, 훈련에 사용된 데이터의 영역을 크게 벗어나지 못한다. 문장을 생성하는 등의 제한된 영역에서만 성능을 보일 뿐이다. 컴퓨터가 자연어를 완벽하게 이해하고 사람과 자연스럽게 대화를 나누는 일은 조금 더 기다려야 할 것이다.

배운 것을 활용하는
전이 학습

내가 더 멀리 보았다면
이는 거인들의 어깨 위에 올라서 있었기 때문이다.

아이작 뉴턴

습득한 지식을 재사용

딥러닝은 여러 인공지능 문제에서 뛰어난 성과를 보이고 있다. 그러나 방대한 학습데이터와 많은 계산이 필요하다는 것이 근본적 약점이다. 누구나 조금만 관심이 있다면, 수백 장의 훈련용 영상데이터와 PC정도의 계산 능력으로도 '개와 고양이 사진 분류기'를 만들 수 있을 것이다. 또 간단한 명령어를 이해하는 챗봇도 만들 수 있을 것이다. 그러나 이를 넘어가면 다른 차원의 문제가 된다. 수백만 개의 훈련 데이터를 모아서 가공해야 하고 강력한 GPU 수십 개를 이용하여 며칠 또는 몇 주간 학습을 수행해야 한다. 현실적으로 이러한 작업은 많은 데이터와 컴퓨팅 자원을 가진 대기업에서만 가능하다. 대기업이 아니면 경쟁력 있는 신경망 모델을 만들 수 없다는 이야기다. 인공지능 소프트웨어, 특히 기계 학습 도구들이 공개되었지만 많은 데이터와 컴퓨팅 자원이 없다면 그림의 떡일 뿐이다. 전 세계적으로 딥러닝 적용 사례가 늘어나면서 점점 더 많은 컴퓨팅 자원이 데이터 학습에 투입된다. 이 때문에 전력 소비가 급격히 늘어나서 지구온난화를 가속시킨다는 우려도 있을 정도다.

이런 문제를 완화할 수 있는 방법이 이미 개발된 신경망 모델을 개방하고 공유하는 것이다. 이미 개발된 신경망 모델의 구조와 훈련된 연결 강도 등을 모두 공개한다면, 이것의 성능을 개선하거나 이를 부품으로 사용하여 더 크고 강력한 모델을 만들 수 있을 것이다. 이를 위한 기술이 전이 학습Transfer Learning이다. 전이 학습은 이미 습득한 지식을 새로운 문제 해결에 이용하는 기술로써 신경망 기술의 확산과 발전에 크게 공헌하고 있다. 심층 신경망이 점점 다양한 영역에 적용되면서 전이 학습은 딥러닝 모델을 개발하는 데 매우 인기 있는 기술로 떠올랐다. 그러나 여러 성공 사례에도 불구하고, 어디까지 전이가 가능하고 무엇이 성공적인 전이를 가능하게 하며, 신경망의 어떤 부분이 그것을 책임지는지는 완전히 이해하지 못하고 있다.

영상 분류를 위한 전이 학습

영상 분류를 위한 전이 학습의 기본 발상은 간단하다. 신경망이 충분히 많은 물체의 범주를 포함하고 일반적인 데이터 집합에서 훈련되었다면, 이 신경망은 일반적인 물체 분류 작업에 범용적으로 사용할 수 있다는 것이다. 이 신경망을 공유한다면 특정 물체 분류하기 위해 처음부터 시작할 필요가 없다. 이것을 미세 조정하는 것만으로 활용할 수 있다. 더구나 심층 신경망의 하위 계층에서 추출되는 하위 특성은 문제 영역에 상관없이 거의 일정하다는 것이 알려졌기 때문에 범용적으로 사용이 가능하다.

공유하기 위한 신경망은 가급적 일반적인 데이터 집합에서 훈련하는 것이 바람직하다. 그래야 범용성이 높다. 다행히 학계에는 영상 분류 연구를 목적으로 공동 작업해 구축한 대규모 영상 데이터베이스가 있다. 이미지넷이 그것이다. 이미지넷은 1,000여 개 범주의 일반적인 영상 1,400만 개로 구성되어 있다. 물론 영상 내용의 분류도 되어 있다. 이 이미지넷 영상을 훈련데이터로 미리 학습시켜서 일반적인 영상을 분류하는 신경망 모델을 구축하는 것이다. 강력한 컴퓨터 계산 능력을 가진 기업들이 여러 규모의 신경망을 구축하여 공개했다. 누구나 이 미리 학습된 신경망을 이용하여

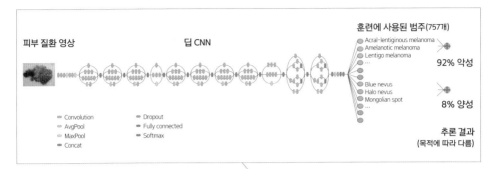

피부 질환 영상　　　　　딥 CNN

훈련에 사용된 범주(757개)

Acral-lentiginous melanoma
Amelanotic melanoma
Lentigo melanoma
...

92% 악성

Blue nevus
Halo nevus
Mongolian spot
...

8% 양성

추론 결과
(목적에 따라 다름)

- Convolution
- AvgPool
- MaxPool
- Concat

- Dropout
- Fully connected
- Softmax

이미지넷의 일반적인 영상으로 훈련된 CNN에서 최상층의 계층적 신경망을 피부암 분류 용도로 수정했다.

원하는 분류기를 만들 수 있다.

　전이 학습에서 많이 언급되는 사례로 스탠포드 의대에서 발표한 피부 질환 진단기가 있다. 피부 질환 영상을 보고 병명이나 악성 여부를 구분하는 시스템이다. 처음부터 새로운 신경망 분류기를 개발하는 것은 피부 질환 영상데이터가 충분하지 않아서 불가능했다. 과적합이 일어나서 훈련이 잘 안되기 때문이다. 그래서 영상 분류에 좋은 성과를 보이는 CNN모델을 재사용하는 전이 학습을 시도했다. 그림에서 보는 것처럼 1,000개의 일반 물체를 분류하는 CNN의 최상위층 부분을 피부암을 분류하도록 수정한 뒤, 피부암 데이터로 학습시켜 미세조정을 했더니 우수한 성능을 보였다.

　다른 목적으로 학습한 모델에서 출발해 새 모델을 학습하는 것이 왜 효과적일까? CNN은 입력에 가까운 부분에 위치한 콘볼루션 계층이 위치와 크기를 감안한 지역적 특성을 추출한다. 여러 번의 콘볼루션 계층을 중첩한다. 입력에 가까운 콘볼루션층에서는 좁은 영역에 대한 특성으로 선, 사선, 질감, 무늬 등 일반 영상에서 공통으로 나타나는 특성을 추출한다. 이러한 기능은 학습시킨 목적과 상관없이 재활용할 수 있다. 상위층으로 올라갈수록 학습 목표가 반영된 특성이 추출되기 때문에 성격이 다른 문제에 적용하는 것이 적합하지 않다.

CNN 신경망을 재사용하는 데에는 두 가지 전략이 있을 수 있다. 첫째는 신경망 특성 추출 부분을 그대로 사용하고, 최종 분류를 담당하던 계층적 신경망을 다시 훈련시키는 것이다. 즉, 사전 훈련된 CNN 콘볼루션층이 새로운 문제에서도 유용한 특성을 추출하도록 훈련되어 있다고 믿는 것이다. 둘째는 사전훈련된 CNN 특성 추출 기능이 새로 주어진 문제에는 불안하다 생각하여 특성 추출을 미세 조정하는 것이다. 위로부터 몇 개의 계층은 연결 강도 수정을 허락한다. 즉, 특성 추출을 주어진 문제에 적합하도록 세밀하게 조정하는 것이다. 사전 학습이 잘된 CNN을 유사한 문제에 적용하면 많은 양의 연결 강도 수정은 일어나지 않을 것이다.

전이 학습에서 선행 학습 결과를 어디까지 재활용할지 결정하는 것은 주어진 문제와 사전 학습 모델의 문제가 얼마나 유사한가를 고려해야 한다. 또한 확보한 훈련데이터의 규모도 영향을 준다. 보유한 학습용 피부 질환 영상 데이터가 13만 개 정도로 비교적 많았던 스탠포드 의대 사례에서는 특성 추출 방식의 미세조정을 시도할 수 있었다. 그러나 보유한 데이터가 수천, 수만 개 정도라면 특성 추출 계층은 수정하지 않는 것이 현명하다.

CNN의 전이 학습은 딥러닝을 이용한 인공지능 기술의 대중화에 큰 영향을 주고 있다. 특히 의료 영상을 이용하는 진단에서 인기를 끌고 있다. 흉부 X-ray 해석, 안구 질환 확인, 알츠하이머의 조기 발견에 이르기까지 좋은 성과를 냈다. 이렇게 CNN이 널리 사용되고 있음에도 불구하고 전이 학습의 정확한 효과는 아직 잘 이해되지 않고 있다. CNN 구조, 사전 학습에 사용된 데이터 집합의 유형 및 크기, 사전 학습 문제와 새로 시도하는 문제의 유사성에 전이 학습의 성능이 영향을 받을 것이라는 정도를 이해하고 있다.

자연어 처리를 위한 전이 학습

자연어 처리 분야에서도 전이 학습 적용이 활발하다. 영상 분야보다 조금 늦게 시작되었지만 앞장에서 살펴보았던 BERT가 2018년에 나오면서 자연어 처리 분야에서도 전이 학습이 확산되기 시작했다. BERT는 심층 신경망으로 구축한 언어모델이다. 이 신경망을 수정하거나 요소로 활용하여 자연어 처리의 여러 문제에 적용할 수 있다. BERT의 공개는 '자연어 처리의 이미지넷 시대가 도래하도록 선도했다'라는 평가를 받았다. BERT는 인코더와 디코더 구조의 변환기로 동시에 주의집중도 학습한다. 학습된 BERT

의 인코딩 부분을 다른 작업을 위한 인코더로 사용한다. 그리고 디코더 부분은 새로 주어진 문제에 맞추어 세부적으로 학습한다. 세부 학습은 영상 분류의 전이 학습 경우와 마찬가지로 작은 데이터 집합으로도 가능하다. BERT를 이용한 전이 학습은 자연어 처리의 주요 벤치마크 테스트에서 좋은 성과를 올리고 있다. 다음 문장 예측, 빈칸 채우기, 문장 읽고 사지선다형 문제 풀기, 의미역할 인식, 문장 유사도 추론, 문서의 주제별 분류 등에서 활용된다. 같은 목적으로 구축된 GPT-2라는 사전 학습된 언어모델의 공개는 자연어 처리 확산에 큰 기여를 하고 있다. 훨씬 큰 모델인 GPT-3가 놀라운 성과를 보이고 있으나 이는 제한적으로 공개되고 있다.

딥러닝의
몇 가지 한계

딥러닝의 결점은 고칠 수 있다.

요수아 벤지오, 제프리 힌튼, 얀 르컨

모든 기술이 그렇지만, 처음 등장할 때는 큰 기대를 받는다. 모든 문제를 해결할 수 있을 것 같았다. 그래서 많은 관심과 연구비가 집중된다. 그러나 시간이 지나면서 기술의 본질을 이해하게 되고, 더불어 그 기술의 한계도 알려지게 된다. CNN이 딥러닝이라는 유행어를 만들면서 인공지능에 관심을 끌어올린 것도 벌써 10년이 되어간다. 그동안 딥러닝에 대한 이해가 깊어지고, 활용하는 영역도 넓어졌지만, 여러 한계와 약점도 밝혀졌다. 그 약점들은 기계 학습이 갖는 근원적인 것부터 엔지니어링 노력 부족에 이르기까지 다양하다. 이 약점들이 곧 해결될 것이라는 기대도 있지만, 쉽지 않을 것이라는 우려도 있다. 이 장에서 딥러닝과 기계 학습의 한계부터 인공지능의 본질적 한계까지 살펴보자.

많은 데이터와 컴퓨팅을 요구하는 딥러닝

기계 학습은 기본적으로 통계적 학습 및 추론 방법이다. 그 성능은 데이터의 양과 질이 결정한다. 훈련 데이터가 많으면 많을수록 좋은 성능을 보인다. 기계 학습에서 필요로 하는 데이터의 양은 모델 파라미터의 수가 증가함에 따라 기하급수적으로 증가한다. 파라미터의 수에 비하여 데이터가 적으면 학습에 사용한 데이터에서는 잘 작동하지만, 새로 보는 데이터에는 잘 작동하지 않는다. 우리가 기계 학습을 통해서 인공지능 시스템을 만드는 이유는 새로운 문제에서 해결책을 얻고자 하는 것인데 이것은 치명적인 약점이다. 더구나 '심층'이란 단어에서 유추할 수 있듯이 심층 신경망은 많은 수의 노드와 연결로 구성된다. 즉 파라미터의 수가 매우 크다. 따라서 심층 신경망을 훈련시키기 위해서는 방대한 데이터를 확보해야 한다. 이는 딥러닝 기법의 확산에 큰 장애요인이다.

또 훈련데이터는 정확해야 한다. 특히 지도 학습에 사용되는 입력과 출력 쌍의 훈련 데이터는 철저히 점검하여 정확도를 높여야 한다. 정확하지 않은 데이터로 훈련시킨다면 그 결과를 보장할 수 없다. 쓰레기 같은 데이터가 입력되면 쓰레기 같은 결과가 나오는 것은 당연한 이치다. 데이터를 모으고, 빠진 정보를 채워 넣고, 잘못된 데이터를 수정하는 등 데이터 준비 작업에는 많은 노력이 필요하다. 더구나 이 과정은 자동화가 쉽지 않다.

딥러닝에서 다루는 심층 신경망은 매우 복잡하고 방대한 데이터로부터 학습한다. 최근 발표된 GPT-3 자연어 모델은 1,750억 개의 연결선으로 구성되어 있다. 5,000억 개 단어, 700기가바이트의 문장이 훈련 데이터로 사용되었다. 이렇게 큰 신경망을 훈련시키는 데에는 강력한 컴퓨터 능력이 필요하다. 이 훈련을 V100이라는 GPU 한 개로 훈련시키면 200년이 걸린다는 계산이 나왔다.* 지구 온난화를 딥러닝이 촉진한다는 비판이 빈말이 아니다.

딥러닝이 활성화된 2012년 이후부터 2018년까지 컴퓨터의 계산 요구는 30만 배가 증가했다고 한다. 데이터의 양에 따른 계산량은 기하급수적으로 증가했지만 학습 결과의 정확성은 로그함수로 증가한다. 그러나 가장 큰 이유는 점점 더 큰 심층 신경망을 개발하고 더 많은 데이터로부터 학습하기 때문이다. 엄청난 규모의 데이터와 컴퓨터 능력이 필요하기 때문에 딥러닝 연구와 심층 신경

----

* 이 주장의 근거는 김석원 박사의 계산에 의해서다. Roberta라는 심층 신경망을 훈련시키는 데 1,000개의 V100으로 하루가 소요된다. GPT-3는 Roberta의 73배 계산량이 소요되는 것으로 논문에 서술되었다. 따라서 GPT-3를 V100 한 개로 훈련시키면 200년이 소요된다.

망 개발은 일부 글로벌 대기업에서만 가능하다. 상대적으로 부유한 미국 대학에서도 우수한 연구원들이 더 나은 연구 환경을 찾아 기업으로 이탈하는 현상이 나타났다. 개발도상국 대학에서는 꿈도 못 꿀 지경이다.

자동차, 공장 등 인공지능을 필요로 하는 현장에서 직접 학습하고 학습결과를 운용해야 할 필요성이 커지고 있다. 또 노트북이나 스마트폰에서도 기계 학습을 수행하고, 그 결과를 실시간으로 운용할 수 있다면 인공지능이 빠르게 확산될 것이다. 현장의 기기에서 학습하고 활용하는 것을 엣지 컴퓨팅이라고 한다. 이를 위해 신경망 계산을 가속화하는 반도체 칩의 개발 경쟁이 치열하다. 학습 효율을 높여서 적은 데이터로 효율적으로 훈련하는 방법에 대한 관심도 높아졌고 적은 컴퓨팅 자원으로 딥러닝을 수행하려는 녹색 인공지능의 연구도 시작되었으나 아직 성과는 미미하다.

많은 데이터와 컴퓨팅이 필요한 현재의 딥러닝 기법은 개선되어야 한다. 고양이 모습을 이해하기 위해 수백만 장의 고양이 사진과 며칠에 걸친 계산이 필요하다는 것은 난센스다. 새로운 돌파구가 필요하다.

데이터에는 편견이 있다

데이터에는 편견이 있을 가능성이 항상 있다. 편견이 존재하는 사회에서 획득한 데이터에는 그 사회의 편견이 그대로 따라온다. 데이터에 내재된 편견은 학습을 통해서 알고리즘으로 전이된다. 개발자가 의도했든 그렇지 않든, 데이터의 편견은 알고리즘과 인공지능 시스템의 편견으로 이어져 불공정한 결과를 가져온다.

많은 기계 학습 인공지능이 인종차별을 하고 있다. 구글의 영상 분류 프로그램이 흑인 여성을 고릴라라고 분류했다. 사용했던 훈련 데이터가 백인 남자 중심으로 되어 있었기 때문이다. 또한 얼굴인식기가 흑인 얼굴을 탐지하지 못했고, 재범 가능성을 예측하는 알고리즘이 흑인에 대한 선입견을 갖고 차별한다는 것이 알려졌다. 이로 인해 이 예측 시스템 사용에 대한 적법성 논란이 불거졌었다. 얼굴인식 알고리즘 시장은 공항, 회의장, 소매점, 법 집행 분야에서 급격히 성장하고 있으나 얼굴인식의 무분별한, 또 나쁜 용도로 사용되는 것에 대하여 우려의 목소리가 많다. 인식 알고리즘의 정확성에 대하여도 의심하고 있다. 더구나 흑인 여성에 대한 인식률은 매우 낮다는 보고가 있다. 이 기술이 개인의 프라이버시를 침해하고 자유를 억압하는 나쁜 기술로 인식되어 사용을 금지하거나 자제하는 분위기다.

직업에 대한 편견이 인공지능에게 그대로 전이되는 경우도 있다. '그 남자는 간호사다'라는 영어 문장을 성 구분이 없는 터키어로 번역했다가 다시 영어로 되돌려보니 '그녀는 간호사다'라는 문장이 도출되었다. 간호사는 여성 직업이라는 편견이 작용한 것이다. 또 다른 예로, 인공지능 스피커의 이름은 모두 여성 이름이고, 목소리는 여성 목소리다. 상사는 남자이고 비서는 여성이라는 선입견의 결과다. 같은 말을 해도 남성 목소리와 여성 목소리에 다른 반응을 보이기도 한다.

세상에 편견이 존재하는 한 기계 학습의 편견을 극복하기는 어렵다. 데이터에 내재된 편견을 자동으로 배제할 수 없기 때문이다. 데이터와 훈련 결과를 일일이 점검해야 하는데 쉽지 않은 일이다. 채용심사를 대신하는 알고리즘이 인종이나 성 차별을 하지 않는다는 것을 어떻게 보장할 수 있을까? 알고리즘이 어떻게 작동하는지를 투명하게 보여주는 것만이 현실적인 대안책이다. 유럽연합에서는 자동화 또는 인공지능이 내린 모든 결정에 대해 '설명 받을 권리'를 '개인정보보호법'으로 규제하고 있다. 알고리즘뿐만 아니라 훈련에 사용한 데이터도 검증할 수 있어야 한다. 설명 가능한 인공지능의 연구는 편견을 제거하는 데 중요한 역할을 할 것이다.

인공지능은 학습된 문제만 해결한다

2020년 6월 자율운전 모드에 있던 테슬라 자동차가 타이완에서 사고를 냈다. 고속도로에서 옆으로 누워있던 트럭에 전속력으로 돌진한 것이다. 사고 경위를 이해하기 위하여 인터넷에서 동영상을 참조하기 바란다(검색어: Autopilot Accident Taiwan). 이 웃지 못할 사고를 조사하는 경찰과 인공지능 간의 가상 대화를 구성해보았다.

경찰 : 아니 이 큰 물체를 못 보고 가서 부딪칩니까?

인공지능 : 하얀 것이 하늘인지 알고 직진하는데 갑자기 하늘이 딱딱해 지내요.

경찰 : 트럭을 들이받으셨습니다.

인공지능 : (놀라며) 예? 트럭이요? 무슨 트럭이 바퀴도 없어요? 저는 바퀴는 잘 보는데.

경찰 : 트럭이 드러누워 있었어요. 그래서 바퀴가 안 보였겠죠?

인공지능 : 그럼 제가 본 하얀 것은 무엇이에요?

경찰 : 트럭의 지붕입니다.

인공지능 : 아~. 저는 트럭의 지붕을 본적이 없어요. 트럭의 앞, 뒤, 옆은 많이 봐서 잘 아는데. 트럭이 드러누우면 지붕이 보이는군요. 제가 훈련될 때 드러누운 트럭의 영상은 본 적이 없었어요.

어떻게 이런 일이 일어났을까? 답은 명확하다. 기계 학습 컴퓨터 비전 시스템은 훈련된 것만 인식한다. 고속도로에 트럭이 누워 있는 것은 흔한 일이 아니다. 아마 훈련에 사용된 데이터집합에

2020년 6월 자율주행 중이던 자동차가 고속도로에서 옆으로 누운 트럭에 전속력으로 돌진하여 충돌했다.

는 도로에 옆으로 누워서 지붕을 보여주는 트럭의 영상은 없었을 것이다. 많이 본 트럭의 뒷부분은 잘 인식하지만 지붕은 본적이 없는데 어떻게 인식할 수 있겠는가?

기계 학습을 이용하여 인공지능 알고리즘을 만드는 이유는 그 알고리즘을 새로운 문제에 적용하기 위해서다. 즉, 새로운 사건을 해석하거나 의사결정에 도움을 받거나 자동화할 목적으로 사용한다. 그런데 이 알고리즘은 학습에 사용된 데이터를 얻은 상황과 유사한 상황이 아니면 잘 작동하지 않는다. 영어 문장을 한국어로 번역하도록 훈련된 알고리즘이 불어 문장을 번역하지 못하는 것은 당연하다고 생각할 것이다. 그러나 같은 영어 문장이라도 역사 이야기로 훈련된 번역기가 경제 보고서를 번역할 때 어딘가 부족한 것을 보여주는 것이 기계 학습 기술의 현주소다.

훈련에 참여하지 않은 데이터에도 작동하는 능력을 일반화 능력이라고 한다. 일반화를 잘 한다는 것은 조금 과장한다면 안 배운 일도 잘 한다는 것이다. 보통 딥러닝으로 훈련한 심층 신경망은 일반화에 약하다. 신경망이 심층이고 연결선이 많기 때문이다. 딥러닝의 약점을 지적하는 마커스$_{Gary\ Marcus}$는 입력과 같은 출력을 내는 함수, 즉 F(x)=x를 배우는 상황을 지도 학습으로 실험한 적이 있다. 짝수 데이터로 훈련시킨 심층 신경망이 홀수를 입력할 때는 옳은 출력을 내지 못했다. 딥러닝의 일반화 능력의 약점을 지적하는 실험이었다.

'벽돌 깨기' 비디오 게임을 딥러닝 강화 학습으로 훈련한 경우도 있다. 화면의 좌우 상황을 입력하여 반사판 이동 방향을 학습했다. 이 성능은 사람의 능력을 능가했다. 그러나 화면의 밝기를 2% 높이거나 반사판의 위치를 조금 높였을 때 성능이 급격히 저하되는 것을 발견했다. 이 정도 변화라면 사람은 변화를 인지도 못했을 것이다. 이세돌 프로기사를 이기고 은퇴한 알파고 프로그램도 19×19 바둑판이 아니라 18×18이나 20×20에서 승부를 겨룬다면 형편없는 능력을 보일 것이다. 학습한 것을 일반화하지 못해서다. 딥러닝은 배움의 목표나 동기를 알지 못한다. 단지 입력과 출력 간의 연관관계만을 배운 것이다. 따라서 상황이 조금만 바뀌어도 성능이 급격히 떨어진다.

의사결정 과정을 설명할 수 없다

알파고와 이세돌의 네 번째 대국에서는 알파고가 패배했다. 언론에서는 일부러 져준 게 아니냐는 이야기도 있었다. 하지만 감정 없는 기계가 져준다는 것은 어불성설이다. 그렇다면 알파고는 왜 졌을까? 알파고가 확률적 의사결정 시스템이기 때문이다. 기계 학습은 통계적 추론 방법론이고 기계 학습으로 구축된 인공지능 시스템은 확률적 의사결정 시스템이다. 확률적 의사결정 시스템은 항상 옳은 결론을 내는 것은 아니다. 확률에 따른 불확실성이 있고 실패의 경우도 있을 수 있다. 알파고가 바둑돌을 놓을 수 있는 곳이 두 곳, a와 b가 있다고 하자. a에 놓으면 승률이 90%, b에 놓으면 승률이 80%라고 하자. 그러면 알파고는 승률이 높은 a를 택할 것이다. 그러면 열 번에 한 번은 이기지 못하는 경우가 발생한다. 이것이 확률적 의사결정 시스템의 본질이다.

기계 학습으로 구축된 심층 신경망에 의사결정 과정을 묻는다면, 확률적 판단 과정을 설명해야 할 것이다. 심층 신경망의 경우 확률적 판단이 여러 번 중첩되었기 때문에 그 판단 수식을 설명해도 사람이 이해할 수 없다. 그런 의미에서 블랙박스Black Box 시스템이라고 할 수 있다. 문제 풀이에 사용된 특성과 개념을 사람이 이해할 수 있는 기호적 표현으로 만들지 못한다. 따라서 의사결정 과정을 인간의 언어로 설명하지 못한다.

인공지능 시스템이 사람을 대신해서 중요한 판단을 하는 데에도, 사람이 그 과정을 이해할 수 없다면 이는 매우 심각한 한계다. 의료 분야에서 특히 그렇다. 질병의 원인과 처치법의 효과도 모르면서 인공지능의 처방을 받아들일 수 있을까? 의사는 인공지능이 결론을 어떻게 도출했는지 확실히 이해한 후 환자에 적용 여부를 판단해야 한다. 더구나 한 사람의 문제가 아닌 전 인류의 운명을 좌우하는 중요한 결정일 때, 이것을 의사결정 과정을 설명하지도 못하는 인공지능에게만 맡길 수 없다.

인류의 문명 발전 역사를 잠깐 보자. 중세 암흑기, 종교의 시대를 거쳐서 17세기쯤 이성의 시대에 들어섰다. 지식을 탐구하고 성찰하며, 과학을 통해서 세상의 이치를 이해하고, 설명을 시도했다. 이를 바탕으로 개인의 행복과 자유를 추구하는 민주주의를 발전시켜왔다. 그런데 이제 중요한 의사결정을 인공지능이 대신한다면, 더구나 판단 과정에 대한 설명도 없다면 인류의 미래는 어떻게 될 것인가? '이해하는 존재'라는 인간의 특성을 유지할 수 있을까? 인공지능의 도래로 이성의 종말이 오는 것인가? 미래도 인간 중심의 세상일까?

초기부터 인공지능 학자들은 의사결정 과정을 설명할 수 있는 인공지능을 추구해왔다. 1970년대에 시도했던 전문가 시스템이 대표적 사례다. 사람의 지식을 이식하여 구축한 규칙이나 모델이 의사결정에 사용되는 과정을 보여줌으로써 설명을 대신했다. 그러나 이런 방법론은 인공지능 연구의 중심에서 멀어졌다. 수동으로 사람의 지식을 표현한다는 것이 어렵고 노력이 많이 들기 때문이었다. 더구나 인공지능의 관심이 지각·인지 작용의 모방에 이르자 더욱 그렇게 되었다.

최근에는 설명 가능한 심층 신경망 모델에 대한 연구가 가속되고 있다. 연구 방향은 통계적 학습 모델에 실세계 상황 모델을 연계하는 하이브리드 방식의 도입이다. 이는 1960년대부터 여러 인공지능 연구자들이 가야 할 방향이라고 주장했던 것이다.

딥러닝에는 세상의 모델이 없다

의사결정 과정을 설명하려면 연관관계뿐만 아니라 인과관계, 계층 관계 등 다양한 세상의 모델이 필요하다. 그러나 기계 학습 시스템이 배우는 것은 단지 연관관계뿐이다. 기계 학습 인공지능에게 "왜?"라고 물으면 대답하지 못한다. 인과관계를 이해하지 못하기 때문이다. 하지만 사람의 의사결정 과정은 인과관계 즉 "왜?"의 연속이라는 것이 펄Judea Pearl*의 주장이다. 그의 주장을 빌려오자. 창세기에서 하나님이 "먹지 말라는 사과를 왜 먹었냐?"라고 물으니 아담이 자신의 의사결정 과정을 "왜?"를 통해서 보여주었다. "왜냐하면 당신이 정해준 여자인 이브가 권해서"라고 설명한다. 이는 인과관계를 말하는 것이다. 이브도 "왜냐하면 뱀이 나를 속여서"라며 인과관계를 설명한다. 심층 신경망 모델은 인과관계를 이해하지 못하기 때문에 의사결정 과정을 사람의 언어로 설명하지 못하는 것이 당연하다.

또 심층 신경망은 '만약 ~이라면' 같은 가정 상황에서의 판단도 처리하지 못한다. '만약 ~이라면' 같은 가정 상황에서의 판단은 사람들이 일상적으로 하는 것이다. 예로, '젊은이들이 결혼을 하지 않으면 우리 사회는 어떻게 될까?'라는 문제를 생각해보자. 여기에 대한 대답은 데이터 기반으로 도출하기 쉽지 않다. 관련 사례가 없거나 있다 하더라도 기계 학습에 사용할 만큼 충분하지 않기 때문이다. 사람이 이런 가정법 질문에 답을 할 수 있는 것은 가상의 세상 모델을 만들어 이용할 수 있기 때문이다. 나름대로 이론을 만들어서 그 이론을 바탕으로 추론을 거쳐 답을 도출한다. 그 이론이 맞고 틀리고는 다른 차원의 문제다. 인간이 이해하는 수준으로 의사결정 과정을 설명하려면 의사결정자가 보는 '세상'을 공유해야 한다.

세상의 모델은 3차원 물리적 관계, 계층구조, 인과관계 등 다양한 지식들로 구성된다. 사람은 오랜 진화를 통해 세상 모델을 물려받았으며, 출생 직후 더욱 강인한 모델을 형성하는 것으로 알려

---

* 《왜에 관한 책(The Book of Why)》을 저술했다.

졌다. 또 이러한 세상 모델을 인지작용에서 매우 강력하게 사용한다. 우리 눈은 보이는 것을 보는 것이 아니라 생각하는 것을 보는 것이라고도 할 수 있다.

딥러닝은 악의적 공격에 취약하다

딥러닝으로 학습된 심층 신경망의 결론은 작은 변화에도 잘 부서진다. 잘 인식하던 영상에 사람이 인지하지 못할 정도의 조그마한 변형이라도 가해지면 엉뚱한 결과를 낸다. 그림을 보자. (1)의 영상에 매우 작은 흑백의 노이즈를 고르게 분산시켰다. 이런 노이즈를 학계에서는 '소금과 후추의 노이즈'라고 한다. 사람이 인식하지 못할 정도의 작은 노이즈다. 하지만 노이즈를 추가하자 갑자기 인식에 실패했다. (2)에서는 잘 인식하던 영상의 배경에 스티커를 붙였더니 인식에 실패했다. 배경이 조금 바뀐다고 물체 인식 결과도 바뀐다면 문제가 심각하다. (3)에서는 교통표지판을 조금 변형했다. 사람은 그래도 잘 인식하지만 심층 신경망은 인식하지 못했다. 정지신호를 빠른 속도로 진행하라는 것으로 잘못 인식했다. 이러한 취약점은 자율주행차의 안전성에 커다란 문제를 일으킬 수 있다. 테러리스트들에게 쉽게 악용될 여지가 있다. 자연어 이해에서도 작은 변화에 부서지는 사례가 발견되었다. 영어 문장에서 단어를 거의 같은 의미의 단어로 바꾸었을 뿐인데, 문장의 감성 평가

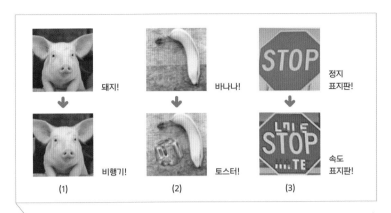

딥러닝으로 개발된 영상 분류 심층 신경망에서 작은 변형에 의한 인식 실패 사례

출처: (1) A. Mardy et al. "Brief Introduction to Adversarial Attack," Gradient Science, 2018
(2) T. Brown et al. "Adversarial Patch", arXiv, 2018
(3) K. Eykholt et al. "Robust Physical-World Attacks on Deep Learning Visual Classification", arXiv 2018

가 완전히 달라졌다.

이런 사례가 지적된 건 벌써 수년 전이었지만, 발생 원인이 무엇이고, 어떨 때 발생하는지 여전히 불분명하다. 이를 어떻게 회피할 수 있을지에 대한 문제에도 아직 답이 없다. 취약성은 딥러닝의 오류가 아니라 딥러닝의 특성이다. 훈련 결과는 예측성이 높지만 부서지기 쉬운 것이다. 인간이 이해할 수 없는 특성들이 훈련데이터 집합에 광범위하게 존재하고 이 특성이 훈련되는 것이라 생각된다. 이런 특성을 이용한 확률적 판단이 중첩되었을 때, 사람의 판단과 상이한 결론에 도달하는 것으로 이해할 수 있다. 최근 소프트웨어의 안전성과 보안을 연구하는 연구자들이 본격적으로 분석하기 시작했다.

이미 알려진 지식과 통합에 약하다

딥러닝은 이미 알려진 지식을 통합하여 새로운 지식을 만드는 데에 취약하다. 오로지 데이터에 내재된 입력과 출력 간의 연관관계만 학습할 뿐이다. 그래서 신경망으로는 우리가 이미 알고 있는 지식을 통합적으로 활용하는 데 취약하다. '모든 인간은 죽는다' 라든지 잘 알려지고 검증된 뉴턴의 법칙 등은 명시적으로 사용하지 못한다. 또 '코로나19 감염자의 1%가 사망에 이른다'와 같이 이미 계량화된 지식도 사용하지 못한다. 딥러닝은 이런 지식을 활용하기보다는 다시 찾아내려고 할 것이다.

현장에서는 기계 학습을 적용할 수 있는 문제라 하더라도 필요한 모든 데이터가 동시에 주어지지 않는 경우가 많다. 데이터가 시차를 두고 산발적으로 나타나는 것이 일상이다. 먼저 얻은 데이터로 학습한 후 사용하다가 추가 데이터를 얻었을 때 추가로 학습하여 성능을 증강하는 것이 바람직하다. 하지만 단순한 딥러닝은 점진적 개선에 취약하다. 이런 경우 모든 데이터를 갖고 다시 학습하려고 할 것이다.

최근 여러 분산된 저장장치의 데이터집합을 하나의 컴퓨터로 모으지 않고 훈련시키는 연합 학습Federated Learning 기법이 연구되고 있다. 데이터가 분산된 상태에서 학습 알고리즘이 찾아가서 학습하고 나오는 방법이다. 데이터를 중앙에 집중하지 않기 때문에 데이터의 소유권 분쟁을 원천적으로 막을 수 있으며, 개인정보 보호, 데이터 보안, 접근 권한 통제 같은 현실적으로 중요한 문제를 해결할 수 있다. 국방, 통신, IoT, 제약 등 여러 업종에서 관심을 갖는다. 또한 암호 해제 없이 암호화된 데이터를 직접 훈련에 사용하는 것도 멋진 아이디어다.

자율 학습 시스템의 한계

자율 학습 시스템이란 운영 과정 중, 데이터를 획득하여 스스로 성능을 증강시키는 시스템이다. 이런 시스템은 처음 현장에 배치되었을 때는 부족하더라도 운영 중에 추가로 데이터를 획득하여 학습함으로써 성능을 증진시킬 수 있다. 이런 능력의 인공지능 시스템은 사람이 취업 후 업무에 적응하여 성능을 높이는 것처럼 현장 배치된 이후 업무에 적응할 수 있다. 그러나 이런 시스템은 개발자의 의도를 벗어날 가능성이 항상 존재한다. 아이들이 부모의 보호 아래 잘 성장했지만 독립했을 때 부모의 의도를 벗어나서 엉뚱한 방향으로 성장하는 경우와 같다. 마이크로소프트에서 만들었던 타이$_{\text{Tay}}$라는 자율 학습 챗봇이 그 예다. 타이는 트위터에서 대화를 학습하여 소통하도록 개발되었다. 공개한 지 얼마 안 돼서 타이는 인종차별, 마약 등 바람직하지 않은 트윗을 하는 것으로 밝혀졌다. 중국에서도 유사한 사례가 있었다. 자율학습 시스템이 개발자

의 의도를 벗어나 중국 정부를 비판하는 언사를 배워 사용했던 것
이다.

따라서 자율 학습 시스템을 잘 사용하기 위해서는 항상 감시
하고 통제해야 한다. 오늘 잘 작동하던 자율 학습 시스템이 내일도
잘 작동한다는 보장이 없다. 그러므로 사람이 운영과 학습의 반복
사이클에 들어가서 지속적으로 개입해야 할 것이다. 완전한 자동
화는 위험할 수 있다.

공학적 기법이 부족한 딥러닝

딥러닝 기술은 이미 산업적 가치를 충분히 증명했다. 딥러닝
은 이제 특별한 기술이 아니라 누구나 사용하는 기술이 되었다. 미
래의 비전이 아니라 현실의 기술이 된 것이다. 간단한 농기구에서
복잡한 의료기기에 이르기까지 기계 학습은 이미 우리 삶과 긴밀
히 통합되어 있다. 이제 우리는 딥러닝 기술을 적극적으로 활용해
서 경제적 가치를 창출해야 한다. 더구나 딥러닝은 공개된 기술이
다. 학술 자료는 물론이고 소프트웨어·데이터의 개방과 공유로 기
술의 민주화가 이루어졌다. 많은 데이터로 잘 훈련된 심층 신경망
의 공유도 빈번하다.

그러나 딥러닝을 산업현장에서 본격적으로 활용하기에는 공
학적 기법이 아직 부족하다. 아직도 대학 실험실의 도구라는 냄새

를 지울 수가 없다. 딥러닝으로 견고한 시스템을 만드는 것은 쉬운 일이 아니다. 제한된 환경에서 작동하는 시스템은 비교적 쉽게 만들 수 있지만 성능에 대한 보증을 못 한다. 훈련 데이터와 유사하지 않은 새로운 데이터에서도 작동한다는 보장이 없다. 특히 큰 시스템의 부품으로 사용되는 경우에는 확인이 더욱 어렵다. 단순 부품들을 조합하여 복잡한 시스템을 만드는 모듈화 기법은 기계장치나 소프트웨어 시스템 개발에서 일상적으로 사용되지만 기계 학습에는 아직 정착되지 않았다. 또한 디버깅 용이성, 견고성Robustness, 재사용 가능성, 재현성 등에서 기계설계와 소프트웨어공학 기법에 한참 못 미친다. 이런 공학적 방법론의 개발은 기계 학습 시스템의 신뢰성 확보를 위해 중요하다. 신뢰성은 안전과 직결되기 때문이다. 토요타 자동차의 잦은 급발진 사고가 소프트웨어의 결함이 원인이라는 것이 밝혀지면서부터 신뢰할 수 있는 소프트웨어를 만들기 위한 개발 절차와 관행이 정착되었다. 자주 발생하는 자율주행차 사고는 기계 학습 인공지능 시스템의 신뢰성에 대한 관심을 더욱 촉구하고 있다.

일반 소프트웨어의 공학적 개발 절차는 기계 학습형 시스템 개발에도 적용되어야 한다. 요구 사항을 모아서 현재의 문제를 식별하고, 목표와 계획을 세우는 것이 정보 시스템 개발의 시작이다. 그다음에 시스템을 설계하고, 구현하며, 테스트를 거쳐서, 현장에 배치하고, 사용하면서 유지·관리를 한다. 그리고 이 절차는 반복

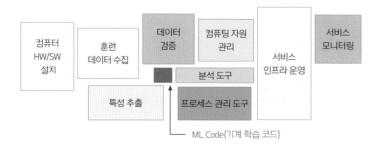

| 컴퓨터 HW/SW 설치 | 훈련 데이터 수집 | 데이터 검증 | 컴퓨팅 자원 관리 | 서비스 인프라 운영 | 서비스 모니터링 |

분석 도구

특성 추출　　프로세스 관리 도구

ML Code(기계 학습 코드)

데이터 기반 인공지능 시스템 개발을 위한 환경. 기계 학습은 매우 적은 부분을 차지하며, 필요한 주변 인프라가 더 광범위하고 복잡하다.

출처 : D. Sculley, et. al. Hidden Technical Dept in Machine Learning Systems, NIPS

된다. 소프트웨어 시스템 개발 절차에 더해 기계 학습 시스템의 개발에는 특별한 업무가 추가된다. 그림에서 보듯이 학습용 데이터 수집, 데이터 정리 및 검증, 반복되는 학습의 관리, 학습결과의 일반화 능력 검증, 안정성 점검, 컴퓨팅자원 관리 등이 그것이다. 이런 기계 학습 시스템 개발의 작업흐름에서 아직은 공학적 관리기법을 적용하지 못하고 있다. 이러한 상황은 딥러닝 기술의 현장 배치나 확장 가능성을 심각하게 제한한다. 그러나 현장에서의 요구가 강하기 때문에 공학적 관리기법이 곧 정형화되고 정립될 것이라 본다.

또한 인공지능은 다른 기술로 개발된 시스템들과 연계되어 사용된다. 딥러닝으로 훈련된 기계 학습 시스템은 통상적으로 커다란 시스템의 일부다. 독자적으로 사용되는 인공지능은 현장에서 보기 힘들다. 디지털 기술이 일반화되어 대부분의 시스템이 소프트웨어로 구현된다. 따라서 인공지능 시스템은 소프트웨어 시스템의 한 모듈일 가능성이 크다. 소프트웨어 시스템 개발에서 기계 학습은 매우 적은 부분을 차지하며, 필요한 주변 인프라가 더 광범위하고 복잡하다. 이런 이유로 기계 학습 시스템을 개발하는 엔지니어는 소프트웨어 공학의 기술도 깊게 이해해야 한다. 소프트웨어 엔지니어가 기계 학습 도구를 익히는 것이 더 바람직해 보이기도 한다. 인공지능에 대한 흥분이 가라앉으면 기계 학습도 소프트웨어를 개발하는 방법 중의 하나였구나 하고 이해하는 엔지니어들이 많아 질 것이다.

최고의 인공지능은
아직 발명되지 않았다

현재의 인공지능은 앞으로
25년 동안 나올 것에 비하면 아무것도 아니다.

캐빈 켈리

 인공지능 기술은 매우 빠른 속도로 성장하고 있다. 최근 딥러 닝으로 촉발된 데이터 기반 기계 학습의 열풍은 한동안 지속될 전 망이다. 딥러닝 알고리즘의 발전과 함께 인터넷을 이용한 데이터 수집, GPU로 대변되는 컴퓨팅 파워, 거기에다 공개·공유의 기술 생태계는 인공지능 연구에서 큰 성과를 기대하게 한다. 이번 기회 에 오랫동안 꿈꾸던 의식과 상식을 갖춘 일반 인공지능 발전의 물 꼬를 트게 되기를 기대해본다. 떠오르는 양자 컴퓨터 기술은 인공 지능을 어디까지 끌어올릴 수 있는지 예측조차 불허한다. 인공지능 기술의 발전 방향을 둘러보자.

하이브리드 방법론의 추구

기술의 강력함과 범용성은 항상 반비례 관계에 있다. 여러 문제에 적용할 수 있는 범용성의 기술은 능력이 미약해서 현실의 문제를 실용화 수준으로 해결하지 못하고, 강력한 능력의 기술은 적용 범위가 매우 좁아서 새로운 문제를 만나면 해결하지 못한다. 지난 70년간의 인공지능 연구는 강력하면서도 범용성 있는 방법론 탐구의 역사라고 할 수 있다. 기호적 처리와 연결주의의 경쟁을 이 관점으로 볼 수 있다. 기호적 처리 방법론은 수동으로 구축한 지식을 바탕으로 한다. 좁은 영역이지만 깊은 추론이 가능하다. 보고 듣는 인지 기능의 구축이나 학습에는 취약하다. 반면 연결주의는 통계적 의사결정 방법이다. 데이터 훈련 방법이며, 인지 능력 구현에서 강점을 보인다. 그러나 정보의 추상화와 다양한 형태의 지식과 통합하는 능력에서는 약점을 보인다. 이 두 가지의 강점을 통합한 하이브리드 방법론이 인공지능의 미래라고 많은 연구자가 오래전부터 예측해왔다. 인공 신경망이 신호를 처리하여 기호적 표현을 만들고, 고도의 지식 처리는 기호적 처리가 담당해야 한다는 주장이 오래전부터 있었다.

세상 모델 활용의 추구

지능형 에이전트는 세상 모델을 이용하여 의사결정을 한다. 세상 모델은 복잡한 세상을 필요한 만큼 단순화시킨 표현으로써 에이전트가 믿는 세상이자 이론이다. 문제에 따라서 다양한 형태의 모델을 필요로 한다.

컴퓨터 비전 문제에서는 물체 및 세상의 3차원 구조 모델이 필수적이다. 또 확률적 추론과 의사결정을 위하여 인과 관계의 모델이 필요하다. 자연어를 이해하는 데 물리적 현상, 생명체 속성 등에 대한 상식이 필요하다. 계산 복잡도를 피하기 위해서는 세상의 정보를 추상적 개념의 모델로 형성하여 갖고 있어야 할 필요도 있을 것이다. 모델의 용도는 다양하다. 상황을 파악하여 적응하기 위하여, 배운 것을 일반화하기 위하여, 또 논리적 판단과 언어적 표현으로 의사결정 과정을 인간과 소통하기 위하여 등등 다양한 목적으로 활용된다.

문제를 신속히 해결하기 위해서는 그 모델에서 한두 개의 변수에 집중하여 변화를 빠르게 발견하고 반응해야 한다. 강력하면서도 널리 쓰일 수 있는 세상 모델을 구축하고, 그것을 활용하는 방법에 관해서 많은 연구가 필요하다. 가야 할 길이 멀다. 기호적 처리나 데이터 기반의 방법론 등 특정 방법론에 매여 있을 필요가 없다.

딥러닝 약점의 극복

딥러닝 방법론을 이용한 기술발전이 한동안 가능할 것이다. 앞에서 지적한 딥러닝의 약점들을 해결하기 위하여 많은 연구자들이 노력하고 있다. 2020년 초 뉴욕에서 개최된 학술대회 AAAI에서 딥러닝 발전의 공적으로 튜링상을 공동으로 수상한 벤지오, 힌튼, 르컨은 자신들의 연구 분야를 소개하면서 딥러닝의 약점은 해결될 수 있다고 주장했다. 학계에서는 인공 신경망을 더욱 구조화하여 일반화가 더 잘 되게 하는 연구가 활발하다. CNN을 개선하여 관측 위치의 변화, 물체의 회전, 크기의 변화에 적응하도록 연구하고 있다. 또한 과도한 데이터 의존도를 극복하기 위한 연구도 활발하다. 일부 학자는 기계 학습 연구계가 이제는 의식Consciousness에 관한 연구를 시작할 때라고 주장한다.

현재 딥러닝 분야에서 관심 갖는 기반 기술의 주요 연구 주제는 추론과 의식의 연구로부터 기대되는 신경망 기능의 추가, 구조를 발견하고 활용하는 기법, 상식을 포함한 세상 모델 구축 및 활용 방법, 지도자 없이 스스로 탐색하는 기법 등이다. 한편으로는 연구실의 성과를 쉽고 값싸게 현장에서 활용할 수 있도록 하는 노력이 빠른 속도로 진척될 것이다. 이러한 연구 방향으로는 더 적은 예제로 더 빠르게 일반화하는 학습 방법, 더 나은 전이 학습과 도메인 적응에 관한 연구가 있다. 클라우드 컴퓨팅 환경 아래에서 인공지능 모듈을 쉽게 사용할 수 있도록 하는 노력, 서비스 장비에서 직접 훈련을 수행하는 내장형 인공지능, 현장 배치를 위한 소프트웨어 공학적 기법 도입 등이 숙제다.

머신러닝 기술이 데이터로부터 자동 학습할 수 있다고 하지만, 학습 절차를 설정하기 위해서는 여전히 엔지니어들의 많은 개입이 필요하다. 복잡한 하이퍼파라미터를 최적화하는 데에는 깊은 지식과 통찰력이 필요하기 때문이다. 그 과정에서는 어쩔 수 없이 인간의 편견과 한계가 기술에 포함되기도 한다. 최적화된 모델을 자동으로 만드는 노력이 성과를 보이고 있다. 모델 스스로가 하이퍼파라미터를 변경해가면서 최적의 모델로 성장하는 것이다. 여기에는 생명체 진화 과정을 모사한 유전 알고리즘Genetic Algorithm이 활용될 것으로 기대된다.

양자 컴퓨터가 인공지능을 만나면

2019년 구글은 강력한 슈퍼 컴퓨터라도 1만 년이 걸렸을 것이라고 주장한 계산을 양자 컴퓨터가 200초만에 마쳤다고 주장했다. IBM은 과장되었다고 반박했지만 양자 컴퓨터가 가시권에 들어온 것은 분명한 것 같다. 양자 컴퓨터는 0과 1의 상태만 존재하는 비트에 의존하지 않고 큐빗Qubit을 사용한다. 큐빗의 상태는 켜지거나 꺼지는 것에 국한되지 않는다. 그들은 동시에 있을 수도 있고, 아니면 그 중간 어딘가에 존재할 수도 있다. 원자보다 작은 입자인 아원자 수준에서 일어나는 독특한 '양자얽힘'이란 현상을 계산 목적으로 활용한 것이다. 큐빗으로 만든 양자 컴퓨터는 동시에 많은 변수들을 볼 수 있게 한다. 양자 컴퓨터가 이러한 능력으로 특수한 성격의 문제를 매우 빠르게 처리할 수 있을 것으로 기대된다.

인공지능에서 자주 부딪히는 탐색의 문제는 모든 경우를 조사해서 가장 좋은 것을 찾는 것이다. 즉 조합 최적화 문제다. 이런 문제의 어려움은 분기점을 지날 때마다 탐색해야 할 경우의 수가 기하급수적으로 증가한다는 점이다. 기존의 컴퓨터로는 이런 문제 해결에 많은 시간이 걸린다. 분기점에서 여러 가지 경우를 차례로 하나씩 처리해야 하기 때문이다. 복잡도가 기하급수적으로 증가하기 때문에 프로세서의 숫자를 1천 배, 1만 배로, 또 그 처리 속도가 1천만 배, 1억만 배 빨라지더라도 별 도움이 안 된다. 이런 조합 최적화 문제에서 양자 컴퓨터가 능력을 보일 것으로 기대한다. 양자 컴퓨터는 분기점에서 모든 경우를 한꺼번에 탐색할 수 있다. 즉 기하급수적으로 복잡도가 증가하지 않는다. 이것은 훨씬 짧은 시간 안에 더 많은 가능성들을 샅샅이 뒤질 수 있다는 것을 의미한다.

양자 컴퓨터는 인공지능에 큰 도움을 줄 것이다. 기계 학습이란 가장 좋은 파라미터값을 찾는 작업인데 여러 가지 파라미터값을 동시에 검토할 수 있다면 그 속도가 매우 빠를 것이다. 기존의 탐색 문제에서 최적값을 찾는 시간을 줄이기 위해서 적당히 좋은 값으로 만족해야 했는데 양자 컴퓨터가 도와주면 최적의 값을 고집해도 될 것이다. 알고리즘이 훨씬 좋은 판단을 훨씬 빠른 시간에 할 수 있다면 인공지능은 더욱 똑똑하게 될 것이다.

인공지능 겨울은 언제든지 다시 올 수 있다

주기적으로 나타나는 인공지능 겨울은 연구개발자들의 약속에 비해 초라한 성과 때문이다. 인공지능이라는 단어는 대중에게 근거 없이 높은 기대를 갖게 한다. 미디어의 과장된 보도도 거들었다. 대중들은 초인적 능력의 로봇이 등장하는 공상과학 소설과 지금의 인공지능 기술을 구분하지 못한다. 연구자들은 연구비를 확보하기 위해 연구 목표를 높게 설정한다. 앞서 가는 기업들은 마케팅을 위해 성과를 과장한다. 뒤쫓아 가는 기업들은 인공지능의 능력을 과신하고 도전한다. 도전은 실패로 연결된다. 도전하지 않는다면 혹시라도 좋은 기회를 날릴 수 있기 때문에 도전을 말릴 수도 없다. 실패를 피하려면 기대치를 조정하고, 능력을 신장시켜야 한다.

인공지능, 특히 딥러닝의 산업적 가치는 증명되었다. 따라서 기업들은 인공지능으로 얻을 수 있는 가치를 신속히 확보하는 것이 바람직하다. 성공한 사례를 면밀히 벤치마킹하여 인공지능 기법을 자신의 문제에 활용해야 한다. 대중이 알고 있는 인공지능은 빙산의 일각에 불과하다. 미디어에 나타나는 화려한 성과는 더욱 그렇다. 잠겨 있는 빙산의 아래는 거대한 IT인프라와 컴퓨팅·소프트웨어 기술이 떠받치고 있다. 특히 인공지능은 데이터와 디지털 기반이 성패를 가른다. 충분한 디지털 기반을 확보해야 한다. 이를 위해서는 관리자부터 현장 기술자까지 인공지능의 본질, 능력, 한계, 그리고 자원의 요구를 이해하는 것이 중요하다. 현재 기술로 할 수 있는 것과 할 수 없는 것을 정확하게 알아야 할 것이다. 기술을 정확하게 이해해 과도한 기대를 피하면서 과실을 취한다면 인공지능에 대한 실망을, 따라서 인공지능의 겨울을 피할 수 있을 것이다.

인공지능의 겨울을 피하기 위해서는 인공지능 기초 연구의 강화 또한 필요하다. 인공지능의 기초 연구 영역에는 과학적 발견이 필요한 부분도 있고, 과학적 발견을 이용해 문제를 해결하고자 하는 공학적 영역도 있다. 인공지능 연구는 국가에서 투자하는 것이 바람직하다. 기존 방법론의 약점을 개선하고, 제기되는 여러 문제를 속히 해결할 능력을 갖춘다면 현장에서 지속적으로 가치를 창출할 수 있을 것이다. 우리나라 학자들도 세계 시민으로서 인공지능 발전에 동참하고, 인류 발전에 공헌하기를 기대한다.

Part 03

인공지능을 지배하는 자,
미래를 지배한다

글로벌 경제 성장의 원천

인공지능은 글로벌 경제활동에 기여할 수 있는 큰 잠재력을 가지고 있다.
그러나 혜택을 극대화하기 위하여 국가,
기업 및 근로자 간 격차의 확대는 관리해야 한다.

맥킨지 글로벌 연구소

인공지능이 글로벌 경제에 미치는 영향

인공지능은 각종 산업 영역에서 혁신을 촉진하고 생산성을 향상시키고 복잡한 문제를 해결하는 데 도움을 준다. 여러 컨설팅 회사와 연구소에서 인공지능이 글로벌 경제에 미치는 영향을 긍정적으로 평가했다.

글로벌 경영 컨설팅 회사인 맥킨지McKinsey는 인공지능이 세계 경제에 미치는 파급효과로 매년 1.2%씩 글로벌 GDP가 증가해

2030년쯤에는 글로벌 GDP에 연 13조 달러를 추가할 것으로 예상했다. 이는 현재와 비교해 약 16% 높은 누적 GDP에 해당한다. 또 인공지능, 기계 학습, 로봇공학이 가져오는 자동화가 전 세계 생산성을 연간 0.8%에서 1.4% 증가시킬 수 있을 것으로 추정했다. 이 것은 증기기관, 초기의 공장 로봇, IT의 공헌과 비교했을 때 상당히 높은 수준이다. PwC 컨설팅에서도 인공지능으로 인해 2019년 이미 글로벌 GDP에 2조 달러의 가치가 추가되었고, 2030년쯤에는 연 15.7조 달러가 추가될 것이라고 예측했다.

IT컨설팅 회사인 액센츄어Accenture에서는 인공지능이 새로운 생산 요소로써 성장의 원천이 될 수 있는 잠재력을 갖고 있다고 보았다. 인공지능으로 지능적 업무의 자동화가 가능하고, 근로자 능력을 증강시키며, 혁신의 확산이 일어난다고 본 것이다. 인공지능으로 업무의 수행 방식을 바꾸고, 근로자들이 창조와 혁신에 집중하게 하며, 산업의 성장을 견인할 수 있다는 것이다. 선진국 사례 연구를 통해서는 인공지능 활용으로 2035년에는 연간 글로벌 GDP 성장률이 2배 오르고, 노동생산성은 최대 40%까지 늘어날 것이라고 예측했다.

업무의 자동화

인공지능은 사람 수준의 인지 능력과 문제 해결 능력으로 많은 업무를 자동화하고 있다. 단순한 반복 작업은 물론 고도의 인지 능력이 필요한 작업들도 자동화되고 있다. 인공지능의 능력이 향상될수록 더욱 많은 업무들이 자동화될 것이다. 고도의 전문지식을 필요로 하는 의사나 변호사 등의 업무도 상당 부분 인공지능으로 대체되고 있다.

인공지능 능력이 향상되어 업무가 자동화된다면 여러 가지 이점이 있을 수 있다. 업무의 오류를 줄이고 더 나은 의사결정을 빠르게 내릴 수 있게 된다. 데이터 분석으로 편견을 갖지 않고 사실에 근거하여 판단할 수 있다. 다양한 정보를 서로 연결하고 상황을 이해해 통찰력 있게 판단할 수 있다. 사건이 일어나기 전에 예측하고, 대응책을 권고할 것이다. 권고만이 아니라 사태의 진전을 막기 위해 인공지능이 스스로 대응하는 행위를 할 수도 있다. 또한 업무 프로세스를 최적화하여 신속하고 현명한 의사결정은 물론 우리 사회 전반의 민첩성과 효율성을 향상시킬 것이다.

또한 인공지능은 사회 구성원의 능력을 고도화할 것이다. 반복적인 단순 작업은 기계에 맡기고 사람들은 높은 생산성과 창의적 업무에 더 집중할 수 있다. 새로운 직업 환경에 적응하기 위해 재교육과 업무 변환이 필요하지만, 인공지능은 근로자들의 업무 성취에 도움을 준다. 지난 10년 동안 인터넷과 인공지능이 확산되었지만 고용이 줄지는 않았다. 단지 일자리의 유형이 바뀌었을 뿐이다. 경영 컨설팅 회사인 PwC 조사에 따르면 의사결정자들의

72%가 인공지능을 근로자를 위한 핵심 도구로 여기고 있다고 한다. 즉, 인공지능을 근로자들이 보다 의미 있는 일에 집중하게 만드는 도구로 인식하고 있다는 것이다.

좀 과장하자면 인공지능 시대에는 인간과 기계의 공생이 가능하다. 사람과 기계가 팀이 되어 업무를 수행하게 될 것이다. 인공지능의 도움으로 사람이 좋은 성과를 내는 사례가 빈번해진다. 체스에서 인공지능이 인간 최고수를 제압한 이후에 체스대회는 두 경기자가 한팀이 되어 대국하는 팀 경기가 인기다. 인공지능과 사람으로 구성된 혼성팀이 최고의 성적을 내고 있다고 한다. 앞으로는 인공지능이 지식과 기술을 먼저 발견하여 사람에게 전수해주는 경우가 빈번해지겠지만 사람이 완전히 손을 떼고 인공지능이 모든 업무를 수행하는 상황은 먼 미래의 이야기다. 사람들은 상당 기간 기계와 함께 일해야 한다.

지금은 가정에서 단순한 명령어를 수행하는 수준이지만 머지않아 챗봇이 기업에서 자동화의 상당 부분을 맡게 될 것이다. 챗봇은 자연어로 소통할 수 있기에 기업이 고객과 관계를 맺을 수 있는 좋은 수단이다. 챗봇이 제품 정보 제공, 고객 질의응답, 구매 처리, 불만 처리 등 다양한 업무에서 즉각적인 서비스를 제공할 수 있다. 또한 챗봇이 직원들의 개인비서 역할을 한다. 출장을 위한 교통 및 숙박 예약, 업무 계획 및 관리도 챗봇이 알아서 하게 될 것이다. 챗봇 간의 소통을 통해서 여러 조직이 관계되는 복잡한 업무도 스스로 처리할 것이다. 이렇듯 챗봇은 직원과 고객에게 새로운 경험과 가치를 제공하며 기업의 생산성을 높여준다.

사라지고, 생기고
일자리 대변혁

현재 직업 47%가 20년 내 사라질 것이다.
정부는 교육 개혁을 서둘러야 한다.

칼 베네딕트 프레이

인류는 선사시대부터 지속적으로 근로시간을 줄여왔다. 근로시간은 줄었지만 삶은 더 풍요로워졌다. 기술의 발전 덕분이다. 수렵사회에서는 365일 밤낮을 가리지 않고 사냥감을 찾아야 했다. 사냥을 하지 못하면 가족이 굶을 수밖에 없었다. 농경사회에 들어와서는 밤이나 겨울에는 일을 하지 않았다. 농업 기술 덕분에 적은 노동으로 곡식을 풍부하게 생산하고 저장할 수 있었기 때문이다.

산업사회에서는 근로시간이 더욱 빠른 속도로 줄어들었다. 현재 주 40시간 근로가 표준이 되었지만 휴가 등의 이유로 실제로는

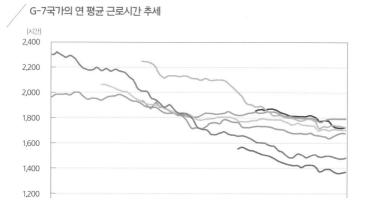

출처 : OECD stat

더 적은 시간을 일한다. 독일, 프랑스 등 유럽 선진국의 주당 근로시간은 30시간 미만이다. 그림은 지난 약 70년간 선진국의 연평균 근로시간이 줄어드는 것을 잘 보여주고 있다.

일은 기계가, 사람은 사람답게

인공지능 시대에 인류는 얼마나 일해야 하는가? 이를 고민하기 이전에 근로와 일자리의 개념이 지금과 같은 의미로 사용될 것인지를 생각해보자. 근로를 '인간이 자아를 실천하는 도구'라고 말하는 사람들도 있지만, 대부분 사람들에게 일자리와 근로는 생계를 위한 수단이다. 인류는 선사시대부터 식량 등의 필수품 확보와 부를 축적할 목적으로 일을 했다. 그러나 이제 식량이나 필수품을 생산하는 일, 심지어 가사 돕기나 환자를 치료하고 돌보는 일도 인공지능과 로봇이 하는 세상이 되었다. 인공지능과 로봇이 혼자서 완전히 못 하더라도 사람의 개입이 최소화되고 있다.

인공지능 시대는 단순히 먹고살기 위해 일하는 세상이 아니다. 사람들은 많은 여가 시간을 즐길 것이다. 따라서 문화, 예술 등이 활성화될 수 있다. 또한 과학기술 연구와 진리 탐구에 많은 시간을 쏟을 것이며, 질병 퇴치나 환경문제를 해결하기 위해 많은 노력을 기울일 것이다. 대부분의 업무는 하지 않아도 되는 것들이지만, 스스로 자부심을 갖기 위해 일할 것이다. 결론적으로 인공지능 시대에는 일은 기계가 하고, 사람은 더욱 사람답게 살아가는 세상이 될 것이다.

자동화로 소멸되는 일자리

기업은 인건비 절약과 품질 개선을 위해 자동화를 한다. 전통적 공장자동화 시스템은 주로 공정이 표준화된 제조 대기업에서 도입했다. 그러나 요즘에는 고도의 지적 능력이 필요한 업무인 변호사, 의사, 기자 등 전문직 업무도 자동화되고 있다. 알고리즘이 뉴스 기사를 대신해서 작성하는 것도 일상이 되었다. 이런 상황에서 현재 일자리의 상당수가 소멸되리라 예상된다.

그러나 새로운 일자리 창출로 전체 일자리 수는 줄어들지 않을 것이라는 주장도 있다. 하지만 지금 형태의 일자리가 줄어든다는 것은 확실하다. 세계경제포럼에서는 2015년에서 2020년까지 전 세계의 700만 개 일자리가 사라질 것으로 예측했다. 사무직 476만 개, 생산직 161만 개, 건설직 50만 개가 소멸될 것이라는 것이다. 물론 200만 개의 새로운 일자리가 생길 수 있다고 했다. 맥킨지에서는 일자리 감소가 가속화되어 2030년까지 전 세계에서 최대 8억 개의 일자리가 없어지게 될 것이라고 예측했다.

인공지능 도입으로 세부 업무 수행 방식이 지금과 현저하게 달라질 것이다. 예전에는 노동자가 하나의 세부 업무를 수행했지만, 앞으로는 인공지능의 도움으로 여러 세부 업무를 동시에 수행하는 슈퍼 노동자가 될 것이다. 그래서 당연히 일자리는 줄어들게 된다. 예로, 변호사 사무실 업무를 보자. 고객 상담 및 자문, 관련 자료 조사와 연구, 변론 준비, 변론, 사무실 운영 관리 등의 여러 업무를 여러 사람이 나누어 했었다. 그러나 자동화가 진전되면서 대표 변호사 혼자서 대부분의 업무를 처리할 수 있게 되었다. 따라서 변호사 사무실의 일자리가 줄어드는 것은 당연하다.

일자리의 성격은 인지 능력과 조작 능력, 창의적인 지적 능력, 사회적 지능 등 필요로 하는 세부 업무로 결정된다. 따라서 일자리의 소멸 가능성은 세부 업무의 자동화 가능성으로 추정할 수 있다. 옥스퍼드대의 프레이와 오스본 박사 팀에서 미래 일자리의 소멸 위험에 대한 연구를 수행했다. 그 내용은 다음과 같이 요약할 수 있다.

미국의 702개 직업에 대해서 미국 노동·고용·훈련관리국이 제공하는 직업정보를 이용하여 직업의 컴퓨터화 가능성을 계산했다. 전문가들이 모여 컴퓨터화 가능성을 판단할 수 있는 대표적 직업 70개를 선정했다. 이 직업 데이터를 이용하여 직업의 특성과 컴퓨터화 가능성의 관계를 기계 학습시켰다. 여러 변수가 있지만 이 중에서 손가락의 정교함, 손재주, 좁은 공간이나 불편한 자세에서 견디는 능력, 독창성, 예술적 감각, 사회적 지각력, 협상력, 설득력, 타인에 대한 배려정신의 아홉 가지 특성으로 직업을 평가했다. 이 특성과 기계 학습에 참여했던 70개 직업의 컴퓨터화 가능성을 근거로 전체 702개 직업의 컴퓨터화 가능성을 0과 1 사이의 확률로 추정했다.

컴퓨터화 가능성이 0.7 이상인 직업군을 고위험군으로 분류했고 0.3 미만인 직업군을 저위험군으로 분류했다. 고위험 일자리는 회계사, 은행 직원(수납, 신용평가, 융자 처리), 텔레마케터, 법률 비서, 운전기사, 부동산 중개인, 점포 계산원, 제조업 공장·근로자, 기자, 도서관 사서, 요리사 등이다. 저위험 일자리는 치과의사, 간호사, 과학자, 예술가, 헬스트레이너, 초등교사, 레크리에이션 강사, 소방관, 성직자 등이다. 고위험 일자리는 대체로 단순하고 반복적이어서 자동화가 가능한 일자리다. 저위험 일자리는 고도의 손재주가 필요하거나, 고객과 만나는 업무, 융통성 있게 문제를 해결하거나 고도의 창의성이 요구되는 것들이다.

이 연구에 따르면, 미국 전체 일자리의 약 47%가 고위험군에 처해 있다. 고위험군에 속해 있는 일자리는 10년 또는 20년 안에 잠재적으로 자동화되거나 일자리 형태가 크게 변화할 것으로 예상한다.

한국의 일자리 소멸

프레이와 오스본 박사 팀과 유사한 방법으로 수행한 소프트웨어 정책연구소의 연구에 의하면 한국의 경우 직업 종사자 중 63%가 고위험군에 속해 있는 것으로 분석되었다. 일부 전문직을 제외하면, 분야를 가리지 않고 모든 직종에서 높은 자동화 가능성을 보였다. 선망의 직업으로 꼽히는 회계사, 세무사, 관세사 등 직업도 고위험군에 속하는 것으로 밝혀졌다. 반면 소프트웨어개발자, 의사, 초등학교 교사, 성직자 등이 저위험 직업에 속했다. 이 연구에서 한국이 미국보다 자동화 가능한 일자리가 더 많다는 것을 알 수 있었다. 한국에서 인공지능 확산이 본격화되면 미국보다 더 많은 일자리가 소멸될 것이라는 우려가 있음을 지적했다. 신속히 산업

구조를 조정해야 하는 당위성을 보여준 것이다.

2016년 고용정보원에서도 유사한 방법으로 연구한 적이 있다. 인공지능과 로봇 기술로 고용 위협을 받는 취업자가 1,800만 명(2025년 기준)에 이를 것으로 발표했다. 국내 전체 취업자 2,560만 명의 70%가 넘는 숫자다. 관리자군의 경우 인공지능으로 인한 일자리 대체율이 49%에 불과한 반면, 단순 노무직군의 경우 90%에 이른다고 주장했다. 또한 2018년 고용노동부에서는 우리나라 '2030년 일자리전망'을 발표했다. 경력 10년 이상의 직업별 전문가 총 1,000명의 예측을 종합했다. 직업군별로 전문가 3~16명의 주관적 판단을 종합해서 농축산업 24만 개, 운전 및 운송 관련직 12만 개, 매장 판매직 11만 개 등 약 80만 개의 일자리가 감소할 것으로 예측했다.

우리나라와 상황이 비슷한 일본의 경우를 살펴보자. 맥킨지 보고서에 의하면 2030년까지 한국은 기존 업무의 25%가 자동화되는 데 반해서 일본은 27%가 자동화될 것이라고 예상했다. 자동화로 1,660만 개의 일자리가 감소하고, 기존 영역에서 770만 개가 증가하며, 새로운 일자리는 470만 개가 생긴다는 결과가 나왔다. 그런데도 일본은 150만 명의 인력 부족을 예상했다. 지금 수준의 GDP 성장을 위해서는 2.5배의 생산성 향상이 필요한데, 노동력은 이에 비해 부족할 것이라 예측했다. 현재 일본 일자리의 34%를 차지하는 급여 계산 관리자, 법률 도우미 등 단순 데이터를 수집하고 처리하는 사무직은 소멸 가능성 70%이고, 22%를 차지하고 있는 생산직 기계 운영자 등 단순 육체 노동직은 67%의 소멸 가능성이 있다고 발표했다.

인공지능 시대, 총 일자리는 감소하는가?

기술의 발전은 지속적으로 일자리에 변화를 가져왔다. 일하는 방식을 바꾸기도 하고, 기존 일자리를 다른 종류의 일자리로 대체하기도 했다. 또한 완전히 새로운 형태의 일자리를 창출하기도 했다. 미국 노동부는 10년 후 세상에 있을 직업 중 약 65%는 지금까지 전혀 생각하지도 못했던 형태일 것이라 전망했다. 특히 지금은 없으나 앞으로 많은 수요가 있을 새로운 일자리로 드론 관련 일자리를 예로 들었다. 택배 업무에 드론이 투입될 것이라 예상되기 때문이다.

기술이 현재의 일자리에 미치는 영향에 대한 예측은 상대적으로 쉽다. 그러나 다가올 미래에 어떤 직업이 생겨나고 얼마나 많은 근로자가 새로운 일자리에서 일하게 될 것인가는 예측하기 쉽지 않다. 지난 역사를 보면 기계화, 자동화 등 기술 발전이 전통 분야의 일자리를 감소시켰다. 하지만 오히려 새로운 산업의 출현으로 더 많은 일자리를 창출하기도 했다. 농경사회에서 산업사회로 변화했던 산업혁명 시기에는 많은 농민계층이 농촌을 떠나 도시의

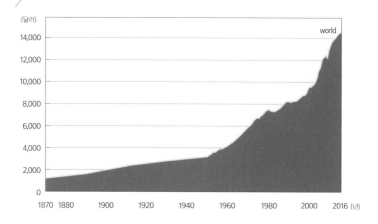

세계의 1인당 GDP 성장 추세

(달러)

world

14,000

12,000

10,000

8,000

6,000

4,000

2,000

0

1870 1880   1900   1920   1940   1960   1980   2000 2016 (년)

출처 : Maddison Project Database(2018)

공장에서 일자리를 얻었다. 산업 발전은 공장근로자를 폭발적으로 증가시켰다. 산업화 초기에 근로자들은 기술 발전이 요구하는 새로운 능력 확보에 어려움을 겪었고, 그들 중 일부는 반발했으나 대부분 근로자들은 적응하여 도시의 중산층을 형성했다. 중산층의 성장은 부의 축적을 가져왔고 결국 자유민주주의 발전의 근간이 되었다.

컴퓨터와 인터넷의 IT 혁명은 사무실에서 일하는 지식근로자라는 새로운 직종을 만들어냈다. 이들은 글로벌 차원에서 혁신을 선도했고, 정보와 지식을 공유했다. 이 과정에서 새로운 일자리가 많이 창출되었다. 인터넷 도입 이후부터 20년간 수백만 개의 일자리가 파괴되었음에도 미국은 거의 완전고용을 이루고 있다. 지식

근로자 일부는 창업 기업가로 변신했고, 이들의 혁신이 시장에서 좋은 평가를 받으면서 엄청난 부를 축적할 수 있었다.

산업혁명 이후 세계 경제 규모는 60배 증가했다. 그동안 전 세계 인구가 여섯 배 증가했고, 개인소득은 열 배로 늘어났다. 1950년에서 2007년 사이에 세계 인구는 164% 증가했고, 일자리 수는 175% 증가한 것으로 집계되었다.* 그림과 같이 세계 1인당 GDP도 가파르게 상승 중이다.

기존 산업과 직업은 없어지더라도 총 일자리가 증가하는 것은 개인과 기업이 새로운 환경에 적응하기 때문이다. 기업은 새로운 산업을 창출하고, 개인은 새로운 산업이 요구하는 새로운 능력을 갖추려고 노력한다. 과도기에는 준비 부족과 직업 재배치 때문에 일시적으로 일자리가 모자라는 상황이 생길 수 있으나 결과적으로 보면 일자리 품질은 좋아지고 그 수도 증가했다. 한편 일부 학자들은 현재 인공지능이 선도하고 있는 자동화는 그 범위가 무척 넓고 속도가 매우 빨라서 이전 산업혁명 시대의 변화와 같지 않을 것이라고 경고한다. 일리가 있다. 그러나 확실한 것은 개인과 기업은 물론, 국가와 사회 모두 이 변화에 준비하고 신속히 적응하도록 노력해야 한다는 것이다.

----

* Šlaus, I. and Jacobs, G. (2011b) 'Human Capital and Sustainability', Sustainability Journal,

인공지능 시대, 어떤 일자리가 생길까?

앞서 보았듯, 인공지능 기술은 일의 성격을 바꾸고 기존 직업의 업무를 크게 변화시킨다. 일부 직업을 도태시키고 완전히 새로운 직업을 만들기도 한다. 광범위한 산업 분야에서 새로운 기술 능력에 대한 수요가 증가되고 있다. 상상하지 못한 분야에서 새로운 산업과 일자리가 창출될 수 있다.

2020년까지 전 세계에서 700만 개의 일자리가 소멸될 것이라고 예측한 세계경제포럼에서도 200만 개의 새로운 일자리가 생길 것으로 예측했다. 새로 생기는 일자리는 주로 컴퓨터, 수학, 공학 관련 일자리다. 2030년까지 전 세계에서 최대 8억 명이 일자리를 잃게 될 것이라고 예측한 맥킨지 보고서에서도 높은 인지 능력이 요구되는 일자리에서는 8%, 사회적 감성이 필요한 일자리는 24%, 과학기술 영역에서는 55%가 증가할 것이라고 예측했다. 영역별로 비즈니스와 금융 일자리는 49만 개, 관리직은 42만 개, 컴퓨터 및 수학 관련 직업은 40만 개, 공학 분야는 34만 개, 판매 관련 직업은 30만 개, 교육 훈련 분야에서는 7만 개의 일자리가 증가할 것이라 예측했다.

과학기술 영역에서의 일자리 전망을 살펴보자. 미국 노동부 통계에 의하면 과학기술 일자리는 2015년 5월 기준, 860만 개로 전체 고용의 6.2%를 차지한다. 과학기술 일자리는 고소득 일자리

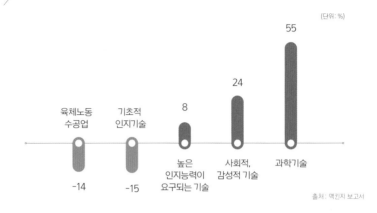

능력에 따른 총 근로시간의 변화, 2016년 대비 2030년 예측치

(단위 : %)

육체노동
수공업

기초적
인지기술

8
높은
인지능력이
요구되는 기술

24
사회적,
감성적 기술

55
과학기술

-14

-15

출처 : 맥킨지 보고서

로 젊은이들이 선호한다. 그중 컴퓨터 관련 일자리는 전체의 45%를 차지한다. 이어서 엔지니어는 19%를 차지한다. 컴퓨터화에 필수적인 소프트웨어 및 인공지능 개발, 데이터 관련 업무 일자리는 계속 증가할 것으로 예측되고 있다. 컴퓨터화가 우리나라보다 더 많이 진행된 미국에서도 이런 상황인데, 상대적으로 발전이 늦은 우리나라는 소프트웨어 인력이 더욱 필요해질 것이다. 그림을 보면 2024년까지 미국에서 50만 개 이상의 컴퓨터 관련 일자리가 창출될 것으로 예측된다. 이는 과학기술 분야 일자리 증가의 74%에 해당한다.

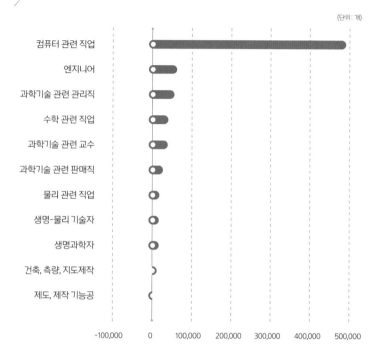

(단위: 개)

컴퓨터 관련 직업
엔지니어
과학기술 관련 관리직
수학 관련 직업
과학기술 관련 교수
과학기술 관련 판매직
물리 관련 직업
생명-물리 기술자
생명과학자
건축, 측량, 지도제작
제도, 제작 기능공

-100,000   0   100,000   200,000   300,000   400,000   500,000

출처: 미국 노동부 통계국

인공지능 시대 업무의 변화

기술사회학자인 데이빗 터플리David Tuffley 교수는 미래 살아남을 직업에 필요한 요인들을 다음과 같이 정리했다. 첫째, 생각하는 기술이다. 창의적 사고 능력을 바탕으로 흥미롭고 유용한 것을 만들어내는 능력이 필요하다. 둘째, 뉴미디어와 가상 환경이 제공하는 대량의 콘텐츠 중에서 유용한 정보를 가려내는 감각이 요구된다. 셋째, 정보의 홍수 속에서 빅데이터를 다루는 정보 처리 및 소프트웨어 개발 능력이다. 미래 유망 직업으로 정보보안 전문가, 빅데이터 분석가, 인공지능 및 로봇공학 전문가, 애플리케이션 개발자 등을 들었다. 이러한 직업에 있어서 소프트웨어 개발 능력은 생각을 실현하기 위한 필수 기술이다.

노동자에서 슈퍼 노동자로

인공지능 시대에는 사람과 인공지능이 팀으로 일하게 될 것이다. 사람 혼자서는 못하던 일을 인공지능의 도움으로 성취하게 될 것이다. 사람과 인공지능이 분업하는 것이다. 그러나 점점 인공지능의 능력이 좋아지면서 더 많은 업무를 기계에 넘겨주게 될 수 있다. 학습해야 할 것이 있으면 기계가 먼저 배워서 사람에게 전수하게 될 것이다. 이런 상황에서는 인공지능을 활용할 수 있는 능력이 근로자에게 가장 필요한 능력이 될 것이다.

한 사람은 경험을 쌓으면서 여러 세부 업무 영역으로 능력을 넓혀가게 된다. 이는 인공지능 시대에도 마찬가지다. 높은 직급에 올라가게 되면 관리 등 다른 업무를 추가로 맡게 된다. 예전에는 한 노동자가 한두 개 정도의 세부 업무를 수행했다. 하지만 워크플로우Workflow의 자동화로 업무 시작부터 끝까지 모두 혼자서 수행하는 슈퍼 노동자가 될 것이다. 관리 업무도 인터넷과 인공지능의 도움으로 쉽게 할 수 있게 될 것이고, 상당 부분이 자동화될 것이다. 또 관리자 자신조차도 인공지능의 관리를 받게 될 것이다.

원격 근무, 프리랜서의 일상화

코로나19의 세계적 유행은 일하는 형태의 변화와 산업의 구조 조정을 가속하고 있다. 인터넷과 인공지능에 더해 코로나19의 확산으로 그 속도가 더욱 빠르게 진행되고 있다. 전 세계 많은 사람들이 재택근무를 하고 있다. 재택근무는 직장생활의 일부가 되었다. 직장에서 식사를 제공하던 기업들은 먹거리를 집으로 배달하고, 심지어 재택근무의 효율성을 높이기 위해 아이 돌봄 비용도 지급한다. 이런 추세는 한동안 지속될 것 같다. 집에서 안락하게 일하는 것을 경험한 직원들은 도심으로 일하러 가야 하는 직장은 피할 것이다.

기업도 직원들이 매일 사무실에 오지 않아도 사업이 번창할 수 있다는 것을 알았다. 이제 노트북과 화상회의 시스템으로 어디서든 일할 수 있다는 사실이 입증되었다. 업무에 따라서는 오히려 재택근무를 할 때 더 좋은 성과를 내기도 한다. MIT 기술보고서에 의하면 재택근무를 하는 회사의 업무 생산성이 30~40% 증가하기도 하고, 82%의 회사들이 코로나19 사태 이후에도 재택근무 형태를 유지할 것이라고 한다. 생산성 향상과 사무실 비용의 절약은 회사에 충분한 인센티브가 된다. 이는 노동과 고용의 역학관계 변화를 야기할 것이다. 직장의 선택 조건에서 입지가 고려되지 않기 때문에 직원들은 더 넓은 지역에서 직장을 찾을 것이다. 또한 기업도 넓은 지역에서 채용할 사람을 찾을 것이다. 여기서 넓은 지역이란 국가의 경계선을 넘어가는 것도 해당한다. 직원은 원격으로 노동력을 제공하고, 회사는 원격 노동력에 의존하게 될 것이다.

이에 프리랜서, 즉 비정규 계약직 형태의 일자리가 인력시장의 새로운 표준이 될 것이다. 회사는 프리랜서 직원 관리기법을 개발할 것이고, 숙련된 프리랜서들의 가치와 급여는 급등할 것이다. 〈포브스〉의 전망에 따르면 2027년까지 미국 노동력의 50% 이상이 프리랜서 형태로 구성될 것이라고 한다. 한 직장에서 한 가지 일을 오래 하면서 승진하는 개인의 성공 모델은 산업사회의 유물이 되었다. 특히 한국 사회의 고용 경직성, 정규직과 비정규직 논란도 시대 조류에 맞지 않는다. 모든 노동자는 능력 있는 프리랜서가 될 수 있도록 노력해야 된다.

정부는 프리랜서의 교육과 권익을 보호하기 위한 정책을 적극적으로 수립해야 할 것이다. 직원의 교육 훈련 의무가 국가로 전이될 수밖에 없을 것이다. 프리랜서가 쉽게 일자리를 찾을 수 있도록, 또 회사는 쉽게 일을 맡길 사람을 찾을 수 있도록 도움을 주는 서비스가 필요하다. 계약 시 노사 간 힘의 균형이 맞도록 표준 계약을 개발할 필요도 있다. 노동자가 일자리 경쟁에서 기회를 찾기 위해서는 스스로 능력을 개발해야 할 것이다. 자신의 전문성이 인공지능으로 대체된다면 쓸모없는 사람이 되는 것이다. 안타깝게도 직업과 전문성을 여러 번 바꿔야 할 시대가 오고 있다. 인공지능에 밀려서 직업을 바꿨더니 얼마 후 새 직업에도 인공지능이 침범했다는 사례를 자주 접하게 될 것이다. 치열한 인공지능과의 경쟁에서 사람의 역할을 어떻게 지킬 것인가는 함께 고민해야 할 문제다.

인공지능이 활성화되고 프리랜서들이 많아지면 교육이 더욱 중요한 사회적 이슈가 될 것이다. 우리 사회가 새로운 변화에 적응하기 위해서는 교육 혁신이 시급하다. 정규교육에서는 신규 진입 노동자에게 새롭게 요구되는 능력을 보장해야 하고, 기존의 노동자에게는 능력 향상 기회를 제공해야 한다. 지금까지는 그 책임을 노동자, 기업, 정부가 나누었다면 지금부터는 정부가 더욱 많은 책임을 져야 한다. 인공지능과 포스트 코로나 시대에서 정부의 일자리 정책은 노동의 유연성과 교육 혁신에 집중해야 한다.

인공지능 시대의
시민교육

오늘날 초등학교에 들어가는 학생의 65%는
지금 존재하지 않는 직업을 갖게 될 것이다.
창의력, 주도력, 적응력이 꼭 필요하다.

〈뉴욕타임즈〉

인공지능은 광범위한 산업에서 부를 창출하며, 많은 사회 문제를 해결할 수 있다. 또한 많은 직업의 성격을 크게 변화시키며 새로운 산업과 일자리를 창출할 것이다. 따라서 미래 노동시장에서 경쟁력을 갖추려면 인공지능에 대한 다양한 수준의 전문성을 가져야 한다. 국가는 인공지능이 가져오는 변화에 적응할 수 있도록 학생들에게 보편적 교육을 제공함은 물론 인공지능에 대한 폭넓은 이해를 할 수 있도록 교육을 제공해야 한다. 인공지능 제품과 서비스가 보편화되고 있기 때문이다. 또한 미래 인력이 인공지능 전문가로 성장할 기회를 제공해야 한다.

변화에 적응하는 교육

시민들에게는 그 시대에 맞는 새로운 능력을 갖추도록 교육받을 권리가 있다. 특히 초중고 교육은 학생들에게 새로운 환경에서 직업적으로 성공할 수 있는 능력을 제공해야 한다. 인공지능 시대는 변화를 예측하기 힘든 상황이라 무엇보다도 변화에 적응하며 창의적으로 문제를 해결하는 능력이 가장 중요하다. 또한 혁신과 학습의 도구를 사용하는 능력도 필수적이다. 이에 더해 적극적으로 삶을 개척하고, 어디에서나 빠르게 적응할 줄 아는 인성도 필요하다.

우리나라 교육은 문제가 많다. 모든 것이 입시 중심으로 되어 있다. 창의력, 적응력보다는 기억 능력을 강조한다. 심지어 대학 교육까지도 취직 시험이 최종 목표가 되었다. 특히 우리 교육은 많은 정보의 암기를 강조한다. 전국에서 동일한 문제로 같은 시간에 입학시험을 치르는 것은 암기 평가를 강요할 수밖에 없다. 인터넷 검색과 인공지능 활용이 일상이 된 이 시대에서 많은 정보를 기억하는 것이 무슨 의미가 있을까?

지금의 교육 시스템을 혁신해야 한다. 특히 오래전 형성된 교과 과정과 교수 방법은 인공지능 시대를 대비하여 많이 바뀌어야 한다. 교육 시스템이 속히 4C 능력의 배양을 목표로 하는 시스템으로 혁신되기를 기대한다. 4C는 비판적 사고력, 창의력, 소통 능력, 협동 능력을 지칭한다. 이러한 능력은 현재도 그렇지만, 미래의 일자리에서 성공하기 위해 꼭 갖춰야 하는 능력이다.

4C 능력 교육

첫 번째 C는 비판적 사고Critical Thinking 능력이다. 비판적 사고는 문제 해결방법의 시작이다. 알려진 방법이 옳은 것일까? 다른 더 좋은 방법은 없을까? 왜 그럴까? 부단히 질문하고 도전하는 것이다. 비판적 사고는 사실과 의견을 구분하여 진실을 발견하는 능력을 배양해준다. 이 능력을 통해 넘치는 정보 속에서 옳고 그름을 가릴 수 있고, 스스로 발견하는 방법을 배울 수 있다. 학생들이 독립심과 목표지향적 사고를 가질 수 있도록 도와준다.

두 번째 C는 창의성Creativity이다. 창의성은 고정관념에서 벗어나 새롭게 생각하는 방법을 말한다. 창의성은 다른 사람들이 보지 못하는 문제를 보거나, 다양한 관점에서 문제를 바라보는 것이다. 창의성은 타고난 것이라 생각하는 사람들도 있지만, 문제 해결 과정에서 시도하지 않았던 것을 시도해보면서 배양할 수 있다. 창의적인 노력이 항상 성공적인 것은 아니다. 실패할 수도 있지만 그 과정에서 더 나은 방법을 알아낼 수 있다. 창의성은 소프트웨어와 인공지능 등 디지털 혁신 기술과 결합되었을 때 빛을 본다.

세 번째 C는 소통 능력~Communication~이다. 자신의 생각을 다른 사람들이 이해하게끔 전달하는 능력이다. 이 능력은 소통 통로가 다양해짐에 따라 어느 때보다도 중요해졌다. 이메일, 메시지 등의 문자 통신으로 맥락을 전달하고, 이해하는 것이 점점 중요해지긴 하지만, 소리가 전달되는 상황에서 효과적으로 의사소통하는 법은 여전히 중요하다. 자신의 요점을 잃지 않고 효율적으로 아이디어를 전달해야 하며, 대화 상대자나 청중의 상황을 확인하는 능력도 필요하다. 대화를 통하여 자신의 생각을 합리화하고 주변 사람들에게 긍정적인 인상을 줄 수 있어야 한다.

네 번째 C는 협업 능력~Collaboration~이다. 협업은 공동의 목표를 달성하기 위해 함께 일하는 것이다. 대부분의 사람들은 많은 기간 함께 일한다. 따라서 협업 능력은 매우 중요하다. 문제를 제기하고, 해결책을 탐구하며, 최선의 행동 방침을 결정하는 방법을 협업 과정을 통해 배우게 된다. 다른 사람들이 나와 항상 같은 생각을 갖지 않는다는 것을 알게 되며, 의견을 효과적으로 주장하는 방법을 배울 수 있다.

4C 능력 교육은 팀 프로젝트 수업에서 최고의 효과를 낸다. 학생들이 그들 주변에서 관심 있는 문제를 골라서 팀별로 협업하여 해결하도록 지도하는 것이 바람직하다. 동영상 등으로 학생이 스스로 배우고, 수업에 들어와서 토론하는 '거꾸로 수업 방식'이 바람직하다. 그 과정에서 학생들은 도구 사용법을 배우게 된다. 과제

를 수행하는 과정 중에 자연스럽게 프로그래밍, 앱 개발, 3D프린팅 등 아이디어를 구현하는 기술과 디자인 사고력, 기업가 정신 등을 습득하게 될 것이다. 이때 학생들에게 프로젝트의 목표, 수행 과정, 결과를 발표할 기회를 주는 것이 바람직하다. 외부 인사를 초청한 데모 행사 등을 통해 개발된 작품을 시연하거나 멀티미디어 발표 자료로 설명하게 함으로써 자부심을 키우고 발표 능력을 훈련시킬 수 있다.

4C 교육은 학교를 가르치는 곳이 아니라 스스로 배우는 곳으로 만든다. 또한 개인 경쟁을 팀 협업으로 승화시킬 수도 있다. 이 과정에서 학생들은 지적으로 예리하면서도, 새로운 것에 쉽게 적응하며, 다른 사람들과 함께 생각하고 일할 수 있는 인성을 갖추게 될 것이다.

컴퓨팅 교육의 강화

학생들이 살아갈 미래에 컴퓨팅 능력이 중요하다는 것에는 이론의 여지가 없다. 앞에서 본 것처럼 미래에는 컴퓨터 관련 일자리가 많아질 것이다. 어떠한 직업을 선택하더라도 데이터와 컴퓨터 활용 능력은 필수적이다. 따라서 초중고 교육에서 소프트웨어 및 컴퓨터과학의 비중을 더욱 높이는 것이 무엇보다 필요하다. 더구나 4C 능력 교육은 컴퓨팅 교육에서 시범을 보일 수 있다. 왜냐하

컴퓨터 프로그램 개발(코딩) 교육에서 학생이 얻게 되는 능력

논리적 사고 능력 / 창의적 문제 해결 능력 / 생각하는 것의 표현 능력 / 실패로부터 스스로 배우는 능력 / 점진적 개선 능력 / 재사용 능력 / 엮어서 창조하는 능력 / 협동으로 문제를 해결하는 능력 / 나누고 공유하는 능력

면 컴퓨팅 교육의 본질은 암기가 아니라 문제 해결을 위한 프로젝트 수행이기 때문이다. 팀으로 수행하는 컴퓨터 프로그램 개발 프로젝트를 통해서 학생들은 논리적으로 생각하는 능력, 창의적으로 문제를 해결하는 능력, 또 협동하여 커다란 문제를 공략하는 능력을 배울 것이다. 생각한 것을 정확하게 (코드로) 표현하는 능력, 실패로부터 스스로 배우는 능력, 점진적으로 개선하여 완성해가는 능력, 만들어 놓았던 것을 재사용하고 그들을 엮어서 새롭게 창조하는 능력을 배울 것이다. 내가 만든 프로그램을 남들이 사용할 때 느끼는 희열을 경험하면서 자신이 고생해서 만든 소프트웨어를 나누고 공유하고자 하는 심성을 갖추게 될 것이다.

인공지능 시대의 교육을 위해 가장 먼저 해야 할 일은 과학기술 교육의 내실을 다지고, 과학기술 교육의 일부로 컴퓨터과학과 인공지능을 가르치는 것이다. 인공지능의 본질은 지능적 행동을 하도록 만든 컴퓨터 알고리즘이다. 따라서 인공지능을 제대로 이해하려면 컴퓨터과학을 공부해야 한다. 미국에서는 과학기술 교육을 STEM 교육이라 부른다. 과학Science, 기술Technology, 공학Engineering, 수학Mathematics의 첫 글자를 따서 만든 단어다. STEM 교육은 학제적으로 접근한다. 학교 주변에서 생활과 연계된 문제를 해결하기 위한 프로젝트 중심 수업으로 학생들의 흥미를 유발한다. 이런 학제적 교육 환경에서 컴퓨팅은 학업의 도구이자 문제 해결의 기본 능력으로 자리매김했다. 학생들은 프로젝트 수행 중에 컴퓨터 활용법을 익히면서 컴퓨터과학을 학습하게 된다. 컴퓨터과학의 연장선에서 자연스럽게 인공지능을 이해하게 된다.

우리나라는 입시를 목표로 수학, 과학 등을 독립 교과목으로 교육받는다. 각 과목의 내용은 독립적이며 암기식이다. 따라서 학생들이 관심을 쉽게 잃는다. 한 언론 보도에 의하면 2019년 중학교 3학년의 기초능력 미달자가 수학 과목은 11.8%, 과학 과목은 11.5%로 국어, 영어 과목에 비해 3배 이상 높다고 한다. 비공식 자료지만 고등학생 세 명 중 두 명이 수학 포기자라고 한다. 이런 상황에서 컴퓨팅은 직업교육, 즉 기술과목의 일부로 다뤄지고 있다. 입시에도 반영되지 않으니 누구도 큰 관심을 두지 않는다.

알파고 대국 이후, 우리나라에서도 인공지능 교육에 관한 논의가 활발해졌다. 정치권에서는 인공지능 고등학교를 만들겠다고 나서기도 하고, 교육부에서는 중·고교용 인공지능 교과서를 출간

한다. 그러나 컴퓨팅 교육을 소홀히 하면서 인공지능 교육에 집중하겠다는 것은 어불성설이다. 최근 고등학교 교재로 만들어진 인공지능 교과서는 인공지능의 본질보다는 지엽적인 알고리즘의 소개가 대부분이어서 안타깝다. 인공지능 교육을 제대로 하려면 수학, 과학을 포함한 컴퓨터과학에 대한 기본 개념 및 프로그램을 만들 수 있는 능력이 필수적이다. 컴퓨팅 교육의 연장선으로 자연스럽게 인공지능을 다루는 것이 바른길이다.

미국은 인공지능 전략의 일환으로 모든 미국인이 양질의 STEM 교육을 받을 수 있도록 보장해야 한다며 5개년 전략을 수립했다. 이 계획의 핵심은 전 국민을 인공지능에 준비된 노동력으로 성장시키기 위해 필요한 기술로, 컴퓨터과학과 컴퓨팅 사고력에 대한 교육을 강화하는 것이다. 전통적으로 STEM 분야와 연관성이 낮은 배경의 사람들에게도 습득할 수 있는 기회를 확대한다. 트럼프 대통령은 컴퓨터과학 교육에 중점을 두는 교육 보조금 2억 달러를 공약했다. 미국과학재단은 모두를 위한 컴퓨터과학Computer Science for All 프로그램으로 컴퓨터과학과 컴퓨팅 사고력 교육을 할 수 있도록 초중고를 지원한다.

일본도 늦었지만 인공지능 시대를 대응하는 차원에서 교육 개혁을 선언했다. 초등학교부터 컴퓨터 프로그래밍 교육이 필수다. 모든 고등학교에서 컴퓨팅을 다루는 정보 과목을 필수로 지정하고, 대학입시에 반영해 실효성을 높였다. 고교 교육에서는 확률,

통계, 선형대수의 기초 교육을 강조한다. 기계 학습과 인공지능 기술을 제대로 이해한 조치다.

전 세계는 초중고 교육에서 컴퓨팅을 정규교육 과목으로 비중 있게 다루고 있다. 영국에서는 컴퓨팅 교육을 수학과 같은 비중으로 둔다. 하지만 우리나라는 최근까지도 관심이 없었다. 2014년 중고생의 5%만 정보과목을 배웠는데, 그것도 문서편집기 등을 사용하는 기능적인 내용이었다. 아직도 많은 학교는 컴퓨팅을 담당하는 정규교사가 배치되지 않은 상태다. 따라서 대부분의 학생들은 컴퓨팅 교육을 접할 기회를 얻지 못했다. 그들에게는 컴퓨터라고 하면 게임기계라는 개념이 전부였을 것이다.

다행히 2018년 교육과정 개편에서 정보과목을 초등학교, 중학교에서 필수과목으로 의무화했다. 또 정보과목의 내용을 컴퓨팅 사고력Computational Thinking과 코딩 능력의 문제 해결형으로 혁신했다. 컴퓨팅 사고력이란 컴퓨터를 이용하여 문제를 해결하는 데 필요한 생각하는 능력이다. 즉, 컴퓨터가 효과적으로 일을 수행하도록 문제를 체계화하여 표현하는 능력이다. 불필요한 정보를 제거하여 추상화하는 능력, 복잡한 문제를 작은 문제의 집합으로 분할하는 능력, 유사성이나 공통성을 파악하여 일반화하는 능력, 단계적 전략을 만드는 능력 등으로 구성된다. 이러한 교과과정 개편은 미래 사회를 준비하는 교육에서 획기적인 사건이었다. 우리 정부가 알파고 충격 이전에 이런 결정을 한 것을 높이 평가해야 한다.

그러나 초등학교 6년간 17시간, 중학교 3년간 34시간의 정보 과목 수업시간은 터무니없이 적은 시간이다. 그나마 담당 교사의 부족, 교과과정의 미비 등으로 현장에서는 시행착오를 겪는 중이다. 특히 고등학교에서는 필수과목이 아니어서 과목 개설이 학교장의 재량에 맡겨짐에 따라 컴퓨팅 교육을 포기하는 학교가 많다. 우선 2022년 교육과정 개편 때 시수도 늘리고, 고등학교 필수과목으로 지정해야 한다. 실효성을 높이기 위해 대학입시에 반영하는 것도 검토할 만하다. 이를 위해서는 컴퓨팅을 가르칠 수 있는 전공 교사 양성이 무엇보다 시급한 문제다. 또한 수업을 암기식이 아니라 문제 해결식으로 진행하기 위한 교과과정의 개발과 교사 연수가 필요하다.

인공지능 기술을 이용한 맞춤형 교육

흥미롭게도 인공지능 기술은 교육의 질과 기회를 개선하는 도구로써의 역할도 크다. 기술을 활용하여 교육의 성과를 높이고자 하는 노력은 오래전부터 있었다. 교육공학이라는 학문 영역은 인공지능 기술의 도입으로 빠르게 발전하고 있다. 학생 개개인에게 맞춤형 교육을 제공하는 것이 인공지능의 큰 역할이다. 개인별 성취에 따라 학습계획을 다르게 세워서 서로 다른 내용을 학습하도록 지도할 수 있다. 또 교실에서 학생의 표정, 감정 등을 분석하여 개인별 교육 효과를 측정하는 것도 가능하다.

인공지능 기술을 이용한 교육용 응용 시스템으로 어려운 수학 개념을 게임으로 배울 수 있도록 하거나, 외국어 발음 개선에 도움을 주기도 한다. 숙제 채점을 자동화하는 것도 좋아할 선생님들이 많을 것이다. 이런 도구들은 선생님들이 제공하는 교육을 보완하여 교육의 품질과 기회를 향상시키고 있다. 코로나19의 확산으로 비대면 교육이 늘어나면서 프로젝트 수행식 수업 진행이 어려워질 수 있다. 비대면 교육에서도 교육 효과를 제고하기 위한 인공지능 기술의 적극적 활용이 필요하다.

인공지능 전문가를
양성하자

워낙 사람 구하기가 힘들다 보니
'AI 전문가는 지옥에 가서라도 데려와야 한다'는 말이
업계에서 나올 정도다.

모 기업 인사 담당자

인공지능 전문가란 알려진 인공지능 기술을 적용하여 서비스나 제품을 만드는 엔지니어에서 기초 학문 연구에 종사하는 학자에 이르기까지 다양한 수준의 인력들을 포함한다. 기술인력뿐만 아니라 기술의 사회적, 윤리적 영향을 분석하고, 관련 법 제도를 연구하는 전문가도 포함된다. 인공지능 전문가의 양성에는 많은 시간과 노력이 소요될 것이다. 업무의 목적과 수준에 따라서 다양한 전문성이 필요하고 그들은 각기 다른 교육과정으로 양성해야 할 것이다.

첨단 기술 분야의 교육과 연구는 동전의 앞뒷면과 같이 밀착되어 있다. 교육을 잘하려면 연구도 게을리하지 말아야 한다. 인공지능 분야도 예외가 아니다. 인공지능의 기본적인 방법론, 개발 도구 등의 연구도 필요하고 현장의 문제에 적용하기 위한 엔지니어링 연구도 필요하다. 제한된 자원으로 글로벌에서 경쟁해야 하는 상황에서 한 국가의 인공지능 투자 결정은 전략적 사고가 필요하다. 왜 인공지능을 해야 하는지, 어떤 목적으로 인공지능을 사용하려고 하는지에 대한 국민적 합의가 필요하다. 이는 국가 차원에서 어떤 능력의 인재를 양성할 것인가로 연결된다. 각 산업 분야에서 얼마나 많은 인력이 필요한지 깊이 있게 분석해야 할 것이다. 인력이 필요하다고 교육을 확대했으나 양성된 전문가들에게 적합한 일자리가 제공되지 않는다면 낭패다.

　　인공지능이 매우 광범위하게 사용되는 범용 기술이기는 하지만 사용하고자 하는 목적에 따라서 필요로 하는 전문성이 다를 수 있다. 더구나 데이터 기반 기술의 특성상 언어·문화적 배경이 강해서 우리만의 기술이 필요할 수도 있다. 그래서 우리가 인공지능으로 해결하고자 하는 문제는 무엇인가에 대하여 먼저 생각해보는 것이 필요하다. 국가마다 인공지능으로 집중하는 분야가 다르다. 2018년 발간된 〈AI 인덱스_AI Index〉에 의하면 미국은 의학·건강 분야와 인문학 분야에 상대적으로 집중하고, 먹고살기 바쁜 중국은 공업과 농업에 집중한다. 일본은 노령화 사회의 문제를 극복하는 방향으로 인공지능을 집중하고 있다.

산업의 발전을 촉진하기 위해 인공지능 전문 인력을 양성하려고 한다면 어느 산업에 집중해야 할 것인가를 분석하여 결정해야 할 것이다. 외국 전문가들은 '한국은 신기술 응용을 잘하니 우리가 경쟁력 있는 산업의 경쟁력을 더욱 강화하는 방향으로 인공지능을 집중하라'고 조언한다. 맞는 말이다. 'CES 2020'에서 한국 기업들은 여러 돋보이는 기술을 선보였다. 인공지능 기술 그 자체에서 선두는 아니었지만 이를 활용해서 각자 자기 사업 분야에서 경쟁력 있는 제품과 서비스를 만드는 데에는 경쟁력이 있어 보인다.

글로벌 인공지능 생태계에서 우리나라의 위상을 볼 때 기초연구에 집중하는 것보다는 인공지능 기술을 우리의 문제와 산업에 적용하는 엔지니어의 양성이 우리의 실정에 맞는 정책일 것이다. 인공지능 기술의 능력과 한계를 잘 이해하고, 이를 이용하여 산업과 사회의 혁신을 도모하는 능력을 갖춘 인재가 여러 산업에서 필요하다. 우리나라에서는 이런 인재를 융합인력이라고 불러왔다. 명칭이 중요하지는 않다. 이들은 산업현장에서 인공지능 시스템을 기획, 설계, 구현할 뿐만 아니라 배치, 운영, 관리할 능력을 갖춰야 한다. 이런 엔지니어들이 인공지능으로 산업 현장에서 혁신을 이끌고, 일반 소비자에게 인공지능을 전달하는 역할을 할 것이다. 이를 위해서는 발전하는 기술을 계속 배우고, 빠르게 변하는 IT산업 환경에 적응할 수 있어야 한다.

또한 이들은 엔지니어로서 사회적 책임감과 높은 윤리적 감수성을 갖추도록 훈련되어야 한다. 컴퓨팅과 인공지능이 인간과 사회에 미치는 영향이 어떤 기술보다 심대함을 이해하고, 인공지능이 착한 목적으로 안전하게 사용되도록 책임의식을 가져야 할 것이다. 이런 인재들이 우리 기업에서 사업을 이끌고, 창업을 한다면 우리는 인공지능 강국이 될 것이다. 우리 정부와 대학은 이런 인재의 양성을 지원해야 한다.

또한 인공지능이 가져오는 사회 변화를 예측하고 대비하는 인문사회학적 배경의 전문가 양성도 필요하다. 새로운 기술의 출현이 우리 사회를 매우 빠르게 변화시킨다. 특히 인공지능 기술이 가져오는 사회적, 윤리적 문제는 심각하다는 데 대부분이 동의한다. 인공지능 기술의 본질과 이의 사회적, 윤리적 영향을 이해하는 전문가를 양성해야 한다. 이들이 공공영역으로 진출하거나 기업에서 사업 기획, 법률 상담, 감사업무 등을 담당하도록 해야 한다.

대학 교육의 혁신

인공지능은 거의 모든 분야에서 성장을 촉진하는 강력한 파괴자다. 인공지능과 컴퓨터과학은 우리 삶의 모든 측면에 막대한 영향을 주고 있다. 인공지능은 또한 새로운 지식을 창출하는 학문의 도구로써 매우 유용하다. 인재 양성과 학문의 전당인 대학이 인공지능의 영향에 따라서 혁신해야 하는 것은 당연하다. 외국의 많은 대학이 인공지능을 수용하면서 변화하고 있다.

MIT의 컴퓨팅대학Schwarzman Computing College of Computing 설립은 바람직한 대학 혁신 방향을 잘 나타내고 있다. 독지가의 기증으로 설립한 이 대학은 인공지능과 컴퓨터의 확산으로 나타나는 산업과 학문의 새로운 기회 및 과제 해결을 목표로 한다고 선언했다. MIT 총장인 라파엘 라이프Rafael Reif는 설립 선언문에서 "경제와 사회는 컴퓨팅과 인공지능을 잘 아는 사람을 요구하고 있다. 우리 학생들은 컴퓨팅이 미래를 만들고 있다는 것을 잘 알고 있다. 그래서 그것의 기초가 되는 교육을 요구하고 있다. 또한 컴퓨팅과 데이터 관련 기술의 출현이 가져오는 윤리적, 사회적 영향에 관심이 많다. 대학은 학생을 미래에 적응시키고 준비시키려는 노력을 더욱 촉진해야 한다"라고 말했다.

하버드대의 컴퓨터 기초과목인 CS50이 캠퍼스 내에서 가장 인기 있는 과목으로 부상한 것은 학생이 무엇을 배워야 하는가를 잘 알고 있다는 증거다. 일본은 인공지능 국가전략을 통해서 대학과 전문대학에서 문 · 이과를 불문하고 50만 명에게 인공지능 교육을 시키는 것을 목표로 삼았다. 우리 대학도 모든 학생에게 전공을 불문하고 컴퓨터과학 교육을 받을 기회를 제공해야 한다. 이공계열은 물론이고 인문사회계열 전공자들도 기초적인 데이터 분석과 인공지능 기술을 활용할 수 있도록 교육해야 한다. 또 특정 분야에서 필요한 인공지능 전문가를 양성하기 위해서는 그 전공 교수들과 컴퓨터과학 교수들이 공동 교육프로그램을 개설하는 것이 바람직하다. 모든 학생들에게 컴퓨터과학 교육을 하는 것은 컴퓨터과학의 발전만을 위한 것이 아니다. 인공지능과 컴퓨터과학은 도구 학문으로 모든 분야에서 연구 방법을 바꾸고, 학문 발전을 증진할 것이다.

우리나라 정부에서 소프트웨어 중심 대학 지원제도를 통하여 전교생에게 컴퓨터과학의 기초를 교육하라고 독려하는 것은 매우 바람직한 정책이다. 2015년부터 전국에서 40개 대학을 선정하여 지원했다. 이런 지원제도를 지속하면서 인공지능 분야 교육을 포함하도록 독려하는 것이 바람직하다.

대학이 혁신의 중심이 되어야

인공지능을 발전시키는 힘은 주로 미국 대학의 혁신 능력에서 나왔다. 인공지능이란 학문의 시작도 그렇고 최근까지는 인공지능 인력의 대부분이 미국 대학에서 배출되었다. 미국과 중국에서 활동하던 카이 후 리Kai Fu Lee는 인공지능에서 미국과 경쟁하는 중국이 잘할 수 있는 것은 오로지 많은 데이터를 활용하는 구현이라고 했다. 미국 대학의 혁신 능력은 중국이 쉽게 따라갈 수 없다고 평가했다. 우리 대학의 혁신 능력은 얼마나 될까?

인공지능은 중요하다. 지금 예측으로는 앞으로도 상당 기간 동안 세상이 인공지능 중심으로 돌아갈 것이다. 미래의 새로운 일자리는 대부분 컴퓨팅 분야에서 창출될 것으로 예상된다. 그러나 요즘 우리 정부가 인공지능 대책을 서둘러 수립하는 것에는 걱정이 앞선다. 인력 양성은 오랜 시간이 걸려야 성과가 나오는 것이기 때문에 기술의 발전 추세와 미래를 내다보는 혜안으로 다양한 전문가 의견을 모아 정책을 수립해야 한다. 20년 전 중국 정부는 소프트웨어 인력 양성정책을 대대적으로 시행했다. 컴퓨터와 소프트웨어 기술의 중요성을 인지하고 중국 전역에 35개의 소프트웨어 대학을 설립했다. 이를 통해 연 2만 명의 입학정원을 증원하여 소프트웨어 인재를 키웠다. 이들이 지금 중국의 창업 열풍과 인공지능 굴기를 선도하고 있다. 중국의 소프트웨어 인력 양성정책은 결과적으로 성공적이었다고 평가를 받지만 정부가 나서서 획일적으로 인력 양성 방향을 결정하는 것은 후진적이다.

정부보다는 대학 사회가 스스로 변화에 적응하며 인력 양성과 학문의 발전을 선도해야 한다. 그것이 대학의 임무다. 대학은 교육 내용을 적시에 현행화하여 학생들을 빠르게 변하는 사회와 산업 환경에 적응시켜야 한다. 교양 교육의 변화도 시급하다. 전통적인 문학, 사학, 철학도 중요하지만 요즘 세상을 살아가는 데 필요한 과학 기술, 컴퓨팅, 경영학 등으로 교양과목을 다양화해야 할 것이다. 국내 모 대학에서 앞서가는 총장이 데이터과학을 필수교양으로 도입하려다 좌절되었다는 소식이 우리 대학의 현실을 보여준다.

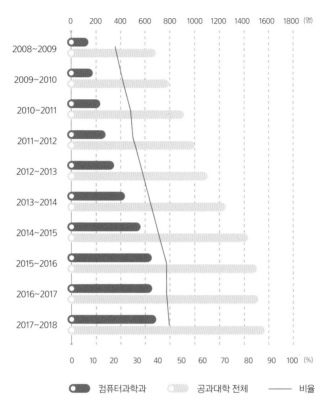

출처: 스탠퍼드대 웹페이지

스탠퍼드대 컴퓨터과학과 신입생 증가 추세

○ 컴퓨터과학과　　○ 공과대학 전체　　—— 비율

대학을 비판하면 정부의 규제 탓을 한다. 물론 규제가 대학 변화의 장애물이긴 하지만 대학 사회도 스스로 변화하겠다는 강한 의지를 보여야 한다. 가장 간단한 입학정원도 조정할 수가 없다면 이런 조직이 어떻게 사회 변화를 이끌어갈 수 있겠는가? 요즘처럼 기업으로부터 컴퓨터 전공자 요구가 빗발쳐도 수도권 대학들은 정원을 늘릴 수가 없다. 몇십 년 전 산업사회에서 결정된 대학 정원을 바꾸지 못하고 있는 것이다. 내부에서 타협의 여지도 없다.

오늘날 인공지능 인력 부족을 경험하는 것도 우리나라 대학의 혁신 능력 한계를 보는 것이다. 조금씩 변해왔다면 이렇게 인공지능 전공자가 적지는 않았을 것이다. 왜 우리는 수요에 부응하는 시스템을 도입하지 못할까? 왜 입학 후에 학생 스스로 전공을 선택하는 제도가 확산되지 못할까? 아무튼 서울대 컴퓨터공학과의 입학 정원은 현재 55명이다.* 공과대학 전체 입학 정원의 7%다. 지난 20년간 정원이 고정되어 있다. 학생이 적으니 교수도 적다. 컴퓨터 전공 교수가 부족하니 전교생 대상 컴퓨팅과 인공지능 교육은 시도도 하지 못한다. 스탠퍼드대의 컴퓨터과학과는 2018년에 704명을 선발했다. 공과대학 입학생의 44%이다. 이는 2008년의 150명에서 지속적으로 증가한 숫자다. 우리 대학은 변화에 적응할 능력이 없다는 말인가?

대학의 혁신 능력이 바로 국력이다. 좋은 대학을 갖고 있다는 것이 선진국의 지표다. 5,000만 명의 인구와 국민소득 3만 달러 국가라는 이유로 우리나라가 선진국이라고 말할 수 있을까? 우리 대학이 새로운 기술로 새로운 가치와 산업을 창출하고, 이를 통해 전

---

* 2021학년도부터 15명 증원되었다고함.

인류의 문제를 해결하는 데 의미 있는 공헌을 할 수 있을까? 미래의 변화를 만들어가기 위해서는 대학의 혁신 능력이 필수적이다. 인공지능과 코로나19 사태가 가져오는 급격한 사회 변화, 즉 뉴노멀 시대에 우리 대학들의 대응이 시급하다.

인공지능 기술의 민주화

'자유 소프트웨어'는 사용자가 소프트웨어를 실행시키거나
이를 복제 및 배포할 수 있는 자유와 함께
소스 코드에 대한 접근을 통해서 이를 학습하고
수정·개선시킬 수 있는 원천적인 자유까지를
모두 포괄하는 것입니다.

자유소프트웨어재단

소프트웨어 공개 운동

1960년대 전후, 소프트웨어를 연구하는 대학 연구실 사이에
서는 소스코드를 공개·공유하는 관행이 있었다. 연구원이 학위를
받은 후 근무지를 이동할 때, 사용하던 소프트웨어를 갖고 가는 것
이 허용되는 분위기였다. 물론 대학 연구실 간에만 적용되던 관행
이었지만, 기술을 공개하고 공유하는 관행은 소프트웨어 기술 발
전에 큰 공헌을 했다. 그러던 1980년대, MIT 인공지능 연구실에

서 근무하던 스털만_{Richard Stallman} 등이 주도하여 자유소프트웨어 운동을 시작했다. 소프트웨어는 사용자가 마음대로 복제하고 배포할 수 있으며 소스코드를 연구하고 수정할 수 있는 자유를 주어야 한다는 주장을 했다. 저작권, 즉 'Copy Right'를 패러디하여 'Copy Left'라는 라이선스 운동을 시작한 것이다.

Copy Left 라이선스는 공개된 소프트웨어를 수정·보완하여 새로운 소프트웨어를 만들었으면, 그것을 공개해야 할 의무를 지도록 한다. 자유소프트웨어 운동에서는 상업적으로 개발된 UNIX 운영체계에 대항하여 공개 소프트웨어로서 GNU_{Gnu is Not Unix}를 개발하여 공개했다. 이런 운동은 리눅스_{LINUX}, 안드로이드_{Android} 등의 공개 소프트웨어 운영체계로 이어졌다. 지금 대부분의 데이터센터는 리눅스 운영체계를, 스마트폰은 안드로이드 운영체계를 사용한다. 이러한 소프트웨어 공개·공유 운동은 인터넷과 함께 화려한 디지털 문화를 꽃피우는 기반이 되었다.

특히 인공지능 연구계에서는 이런 관행이 강하다. 거의 모든 인공지능 개발도구가 오픈소스 소프트웨어로 공유되었다. 지금까지의 인공지능 연구가 대부분 상업적 이익과 관계가 멀었다는 이유도 있겠지만, 인공지능이라는 이름이 일반 대중에게 호기심과 함께 불안감을 주기 때문에 특히 높은 수준의 투명성이 요구되었던 탓도 있다. 공개·공유로 연구 성과를 다른 연구자가 재현할 수 있다는 것은 최대한의 투명성을 보장하는 일이다.

공개·공유 관행은 구글, 페이스북, 아마존 등 글로벌 기술기업으로 이어졌다. 이 회사들이 만든 소프트웨어, 특히 도구 소프트웨어는 대부분 공개되어 누구나 사용할 수 있다. 이런 회사들이 공개소프트웨어에 집착하는 이유는 이익이 있기 때문이다. 공개 소프트웨어로 훈련된 능력 있는 직원을 쉽게 채용할 수 있고, 채용 후 특별한 교육 없이 즉시 개발에 참여시킬 수 있다. 또 이 회사들은 소프트웨어를 판매가 아니라 서비스로 제공하여 수익을 창출하기 때문에 공개·공유 문화가 회사 수익을 방해하지 않는다.

소프트웨어 도구뿐만 아니라 연구용 데이터도 공동으로 수집하여 공유한다. 인터넷을 통하여 공동으로 수집하여 공개한 이미지네트 데이터베이스는 딥러닝과 컴퓨터 비전 기술 발전의 일등공신이다. 2만 개 범주의 1,400만 개 영상에 일일이 설명을 붙였다. 이런 정도의 데이터가 없었다면 딥러닝을 시도조차 할 수 없었을 것이다. 더구나 전이 학습을 위한 학습된 신경망도 공유하고 있어서 매우 신속하게 새로운 응용 시스템을 구축할 수 있다. 컴퓨터 비전 분야뿐만이 아니라 자연어 처리 분야에서도 많은 데이터로 훈련된 언어모델을 공개하는 것이 일상이 되었다.

연구 결과를 발표하는 관행도 바뀌었다. 컴퓨터과학과 인공지능 분야는 워낙 학문 발전의 속도가 빨라서 논문 제출 후 게재까지 수년이 걸리는 논문지에는 관심이 적었다. 상대적으로 진행이 빠른 학술대회에 논문을 발표하는 것이 그동안의 관행이었는데 이 관행도 더 빠른 정보 교류를 위하여 바뀌고 있다. 약속된 인터넷 사이트에 연구 결과를 올려서 누구나 즉시 무료로 논문을 공유할 수 있게 했다. 연구에 사용한 데이터와 소프트웨어도 공개한다. 논문지의 심사를 거쳐 게재하던 관행에서 심사 없이 논문을 공개하고 평판을 얻는 관행으로 바꾼 것이다.

공개·공유 관행은 인공지능 기술을 빛의 속도로 전파하고 있다. 기계 학습에 대한 깊은 지식이 없어도 공개소프트웨어 도구를 사용하여 인공지능 시스템을 쉽게 만들 수 있다. 그래서 전 세계 누구나 인공지능 기술에 접근할 수 있다. 인공지능 기술의 민주화를 이룬 것이다. 신생 스타트업도 세계 최고 수준의 인공지능 기술을 활용하여 서비스를 개발할 수 있고 가난한 대학의 교수도 최신 연구 결과에 자신의 아이디어를 더할 수 있다. 인공지능 연구 생태계에서는 이미 세계는 평평하다.

인공지능 기술은 빠르게 발전하겠지만 가야 할 길은 멀다. 인공지능이 인간에게 더욱 이롭게 쓰이기를 기대한다. 인간의 존엄성과 민주주의의 가치를 뒷받침하는 목적으로 사용되었으면 한다. 이 목표를 달성하는 데 있어서 인공지능의 공개·공유 관행은 매우 바람직하다. 글로벌 차원에서 전 인류를 위해 기술의 공개·공유가 계속되기를 기대한다. 인공지능을 둘러싼 국가 간 패권 경쟁이 공개·공유 정신을 훼손할까 걱정된다.

정치 이념으로 이어진 인공지능 패권 경쟁

인공지능의 주도권 유지가 미국 경제와 국가 안보에서 최상의 과제다.

도널드 트럼프

국가 간 인공지능 헤게모니 쟁탈 전쟁은 이미 시작되었다. 인공지능 기술의 확보가 국가 경쟁에서 경제력은 물론 군사적 우위를 점할 수 있기 때문이다. 인공지능을 장착한 무기체계가 배치되고 있다. 드론을 이용하여 적을 추적하고 폭탄을 투하했다. 최근에는 전투 비행기 간의 전투 시뮬레이션에서 인공지능이 최고의 전투 조종사를 제압했다. 인공지능이 전쟁터에서 지휘관을 도와 빠른 속도로 병력과 자원 배분의 의사결정을 할 것이다. 핵무기 위치의 파악과 추적도 자동화될 것이고 로봇 병사로 새로운 군사력을 창출할 것이다. 알고리즘으로 적의 움직임을 예측하고 대응 전략을 수립하기도 한다. 또한 적국의 사회 불안을 조장하는 가짜 뉴스를 활용한 심리전을 통해 전쟁을 승리로 이끌 수 있을 것이다. 이러한 인공지능의 군사목적 활용은 힘의 우위를 보장한다. 윤리 문제를 제기하지만 인공지능이 국제정치에서 갖는 위상은 핵무기를 능가한다.

인공지능 연구는 미국에서 시작되었고, 미국이 부동의 선두다. 인공지능을 연구하는 상위 20개 대학 중 14개가 미국에 있으며 대부분의 신기술이 미국에서 만들어진다. 50% 이상의 인공지능 인재들을 미국 기업이 고용하고 있으며, 구글, IBM, 마이크로소프트, 페이스북의 인공지능 경쟁력은 막강하다. 또 1만 개 이상의 인공지능 창업회사를 보유하고 있다.

하지만 이제 중국이 도전장을 내밀었다. 중국은 인공지능을 과학혁명과 산업 변혁을 이끌고 국제정치에 중대한 영향을 미치는 전략적 기술로 보고, 2030년까지 최고의 인공지능 혁신국가가 되겠다고 선언했다. 중국은 막강한 데이터 힘을 기반으로 인공지능의 응용을 선도하고 있다. 제조, 도시 인프라, 농업 등에서 광범위하게 활용하고 있다. 국가가 R&D 투자로 마중물 역할을 하면 바이두, 알리바바, 텐센트가 이끌고, 창업회사들이 호응하는 체제를 구축했다. 이미 중국 대학에서 발간하는 인공지능 연구 논문 수는 미국을 앞서고 있고, 우수 학술행사에서의 논문 발표는 미국에 버

금가는 2위를 차지한다. 중국은 인공지능을 국가안전보장의 영역까지 확대하고 있다. 인민의 이익과 국가안보를 수호하는 데 인공지능을 활용할 것을 공개적으로 선언했다. 연구소, 대학, 기업과 군의 협조 체계를 갖춰 차세대 인공지능 기초이론과 핵심 공통 기술 개발에 매진하겠다고 선언했다.

이에 대항하여 미국 트럼프 대통령은 2019년 인공지능 계획을 발표하면서 인공지능 경쟁력 유지가 미국 경제와 국가 안보에서 최상의 과제라고 선언했다. 미국 대통령실에서는 매년 인공지능전략 추진 성과 보고서를 발간하면서 국가 차원에서 인공지능 전략을 점검한다. 러시아 푸틴 대통령도 인공지능 기술에서 독주하는 나라가 세계의 통치자가 될 것이라고 예측했다. 거의 모든 나라가 인공지능 능력 확보를 국가의 핵심 전략으로 수립해 연구 투자와 인력 양성에 집중하고 있다. 대부분 국가는 인공지능의 경제적 가치를 크게 생각하지만, 내심 군사력 증강 효과도 무시하지 못할 것이다. 인공지능으로 기술 패권을 다투는 '인공지능 민족주의'가 이미 일상이 되었다.

미국과 중국이 무역전쟁에 돌입하면서 기술 경쟁도 심화되고 있다. 미국은 중국의 국영기업이 미국 기업의 인공지능 반도체 기술을 훔치려 했다고 비난하면서 화웨이의 통신장비 사용을 금지했고 이런 조치를 동맹국에도 요구했다. 첨단 분야에서는 중국 유학생을 거부하려는 움직임도 보였다. 미·중 간의 갈등이 심해지는 상황에서 일부 실리콘밸리 엔지니어들은 자신들이 개발한 인공지능 기술을 무기체계에 탑재하거나 군사용으로 사용하는 것에 반대하는 시위를 했다. 이어서 구글은 미국 국방부와의 사업 재계약을 거부했다. 그러나 중국의 구글이라는 바이두는 중국군과의 협력 관계를 환영하면서 협조한다. 이에 미국의 국수주의자들은 실리콘밸리의 자유주의자들이 국제 정세를 이해하지 못한다고 비난하며 나섰다. 그 반응으로 미국 행정부는 구글 CEO를 워싱턴으로 소환하여 대책을 강구하기도 했다. 또한 미국 의회는 인공지능 국가안전위원회National Security Council on Artificial Intelligence를 출범시켰다. 중국의 부상에 대응하여 인공지능 정책에 우선순위를 두기 위해서다. 이 위원회의 지원으로 새로운 능력의 관료들을 양성하기 위한 '디지털 서비스 아카데미'라는 대학을 개교할 예정이다. 이 학교에서는 사이버 보안, 인공지능 등 디지털 기술을 위한 학위 과정 교육을 제공할 예정이다.

인공지능의 패권 경쟁은 정치 이념으로도 이어진다. 인공지능의 판단 능력이 향상됨에 따라 기술 엘리트들이 구축한 일련의 자동화 시스템으로 사회적 의사결정을 대체하는 것이 바람직하거나 불가피하다고 생각한다. 민주주의 정부에서도 중요한 의사결정이 알고리즘으로 자동화되는 추세가 가속화되고 있다. 특히 이러한 생각은 기술관료주의나 국가 주도 계획경제에 익숙한 사회주의 국가 통치자들에게 쉽게 받아들여진다. 산업혁명이 자유민주주의를 가능하게 했던 것처럼 인공지능이 궁극적으로는 국가 통치 이념과 체제에 새로운 변화를 가져올 수도 있을 것이다. 그렇다면 사생활에 민감하게 반응하는 서구 세계에 비해 개인정보 보호의 개념이 부족하고 자국민의 데이터를 대량으로 축적하는 것이 가능한 중국이 더 유리할 것이다. 중국 공산당이 인공지능을 자신의 이데올로기에 도움이 되는 기술이라고 생각하는 것은 그리 놀라운 일이 아니다.

2020년 5월, 미국 주도로 G7 국가 간의 인공지능 파트너십 협약을 맺었다. G7 국가들은 인공지능 시대에도 다원주의와 자유민주주의의 이상을 후퇴시키지는 않을 것이며 민주주의의 이익을 위해 인공지능을 사용하기 위해 협력할 것을 결의했다. 물론 중국과 러시아는 배제했다. 권위주의 정권이 인공지능을 국민의 기본 권리를 침해하는 데 사용하고 있다고 비판하면서 인공지능 진화를 기본권 존중과 공동의 가치를 지키는 방향으로 구체화할 것을 약속했다. 석유가 과거 국제 외교의 고리를 형성했듯, 인공지능이 동맹의 고리가 되는 것 같다.

인공지능이 일으키는
부정적 효과

느린 생물학적 진화에 제한을 받는 인간은
경쟁할 수 없고 대체될 것이다.
완전한 인공지능의 발달은 인류의 종말을 의미할 수 있다.

스티븐 호킹

모든 기술은 양면성이 있다. 칼은 음식을 준비하는 좋은 용도로 쓰인다. 하지만 사람에게 상처를 입히는 도구이기도 하다. 기술도 마찬가지로 도구이기 때문에 사용하는 목적에 따라 좋고 나쁨이 결정된다. 잘 사용하면 득이 되지만 그렇지 않으면 해가 된다. 인공지능도 예외가 아니다. 인공지능의 영향은 어떤 기술보다 강력하다. 좋은 목적으로 사용될 때 많은 도움을 받을 수 있지만, 잘못 사용하면 인류 문명사회가 무너질 수도 있다. 전 인류를 파멸로 이끌 수도 있다. 지금까지는 기술 발전 속도가 완만해서 적절한 통제가 가능한 수준이었으나 앞으로는 통제가 가능하지 않을 수도 있다.

우리는 아직 인공지능이 인류사회에 어떤 변화를 가져올지 잘 모르고 있다. 일부 전문가들은 인공지능 및 자동화가 정해진 선을 넘으면 파멸의 길로 접어들어 다시는 돌이킬 수 없게 될 것이라 경고한다. 그 대응책은 지금부터 준비해야 한다.

인공지능이 가져오는 사회적 변화에 대한 깊은 통찰과 연구가 필요하다. 이 장에서는 인공지능 확산으로 발생하는 사회의 부정적 효과를 살펴본다.

소득 양극화 현상

부의 양극화는 기술 발전에 따른 일반적인 사회 현상이라고 할 수 있다. 산업혁명 이래 생산성은 향상되고, 부는 증가해왔다. 인공지능과 자동화가 이 추세를 가속화하고 있다. 인류가 생산하는 절대적인 부는 기하급수적으로 증가하고 있다. 그러나 그 부는 일부에게 집중된다. 그들은 전통적으로 자본주들이었지만, 이제는 기술을 다룰 줄 아는 극소수의 슈퍼스타들이다. 그림은 국가별 상위 1%가 점유한 소득을 나타낸 것이다. 대부분 선진국이 10% 수준이고 미국은 20%에 이른다. 미국은 최상위층 0.01%가 전체 소득의 5%를 점유하고 있다.

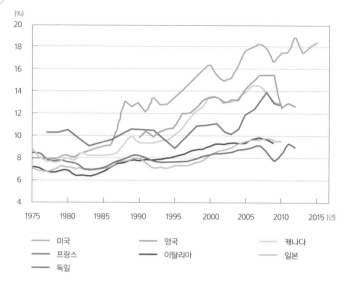

상위 1%의 소득점유율

(%)

출처 : World Wealth and Income Database

범례: 미국 / 영국 / 캐나다 / 프랑스 / 이탈리아 / 일본 / 독일

소득이 양극화됨에 따라 사회적 갈등은 심화된다. 선거에 의하여 지도자를 선출하는 정치제도와 맞물려 사회는 매우 혼란스럽다. 고소득자들의 세율을 높이고, 복지 및 사회적 안전망에 대한 투자를 높이자는 의견이 힘을 받는다. 기본소득, 로봇 세금, 무상교육 등의 아이디어가 속출한다. 한편 창조와 혁신을 통한 성장을 위해 기업의 자유도를 높이자는 의견도 만만치 않다. 지식과 아이디어만으로도 성공할 수 있는 사회가 공정한 사회라는 것이다.

더 큰 문제는 국가 간 격차가 심해지는 상황이다. 대부분의 나라가 인공지능에 투자하고 있지만, 일부 강대국이 이 부를 독점할 가능성이 크다. 이런 상황에서 국가 단위의 기본소득은 해결책이 될 수 없다. 지구상에서 만들어지는 생산과 부는 지구인 모두가 공유해야 한다는 주장이 일리 있다. 전염병, 기후변화, 환경 등 문제는 어느 한두 나라의 문제가 아니라 전 지구적 문제이고, 이를 해결하기 위해서는 전 지구인이 함께 노력해야 하기 때문이다. 그러나 이러한 주장은 공허한 메아리로 돌아온다.

사람은 배제되고 중요한 결정은 인공지능이

인공지능 시대의 어두운 면 중 하나는 인간 소외 현상이다. 인공지능이 채용 면접을 진행하고 합격 여부의 판단까지 한다. 어떤 관점에서 합격, 불합격이 결정되는지 지원자들은 모른다. 채용하는 기업조차 잘 모를 수 있다. 더구나 딥러닝으로 학습되었다면 더욱 그렇다. 그럼에도 기업은 인공지능 채용 방식을 자랑한다. 왜 불합격인지 설명도 못 하는 인공지능의 판단을 받아들여야 하는 현실이 이미 일상이 되고 있다.

정부는 자동으로 수집된 데이터로부터 추론된 기준을 주민의 뜻으로 확신하고 정책을 집행하려고 할 것이다. 주민의 의사를 묻는 번거로운 절차는 거치지 않아도 된다고 생각한다. 불투명한 알고리즘으로 행정을 하는 것은 민주주의에 위협이 될 수 있다는 우려가 있지만 행정의 자동화는 집권자에게 매력적이기 때문에 아마

사람은 쓸모 없는 계급이 되는가?
출처 : HTTPS://CDN-IMAGES-1.MEDIUM.COM/MAX/800/1·GQM0ZLCZVLTBD_9XW.JGYNW.JPEG

도 가속화될 것이다. 이미 인공지능이 간단한 재판을 대신해주는 나라가 있다. 바로 발트해 연안의 에스토니아다. 약 1,000만 원 이하의 소액 사건은 알고리즘이 처리한다. 중요한 재판도 점점 인공지능이 단독으로 처리하게 될 것이다.

　요즘은 제작할 영화의 금전적 효과를 인공지능이 예측해주기도 한다. 수익이 안 날 것으로 인공지능이 판단하면 제작사는 제작을 포기한다. 영화감독, 시나리오 작가 등 예술가들이 아무리 예술적 가치를 주장해도 인공지능이 아니라고 하면 영화를 만들 수 없다. 흥행에 성공했던 영화와 유사한 것들만 양산될 것이다.

　증권 투자 결정을 인공지능이 한다는 것은 이미 많이 알려져 있다. 많은 금융회사가 로보어드바이저를 사용한다고 홍보하고 있다. 글로벌 투자회사인 골드만삭스는 2017년, 주식 트레이더 600명을 해고하고 이들의 역할을 인공지능으로 대체시켰다. 주식 공모과정에서의 전문가 판단을 대부분 자동화했다. 인공지능의 매수 결정을 실제 구매로 연결하려면 수백만 분의 1초라도 빨라야 된다. 따라서 아무리 통신망 속도가 빠르다 하더라도 결제원에서 먼 곳에 위치한 회사는 불리하다. 이에 금융회사 위치가 주식투자 성공의 한 요소가 되었다. 이렇게 치열한 인공지능들의 경쟁에서 사람의 역할은 없다.

진짜 같은 가짜들이 넘치는 세상

오바마 전 대통령이 트럼프 대통령에게 폭언하는 동영상이 온라인에 공개된 적이 있다. 하지만 이 동영상은 딥페이크 기술로 만든 가짜였다. 이런 사례로 보았을 때, 앞으로 우리는 기업과 개인에게 돈을 갈취하기 위해 가짜 동영상이 이용되는 새로운 차원의 사이버 공격을 접하게 될 것이다. 딥페이크 기술은 처음에 음란물 제작에 사용되었지만, 차츰 정치적 영역으로 확산되기 시작했다. 혼란의 가능성이 더욱 커진 것이다. 선거 직전 정치인이 뇌물을 받거나 성폭행을 저지르는 장면을 딥페이크한 영상이 유포된다고 상상해보라. 그 결과는 끔찍할 것이다. 제작 기술이 공개되어 있기 때문에 누구나 만들 수 있다. 인공사람이라고 불리는 실사형 아바타는 실물과 구분할 수 없을 정도로 완벽한 상호작용을 보여준다. 인공사람이 대화를 나누고 특정 사항에 대하여 설명을 한다면 많

은 사람들이 속을 것이다,

GPT-3와 같은 강력한 언어모델이 가짜 뉴스 생성에 이용되면 가짜임을 알아내기가 쉽지 않다. 다양한 정보를 종합하여 그럴듯하게 문장을 만드는 능력 때문이다. 이런 소프트웨어를 만든 회사에서는 가짜 뉴스 생성에 이용될 것을 우려하여 언어모델 공개를 거부했었다. 최신 버전인 GPT-3는 검증된 목적으로만 사용하도록 제한적으로 공개하고 있다.

진짜 같은 가짜들이 넘치는 세상은 인공지능 기술 부작용의 한 단면이다. 보는 것, 듣는 것을 믿지 못한다는 것은 큰 문제다. 딥페이크 동영상을 구분하는 알고리즘도 연구되고 있지만, 어떤 해결책도 충분하지 않을 것이다. 우리 사회는 바로 지금 대응 행동을 해야 한다. 중요한 첫 단계는 가짜가 만들어질 가능성과 위험에 대한 대중의 인식을 높이는 것이다.

완벽한 국민의 감시와 통제

많은 사람들은 인공지능을 이용한 감시 및 통제가 점점 더 완벽해지는 상황을 걱정한다. 예로 중국을 보자. 중국 정부는 스카이넷이라는 범죄자 추적 영상감시 시스템을 운영하고 있다. 전국의 공공장소에 2,000만 대 이상의 카메라가 있어, 몇 분 안에 탈주범을 잡을 수 있다고 자랑한다. 또한 사회질서를 유지할 목적으로 국민 개개인의 행동을 감시하고 기록하는 사회신용 시스템을 운영한다. 부정 금융행위, 시끄러운 음악을 트는 행위, 지하철에서 식사하는 행위, 무단횡단 등 교통규칙 위반, 식당이나 호텔 예약에 노쇼, 쓰레기 분리수거 미흡, 타인의 교통카드를 사용하는 등 부정행위를 기록한다. 반면 헌혈, 자선단체 기부, 지역사회 봉사활동 등은 긍정적으로 기록한다.

이 기록을 종합하여 신용불량자의 개인정보는 공공장소와 온라인상에 공개되고, 신용불량자에게는 항공권과 고속철도권 발권이 거부된다. 일부 도시에서는 이들의 자녀들이 사립학교나 대학에 다니는 것을 금지하기도 한다. 반면 고신용자는 병원과 정부기관에서 대기시간을 줄여주고, 호텔 할인을 받으며, 고용 제의를 받을 가능성이 높다. 중국은 이 제도가 국민들이 사회적 행동을 스스로 규제하는 등 신뢰성을 향상시키며 전통적인 도덕 가치를 증진시킨다고 주장한다. 하지만 반대로 법치주의를 초월하고 개인의 권리를 침해한다는 비판의 목소리도 높다. 서방 세계에서는 이 시스템이 개인의 존엄성, 프라이버시를 침해하고 반대를 억압하는 통치 수단이라고 비판한다.

북한에서 지도자 연설에 건성건성 박수 친 사람을 처벌했다고 한다. 앞으로는 아무리 열렬히 박수를 쳐도 존경하는 마음이 없으면 처벌받을 수 있다. 더욱 발달된 인공지능 기술이 바이오 생체기술과 연계되어 마음속에서 어떤 생각을 하고 있는지 다 알아낼 수 있기 때문이다. 개인을 감시·통제하는 억압적 통치 시스템을 뒷받침하는 기술이 인공지능이라니 안타깝다.

사람의 심리를 조작하는 사회 공학

네이버, 구글, 아마존 등에서는 나의 습관이나 기호를 너무나 잘 파악하고 있다. 영화 감상 기록을 바탕으로 새로운 영화를 추천한다. 일요일 아침 유튜브를 틀면, 다니는 교회의 예배가 자동으로 시작된다. 숙소를 예약하면 주위 볼거리와 행사 안내가 시시각각 전해진다. 온라인으로 상품을 검색하면 유사한 광고가 며칠간 계속 따라다닌다. 구글 알고리즘이 나보다 나를 더 잘 알고 있다는 말이 실감된다.

인공지능이 나를 보조해주는 상황이지만 마냥 즐겁지만은 않다. 특히 인공지능이 나의 생각을 특정 방향으로 유도한다면 문제는 심각해진다. 사람들의 심리를 조작하는 것을 사회 공학Social Engineering이라고 한다. 과거에는 방송, 언론 등을 통해 선동과 세뇌를 시도했다. 독일 나치 사례가 대표적이다. 그러나 앞으로는 생물학에 대한 이해와 강력한 컴퓨터를 이용하는 인공지능을 바탕으로 더욱 개인화된 전략을 사용할 것이다. 섬세한 생체 신호의 분석을 바탕으로 적절한 순간에 설계된 정보와 자극을 제공하여 나의 생각을 그들이 원하는 방향으로 끌어가는 것이다.

이러한 사회공학은 초기 단계이지만 지난 미국 대통령 선거에서 이런 전략이 시도된 적이 있다. 불특정 다수를 대상으로 선거 홍보를 하는 대신 대상자 개개인의 정치적 성향을 파악하여 맞춤형 홍보물을 제공하는 전략을 사용했다고 한다. 정치적 성향을 파악하는 데 페이스북 사용자 약 5,000만 명의 개인 정보가 무단으로 활용됐다는 의혹이 제기되었다. 빅데이터를 활용하여 정교한 심리 조작의 가능성을 보여준 사례다.

개인의 심리적인 조작이 가능하다면 세상은 어떻게 될까? 내가 좋아하는 것이 원래부터 좋아했던 것인지 좋아하게 만들어진 것인지 확신할 수 없게 된다. 이것은 인간의 자유의지에 대한 도전이다. 인간 개개인의 감정이나 선택에 도덕적·정치적 권위를 부여해왔던 민주주의의 근간이 무너지는 것이다. 의사결정에 있어서 독립적 1인 1 투표에 의한 다수결 원칙이 의미 없어진다. 다수결 원칙 없이 민주주의는 존속할 수 있을까?

이성의 시대에 종말이 오는가?

인공지능이 제안하는 대로 행동하면 대부분의 경우 이득이 생긴다고 하면 사람은 어떻게 바뀔까? 왜 그런지는 모르지만 인공지능이 하라는 대로 했더니 이득이 생기는 경험을 반복하게 되면 사람은 이성을 포기할 것이다. 생각할 필요가 없어질 것이다. 벌써 내비게이션 사용이 잦아지면서 사람들의 길을 찾는 능력이 감소되고 있다.

알파고의 능력에 깜짝 놀란 전 미국 국무장관이자 역사학자 헨리 키신저Henry A. Kissinger는 인류 사회는 철학적·지적으로 인공지능 부상에 준비되어 있지 못하다고 우려를 표명했다. 인류 사회는 기적과 예언을 믿으며 신비주의에 몰입했던 중세 종교의 시대에서 벗어나 지식을 탐구하고, 과학적 합리성을 추구하며 이해와 설명을 요구하는 이성의 시대로 진화했다. 그런데 이제부터는 의사결정을 인공지능이 대신하고, 또 왜 그랬는지 사람이 이해하지 못하게 된다면 어떤 세상이 될까? '이해하는 존재'라는 인간의 특성과 인간 중심이라는 사상은 유지될까? 인공지능 시대의 시작은 이성 시대의 종말을 의미하는가?

인간을 초월하는
트랜스 휴머니즘

진보의 열차에 올라탄 사람들은 신성(神性)을 획득할 것이고,
뒤쳐진 사람들은 절멸할 것이다.

유발 하라리

초월적 인간주의, 트랜스 휴머니즘

기계가 점점 똑똑해지는 것은 큰 문제가 아니다. 인간이 통제
만 놓치지 않는다면 말이다. 그러나 인공지능 등의 첨단 IT 기술과
바이오 기술을 인간의 생물학적 능력 증강을 위하여 사용한다면
우리 인류의 미래는 어떻게 될까?

인간의 생물학적 진화는 과학기술의 발전 속도에 비하면 거의
정지된 상태로 봐야 할 것이다. 하지만 인류는 과학기술로 인간의

생물학적 능력을 증강시키기 시작했다. 인공장기, 치아 임플란트, 인공 수정체 등을 삽입한 공상과학 드라마 〈600만 달러의 사나이〉 주인공은 생물학적 능력으로 볼 때 태어날 당시의 그 사람이 아니다. 이처럼 과학기술을 사용해 인간의 생물학적 능력을 향상시킬 수 있다는 생각을 '초월적 인간주의', 즉 트랜스 휴머니즘이라고 한다. '건너간다'는 뜻의 트랜스와 '인간', 즉 휴먼이 결합된 말이다. 인간을 넘어섰다는 뜻이다.

인간과 기계의 결합을 낙관하거나 긍정적으로 보는 시도도 있다. 과학기술로 노화를 방지하고, 인간의 지성적·육체적·심리적 능력을 높여서 인간 조건을 근본적으로 향상시키기 때문에 긍정적이라는 것이다. 트랜스 휴머니즘을 현실로 받아들여야 할까?

유전자 조작으로 건강한 아기를 출산하다

유전자 조작을 통해 원하는 형질의 아기를 출산해냈다. 중국의 한 의사가 시험관 단계에서 에이즈에 안 걸리도록 유전자를 조작한 것이다. 많은 윤리적 문제를 야기하지만 앞으로 이런 일은 더욱 자주 있을 것이다. 유전자 조작으로 특정 질병에 걸리지 않고, 원하는 특성을 가진 아이를 만드는 사례가 속출할 것이다. 능력 있는 집안에서 출생한 아이는 유전자 조작으로 모두 건강하고, 머리가 좋고, 오래 산다면 어떤 세상이 될까?

심지어는 유전자 조작으로 한 생명체의 특성을 타 생명체에 이식하고자 하는 연구도 수행되고 있다. 유전자 조작으로 병충해에 강한 작물을 만드는 것은 일상이 되었다. 고래가 물속에서 오래 머무는 속성이나 오래 사는 속성을 유전자 분석으로 규명하고자 연구가 진행되었다. 이러한 연구가 성과로 이어지면 사람도 유전자를 조작해 물속에서 30분 동안 견딜 수 있게 될지도 모른다. 중국의 한 실험실에서 원숭이와 인간의 하이브리드 종을 만들었다는 보도도 있었다. 인공장기를 생산하려는 좋은 의도라고 해도 심각한 윤리적 문제를 야기한다.

두뇌와 컴퓨터를 연결한다면?

강력한 인공지능의 능력을 인간의 두뇌와 연결하면 인간은 전지전능하게 된다. 공상과학 영화 속 꿈같은 이야기이지만 이런 기술의 실현은 점차 가까워지고 있다. 미래학자 레이 커즈와일은 《특이점이 온다》에서 2030년 이후엔 인간과 인공지능이 결합한 '하이브리드 두뇌'가 실현될 것이라고 전망한다.

컴퓨터와 두뇌를 연결하고자 하는 기술을 BCI(Brain and Computer Interface)라고 한다. 인간의 뇌와 컴퓨터를 직접 연결해 뇌신경신호를 실시간 해석·활용하거나, 외부 정보를 입력하고 변조해 인간 능력을 증진시키려는 노력이다. BCI 기술은 두뇌와 컴퓨터가 직접 소통할 수 있게 한다. 따라서 눈으로 읽고 손으로 쓰는 것보다 빠르게 많은 양의 정보를 처리할 수 있다. 또 두뇌가 하나의 컴퓨터와 연결만 되어도 전 세계에 있는 모든 정보와 지식을 사용할 수 있게 된다. 전 세계에 펼쳐진 인공지능의 도움으로 강력한 판단 능력도 갖게 될 것이다. 전지전능한 사람이 되는 것이다.

뇌의 정보를 얻어내기 위하여 침습형Invasive 방식과 비침습형Non-Invasive 방식이 활용된다. 침습형은 마이크로칩을 두피에 시술해 뇌파를 측정하는 방식이고, 비침습형은 외부에서 헬멧이나 헤드셋 장비의 형태로 뇌파를 측정한다. 침습형은 정확도가 높고, 비침습형은 사용법이 간단하지만 정확도가 떨어진다. 뇌에서 나오는 정보는 척추손상이나 만성뇌졸중 환자의 운동 기능을 회복시키거나 다리가 불편한 장애인의 자연스러운 의족 사용을 가능하게 한다. 일론 머스크가 설립한 뉴럴링크Neuralink 라는 회사는 사람의 두개골을 뚫고 전극을 삽입해 뇌와 컴퓨터를 직접 연결하는 침습 기술을 개발하고 있다. 두개골을 열고 뇌에 미세한 전극을 연결하여 뇌 신호를 감지한다. 2019년 쥐의 뇌에 약 3,000개의 전극을 삽입하는 실험에 성공했다. 두께가 머리카락 4분의 1 수준인 실에 32개의 전극을 달아서 뇌에 수 센티미터 깊이까지 이식했다고 한다. 2020년 8월에는 돼지의 뇌에 칩을 임플란트하여 무선으로 돼지 두뇌의 활동을 기록했다. 동시에 칩 임플란트 기계를 공개했다.

두뇌로부터 기억과 지식을 직접 외부로 꺼내 오고, 외부에서

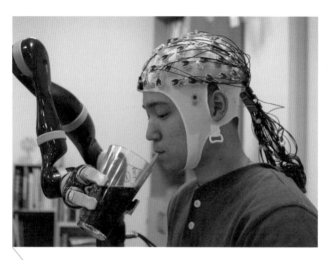

비침습형 BCI 기술을 이용해 생각만으로 로봇 팔을 제어하는 모습
출처: 고려대 패턴인식 및 기계 학습 연구실

두뇌로 정보를 직접 보낼 수 있다면 사람과 컴퓨터의 소통이 지금과는 완전히 다른 방법으로 가능할 것이다. 심지어 남의 두뇌를 해킹하여 그가 생각하는 것을 다 알아낼 수 있을 것이다. 이러면 개인의 프라이버시라는 것이 존재할 수가 없다. 또 엉뚱한 정보를 주입해 그의 지식을 왜곡시키고, 그로 하여금 원치 않는 행동도 하게 할 수 있을 것이다. 나아가 두뇌와 두뇌를 컴퓨터로 연결할 수도 있을 것이다. 그러면 다른 사람의 지식을 내가 사용 가능하고, 남의 경험을 내가 느끼게 될 것이다. 그렇다면 다른 사람과 내 삶의 구분이 없어지게 될 것이다. 내가 남이고, 남이 내가 된다. 상상도 안 되는 무서운 세상이 될 것이다.

과학기술은 많은 이로움을 주지만 그에 못지않은 부작용을 낳곤 했다. 기술이 풍요를 주었지만 동시에 가공할 무기로 엄청난 살생이 가능하게도 했다. 지금까지는 기술의 발전 속도가 완만해서 지성으로 적절히 통제가 가능한 수준이었으나, 앞으로는 이러한 통제가 쉽지 않을 것 같다. 많은 연구자들은 스스로 배우고 발전하는 인공지능이 너무 강력해져서 인간이 통제할 수 없을 것이라고 우려한다. '지능 폭발', 즉 특이점이 온다는 말은 기술의 발전이 가속화되어 통제할 수 없는 상황이 되고 그 이후는 예측할 수 없다는 고백이다.

인공지능이 사람의 두뇌와 연결되고, 바이오 기술로 원하는 자손들의 생물학적 특성을 마음대로 선택할 수 있다면, 이런 세상을 사는 인류는 지금의 인류와는 완전히 다른 종으로 더 이상 호모 사피엔스라고 할 수 없을 것이다. 역사학자 유발 하라리는 그 종을 '호모 데우스' 즉 신성을 획득한 인간이라고 명명했다.

널리 세상을 이롭게 하는 인공지능

인공지능은 만병통치약은 아니지만
세계에서 가장 도전적인 사회 문제를 해결하는 데
도움이 될 수 있다.

맥킨지 글로벌 연구소

인공지능은 강력한 도구 기술이다. 또한 양면의 칼이다. 사용하기에 따라서 이기도 되고 흉기도 된다. 인공지능은 도전적인 글로벌 사회 문제를 해결하는 데 도움을 줄 수 있는 잠재력을 가지고 있다. 우리 인류가 부딪히는 전 지구적 난제 해결에 인공지능을 활용하는 것은 새로운 주제이며 많은 연구와 노력이 필요하다. 좋은 목적의 인공지능 활용 영역은 끝이 없으며, 부딪히는 문제들은 더 좋은 기계 학습과 인공지능 도구, 솔루션을 구축할 수 있는 기회를 제공할 것이다.

인공지능이 만병통치약은 아니지만 우리 사회의 문제를 해결하려는 다양한 노력에 이미 많은 기여를 하고 있다. 유엔, OECD 등의 국제기구와 맥킨지에서 인공지능을 활용해 도전하고자 하는 전 지구적 문제의 목록을 만들어 공유했다. 그리고 기술회사나 대학, 프리랜서 인공지능 개발자들의 자발적 동참을 호소하고 있다. 어떠한 문제들이 목록에 있는지 살펴보자. 글로벌 기후 변화 대응, 지구 환경 및 생태계 보호, 전염병 예방, 건강 증진과 질병 치료를 위한 인공지능 활용, 재난 방지와 복구, 구호 활동, 문화적 유산이나 문화재의 유지 보호, 피난민 보호와 양성평등 등의 인권 신장, 장애인의 접근성을 보장하는 문제 등이 포함되어 있다.

특히 컴퓨터 비전 및 자연어 처리 기술은 광범위한 사회 문제에 적용될 수 있다. 컴퓨터 비전 기술은 특히 건강의료 분야에서 큰 역할을 하고 있다. 환자와 장애인의 고통을 덜어주는 데에도 큰 역할을 한다. 컴퓨터 비전 시스템은 시각장애인들이 주변 환경을 탐색하고 길을 찾아가도록 돕는다. 의족을 착용해도 자연스럽게 걷고 등산도 할 수 있는 것은 내장형 컴퓨터를 제어하는 기계 학습 기술 덕분이다. 루게릭병으로 목소리를 잃은 사람의 목소리를 딥러닝으로 재생해주고, 태어날 때부터 농아인 아이의 목소리도 가족들의 입 구조를 분석해 생성해줬다. 이외에도 기후 변화 추적, 불법 수렵에 대한 야생 동물 보호, 꿀벌 증식, 식량 생산의 최적화 등 난제를 해결하는 데 활용되기도 한다. 소수 민족의 문화·언어·

역사 보존, 재난 구호 활동 지원까지 실제 사례가 넘친다.

　인공지능이 가져올 수 있는 부정적인 영향도 결국은 인공지능 기술로 극복할 수 있을 것이다. 인공지능 시대가 요구하는 업무 능력을 갖추기 위한 효율적인 교육 훈련 시스템의 개발과 운영, 구인과 구직의 연결, 양극화를 해결하기 위한 효율적인 복지 분배 시스템 운영에도 인공지능이 큰 역할을 할 것이다. 나쁜 인공지능으로 만든 가짜 뉴스·동영상을 찾아내는 것, 그리고 편견에 의한 차별을 지적해주는 것도 착한 인공지능의 역할이다.

　코로나19 사태를 해결하는 데에도 인공지능 기술이 적용되고 있다. 발병을 식별하고, 진단하며, 예측하고, 개인의 프라이버시를 침해하지 않으면서 발병 의심자의 동선을 추적하는 것 등에 인공지능이 사용된다. 방역 규정을 어기는 감염자를 찾아내고, 챗봇을 이용하여 올바른 방역 정보를 전파하기도 한다. 백신이나 신약 연구에 인공지능이 도구 역할을 하며, 로봇, 드론 등이 방역작업, 식약품 전달 등의 업무를 수행한다.

　공익 목적으로 인공지능을 사용하는 사례가 아니더라도 인공지능 기술은 잠재적으로 전 세계 사람들에게 도움이 될 수 있다. 시장에서 성공하는 인공지능 상품은 대부분 좋은 뜻에서 개발되었다. 많은 사람에게 편리성을 제공해주기 때문에 시장에서 좋은 반응을 얻는 것이다. 이런 측면에서 봤을 때 누구나 사용할 수 있는 도구의 개발과 기술을 민주화해서 누구나 이용할 수 있도록 하는

기계 학습으로 훈련된 알고리즘으로 두뇌와 의족의 신호를 결합해 두 다리를 잃은 장애인의 보행을 실현시켰다.

활동도 선한 행동이라고 할 수 있다.

공익적 문제에 인공지능 적용을 확대하려면 여러 가지 현실적 문제점을 극복해야 한다. 첫째는 데이터 확보와 정보 접근성 문제다. 민감하거나 수익성이 높은 데이터와 정보는 비영리 목적으로 접근하기가 쉽지 않다. 또 관료적 관성이 공공데이터 수집과 사용에 어려움을 준다. 둘째는 문제 해결에 투입될 인공지능 전문가와 소프트웨어 엔지니어, 응용 분야 전문가를 구하기가 어렵다는 현실이다. 급여 수준도 높을 뿐 아니라 참여한 개발자의 경력 개발을 보장해줄 수 없기 때문에 자원봉사자를 모으기가 쉽지 않다. 전반적으로 인공지능 개발자가 많이 부족해 영리 영역에서도 구하기 힘들다. 그런데 비영리 단체에서 이들을 고용한다는 것은 더욱 쉽지가 않다. 최종 사용자가 사용할 수 있도록 소프트웨어 시스템을 구현하는 업무는 많은 노력이 소요된다.

다행히 앞서가는 대학에서 사회적 가치 실현을 위한 인공지능 연구에 나서고 있다. 또한 UN, OECD, ITU 등의 국제기구도 적극적인 관심을 보이고 있다. 구글, 마이크로소프트 등 대기업들이 사회공헌 차원에서 지원에 나서고 있다. 경험 있는 인공지능 전문가들이 자발적으로 또는 기업의 공익 프로젝트 일환으로 착한 인공지능의 연구 개발에 나서고 있다. 훈련 과정에 있는 학생 연구원들이 적극 참여하고 기업의 전문가들이 지도를 해주는 체제가 바람직할 것이다. 또한 정부에서 사회문제 해결형 인공지능 과제를 적극 발굴하여 발주하는 것이 바람직하다. 중소기업들의 수익과 공공성 과업 수행이라는 두 마리 토끼를 동시에 잡을 수 있다.

인공지능은 인간을 위한 기술로 언제까지나 남아 있어야 한다. 인간의 생존과 번영에 도움이 되고 인간이 존엄성을 유지하는 데 도움이 되도록 사용해야 한다. 스스로 판단하는 인공지능의 도움으로 재난을 선제적으로 방지하고, 인류사회의 안전과 행복이 보장되는 유토피아 세상을 만들어야 한다. 그러기 위해서는 인공지능 기술의 지속적 발전을 촉진하되 통제를 놓쳐서는 안 된다. 좋은 목적의 인공지능 개발과 윤리적 사용에 대한 깊은 성찰이 요구된다.

AI 기초 단어

CNN_{Convolutional Neural Network} 심층 신경 네트워크의 한 종류로, 시각적 이미지 분석에서 좋은 성과를 낸다. 필터를 이용한 특성 추출과 공간변이 흡수를 반복한 결과로 최상위층에서 의사 결정한다.

강화 학습 시행착오를 거치면서 바람직한 행동 패턴을 학습하는 알고리즘. 강화 학습의 환경은 에이전트가 처할 수 있는 상태, 각 상태에서 선택할 수 있는 행동들, 그리고 각 행동에 따른 상태의 변화와 보상으로 정의된다.

군집화 훈련용 데이터집합에서 서로 유사한 것들을 묶어 군집을 형성하는 작업이다. 군집화를 위해서는 유사성의 판단 기준을 미리 정해야 한다.

기계 학습 경험을 통해 자동으로 성능을 개선하는 컴퓨터 알고리즘의 연구 분야. 데이터를 모아서 기계 학습을 수행하여 알고리즘을 만드는 딥러닝이 실용적 성과를 낸다.

기울기 직선의 기울어진 정도를 나타내는 척도. X의 증가량에 대한 y의 증가량으로 표현한다. 기울기의 절대값이 크면 직선이 가파르다는 것을 의미한다.

노드 선이나 경로가 교차하거나 분기하는 지점. 그래프는 노드와 이들을 연결하는 연결선으로 구성된다.

데이터의 차원 데이터를 표현하기 위하여 사용된 특성의 개수. 너무 많은 수의 특성으로 데이터를 표현하면 그 데이터가 갖는 깊은 의미를 나타내지 못하는 경우가 많다.

딥페이크_{Deep Fake} 사진이나 동영상에 나타난 인물의 얼굴을 타인의 모습으로 바꾸는 기술.

망구조 인공신경망을 형성하는 노드들과 연결선의 구성 형태.

모델 현실 세계의 사물이나 사건에서 필요한 것은 남기고 세부 사항을 축약한 표현이나 모형.

병렬현실Parallel Reality 한 화소가 보는 위치에 따라 다른 정보가 보이게 하는 기술.

생성망Generative Network 순차적으로 데이터를 생산하는 인공 신경망. 생성되는 데이터가 특정 분포를 갖도록 할 수 있다.

신경망 생물학적 신경망은 신경세포들이 연결된 구조를 지칭한다. 인공 신경망은 생물학적 신경망을 모방하여 신경세포를 노드로 표현하고 신경세포들의 연결을 연결선으로 구성한 구조다.

알고리즘algorithm 문제 해결을 위해 컴퓨터가 해야 할 일을 하나씩 지시해주는 단계적 방법.

액츄에이터Actuator 무언가를 움직이거나 작동하게 만드는 장치.

에이전트 센서로 외부 환경을 지각하고 액츄에이터로 외부 환경에 영향을 주는 모든 시스템.

연결선 노드와 노드를 연결하는 선.

오류 자승의 평균치MSE 추정값과 실제값의 차이(이를 오류라고 함)의 제곱의 평균. 이 값은 학습이나 추정 알고리즘의 품질을 측정하는 척도로 쓰인다. 음수가 될 수 없고 0에 가까울수록 좋다.

오류역전파 인공 신경망의 출력층에서 발견한 오류(출력값과 원하는 값의 차이)를 입력층의 방향으로 전파하여 순차적으로 파라미터를 수정하게 하는 행위.

은닉층 계층적 인공 신경망에서 노드의 입출력을 망 밖에서는 볼 수 없는 것으로 구성된 신경망 노드의 계층.

자연어 사람이 일상적으로 사용하는 언어.

절편 직선이 y축과 만나는 곳.

지도 학습 Supervised Learning　입력과 출력 간의 관계를 학습하는 데 사용된다. 입력과 그에 해당하는 출력이 쌍으로 주어진 훈련 데이터집합에서 입력과 출력 간의 함수관계를 배운다.

컴퓨터 비전 Computer Vision　인공지능의 세부 연구 분야 중 하나로 컴퓨터가 사람과 같이 보고 이해할 수 있는 능력을 갖도록 하는 것이 목표다.

트리Tree　두 노드를 연결하는 경로가 하나뿐인 특수한 형태의 그래프. 그래프는 노드와 이들을 연결하는 연결선으로 구성된다.

파라미터parameter　시스템을 정의하거나 작동 조건을 설정하는 변수, 즉 변할 수 있는 값. 매개변수라고 한다.

퍼셉트론Perceptron　입력과 출력만 있는 단층 신경망. 단층 신경망의 학습 알고리즘을 지칭하기도 한다.

함수　입력 변수와 출력 변수와의 관계, 또는 이를 나타내는 표현.

회귀분석Regression Analysis　입력과 출력이 연속형 숫자로 주어졌을 때 이들의 함수 관계를 학습하는 문제.